Focal Press
Taylor & Francis Group

音频技术与录音艺术译丛

传声器手册

John Eargle 的 传 声 器 设 计 与 应 用 指 南

（第3版）

EARGLE J

microphone

Book

From Mono to Stereo to Surround
A Guide to Microphone Design and Application

［美］雷·A·雷伯恩（Ray A. Rayburn） 著

张一龙 译

人民邮电出版社

北京

图书在版编目（ＣＩＰ）数据

传声器手册：John Eargle的传声器设计与应用指南：
第3版 ／（美）雷·A.雷伯恩（Ray A. Rayburn）著；张
一龙译. -- 北京：人民邮电出版社，2019.1（2023.7重印）
（音频技术与录音艺术译丛）
ISBN 978-7-115-47546-6

Ⅰ. ①传… Ⅱ. ①雷… ②张… Ⅲ. ①传声器—设计
—指南 Ⅳ. ①TN641-62

中国版本图书馆CIP数据核字(2017)第307232号

版权声明

◆ 著　　　[美]雷·A·雷伯恩（Ray A. Rayburn）

译　　　张一龙

责任编辑　宁　茜

责任印制　周昇亮

◆ 人民邮电出版社出版发行　北京市丰台区成寿寺路 11 号

邮编　100164　电子邮件　315@ptpress.com.cn

网址　http://www.ptpress.com.cn

北京虎彩文化传播有限公司印刷

◆ 开本：800×1000　1/16

印张：23.25　　2019 年 1 月第 1 版

字数：580 千字　　2023 年 7 月北京第 3 次印刷

著作权合同登记号　图字：01-2012-1181 号

定价：119.00 元

读者服务热线：(010)81055493　印装质量热线：(010)81055316
反盗版热线：(010)81055315
广告经营许可证：京东市监广登字 20170147 号

内容提要

　　本书将带你进入录音棚和音乐厅，讲述传声器的最佳摆位是如何根据演员的位置确定的。本书从实践的角度来分析录音中常见的问题，例如反射、串音和隔离等，并且涵盖了声场空间、声像定位以及平衡等方面的详细探讨。本书帮助你在不同场合选择并使用传声器，它的宝贵之处在于，不但教你"怎样做"，同时让你明白"为什么"。

　　本书作者 Ray A. Rayburn 先生是音频工程师学会（AES）的董事，K2 Audio LLC 的首席顾问，AES 传声器标准工作组的成员，兼任互连标准分组主任。同时，他也是一位终生着迷于传声器使用、测试与设计的录音师。

丛书编委会

主　任：李　伟

编　委：（按姓氏笔画排序）

王　珏　　李大康　　朱　伟

陈小平　　胡　泽

第1版序言

传声器在任何音频链路中都是最重要的环节，绝大多数音频工程师都对这一观点表示认同。如今琳琅满目的传声器型号，包括历史长达半个世纪之久的大量型号都证实了这一事实。我大概是从十几岁起开始对传声器产生兴趣的，并在当时得到了一个家用型唱片录音机。虽说它的晶体传声器确实非常原始，但是我已然被深深吸引。尽管我接受了多年音乐教育，但是仍然迷恋这样的声音。当时的喜好和见闻注定我终将成为一名录音师。

大约 30 年前，我就开始在各种夏季教育计划中教授录音技术课程，在 Eastman 音乐学院和随后在 Aspen 音乐节和 Peabody 音乐学院的教学经历对我在专业领域的积累尤为重要。当时我努力学习传声器性能的基本原理和基本设计参数，随后在 1981 年出版发行的《传声器手册》中将当时早期的大学录音技术课程向前推进了一大步。这本由 Focal Press 出版的全新著作详细而深入地介绍了相应的技术，更重要的是扩展了当前传声器的用法和案例。

学习工程和设计专业的学生和从事音频行业的年轻人可以借鉴和学习这本《传声器手册》。本书的第 1 章叙述了传声器短暂的发展史。第 2 章到第 6 章从数学的角度集中列举了一些技术资料，但是清晰的图表可供读者清楚地了解所有背景。第 7 章至第 10 章介绍了如标准、传声器-录音棚电子接口和各类配件等实际问题。

第 11 章～第 17 章涵盖了传声器主要的应用领域，强调了在立体声和环绕声音乐录音中、在广播和通信领域中以及在语言 / 音乐扩声方面的创意。第 18 章概括了先进的传声器阵列，而第 19 章对传声器的保养和维护提出了有益的建议。最后广泛列举了本书的参考文献和索引。

我非常感激 Leo Beranek 在 1954 年出版的《Acoustics》这本出色的著作、A. E. Robertson 于 1951 年为BBC 编写的鲜为人知的著作《Microphones》，当然还有美国物理联合会（American Institute of Physics）编写的《电容传声器手册》。Harry Olson 的著作始终广泛涵盖了音频领域的所有信息，给我提供了帮助。

除了这 4 个主要的信息来源以外，任何编写传声器书籍的作者都必须依靠技术期刊，并保持与该领域的终端用户和制造商的持续性讨论。我曾经与一些专业人士展开过长期技术交流，在此我想特别感谢以下人士：Norbert Sobol (AKG Acoustics)、Jörg Wuttke (Schoeps GmbH)、David Josephson (Josephson Engineering)、Keishi Imanaga (Sanken Microphones)，并对 Gotham Audio 的 Steve Temmer 和 Hugh Allen 在早期对我的帮助表示感谢。我们获得了许多制造商的许可，进而在本书中使用其图片和图纸，本书中的图片的每一次使用都要归功于他们。

John Eargle

2001 年 4 月

第2版序言

第 2 版《传声器手册》延续了第 1 版的主题大纲。大多数基本原理的章节得到更新，以反映最新型号和电子技术，而这些章节涉及的在该领域的应用也得到了显著拓展。

急速发展的环绕声技术自成一章，其中不仅仅涉及传统技术，同样包括后期开发的虚拟声像和声像的建立等技术，也涵盖了全息感中的视差。

同样，传声器阵列的章节也得到扩充，其中包括自适应系统的讨论，因为它们能够在音乐应用中减少通信和有效数据。

最后，很多人建议将经典传声器列为单独的一章。收集近 30 个型号的传声器是一件比想象中艰巨许多的任务，但对于我来说是一项不求回报、心甘情愿的工作。

John Eargle

Los Angeles, 2004 年 6 月

第3版序言

首先要感谢 Focal Press 和 Elsevier 选择让我更新 John Eargle 的这本经典著作。距上一版已经过去 7 年了，而这期间技术发展并非停滞不前。

数字技术充分渗透在音频领域，包括传声器和它们所属的音频系统。我们更多地了解到传声器应用的声学环境和电学环境，关于经典传声器的全新信息已经出现。

许多章节有重大更新。书中纳入了全新的传声器型号，同时还包括传声器接口、温度和湿度对传声器的影响、标准以及传声器阵列的最新信息。系统问题以及自动混音也不容忽视。用于无线系统的无线传声器和传声器元件也得到更新。

我相信您能从中发现新版本的价值，扩大知识储备。

Ray A. Rayburn

Boulder, 2011 年 6 月

符号注解

a	振膜的半径（mm）；加速度（m/s^2）
A	安培（电流单位）
AF	声音频率
c	声速（常温下 334m/s）
℃	温度（摄氏度）
d	距离（m）
dB	相对电平（分贝）
dB A-wtd	A 计权声压级
dBu	信号电压（以 0.775V 作为基准电压）
dBV	信号电压（以 1V 作为基准电压）
D_c	临界距离（m）
DI	指向性指数（dB）
E	电压（直流电压）
$e(t)$	信号电压（均方根电压）
f	频率（单位为赫兹，s^{-1}）
HF	高频
Hz	频率（赫兹，每秒钟周数）
I	声强（W/m^2）
I	直流电流、安培（Q/s）
$i(t)$	信号电流（均方根电流）
I_0	机械转动惯量（kg×m^2）
j	复数的虚部 j= $\sqrt{-1}$

k	波数（2π/λ）
kg	质量、千克（国际单位制基本单位）
K	温度（开氏度数，国际单位制基本单位）
LF	低频
L_p	声压级（dB 以 20μPa 为基准声压）
L_R	混响声压级（dB 以 20μPa 为基准声压）
L_N	噪声级（dB 以 20μPa 为基准声压）
m	米（国际单位制基本单位）
MF	中频
mm	毫米（m×10^{-3}）
μm	微米（m×10^{-6}）
M	传声器系统灵敏度，mV/Pa
M_D	电容传声器底部振膜灵敏度，V/Pa
N	力，牛顿（kg，m/s^2）
p，$p(t)$	均方根声压（N/m^2）
P	功率（瓦特）
Q	电荷（库，国际单位制基本单位）
Q	指向性因数
r	与声源的距离（m）
R，Ω	电阻（欧姆）
R	房间常数（m^3 或 ft^3）
RE	传声器的随机效率（也叫 REE）
RF	射频
RH	相对湿度（%）
s	秒（国际单位制基本单位）
S	面积（m^2）
T	扭矩（N·m）

T, t	时间（s）
T	磁感应强度（特斯拉）
T_{60}	混响时间（s）
T_0	振膜张力（牛顿／米）
torr	标准大气压；I 毫米汞柱（mmHg）等于 133.322Pa（注意：通常 0℃下，760 torr 的大气压为标准大气压）
u，$u(t)$	空气质点均方根速度（m/s）
U，$U(t)$	体积均方根流速（m^3/s）
$x(t)$	空气质点的位移（m）
X	机械、声学或电抗（Ω）
V	电气电压（电压或电势）
Z	机械、声学或电阻（Ω）
$\bar{a}$	平均吸声系数（无量纲）
λ	声音在空气中的波长（m）
ϕ	相位，相移（度或弧度）
ρ	极坐标的因变量
ρ_0	空气密度（1.18 kg/m^3）
ρ_{0c}	常温下，空气的声阻抗（415 SI rayls）
θ	角度（度或弧度），极坐标的自变量
ω	$2\pi f$（角频率，弧度／秒）
σ_m	表面质量密度（kg/m^2）

目　　录

第1章

传声器的发展简史

1.1 引言

传声器牵动着人们的日常生活，电影、电视、唱片、音乐会，当然还有电话中的声音都依靠它来传递。在本章中，我们将了解到传声器 125 年发展史中的精彩瞬间，并且特别着重于在没有电子放大器的最初 50 多年里传声器的发展情况。同时我们也会讨论电话制造业、广播业、日常通信、唱片等行业对传声器的需求，最终对传声器的未来发展展开些许猜想。

1.2 早期发展

曾有这样一个使孩子们着迷的游戏：将一对易拉罐或蜡制纸杯拴在一根绳子的两端，利用它们在一个限定的距离内相互传达语音。在这个典型的机械-声音转换设备中，绳子的一端产生振动，通过绳子的传递，在另一端就形成了声音。

1876 年，Alexander Graham Bell 的发明获得美国 174465 号专利，如图 1.1 所示。在某种意义上，这个发明中可传导电流的金属丝替代了游戏中受力的绳子，而声音信号的产生和接收则是通过一个动衔铁送话器和与之相连的接收机来完成的。与前文中机械版本相同，这个系统也是互易的，在各个方向上都有声波传输。该专利还阐明了号筒的声学优势，即在系统传递末端可提高驱动压力，另外在该系统上加入了一个起补充音量作用的倒置号筒，为处于接收端的耳朵提高了输出声压。Bell 对该送话装置的进一步试验造就了液体送话器，如图 1.2 所示，该装置在 1876 年于费城百年博览会上被展出。在这个装置中利用了可变接触原理，相比于动衔铁而言，它的电信号调制方式更加有效。

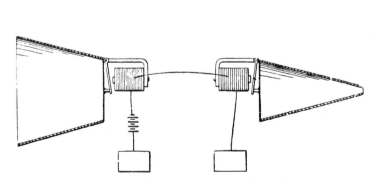

图 1.1　早期电话的产生；Bell 的最初设计

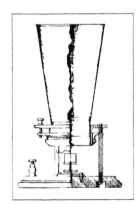

图 1.2　Bell 发明的液体送话器

1877 年，可变接触原理在 Emile Berliner 的专利申请中进一步发展，他将一个金属球靠在一片可伸缩金属膜片上，如图 1.3 所示。接下来在该领域有所作为的是 Francis Blake（1881 年申请美国第 250126-250129 号专利），他在一块硬质碳盘上附着了一颗铂金珠作为变阻器，如图 1.4 所示。在 Blake 设备的实测响应中，当频率范围在 380 ～ 2 000 Hz 时，动态范围达 50dB，与预期输出相距甚远。然而，这一系统相较早期发明，提供了一个更加有效的调制电话信号的方法，这一方法亦成为多年后 Bell 电话系统的参考标准。

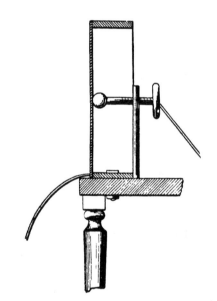

图 1.3　Emile Berliner 发明的可变接触传声器

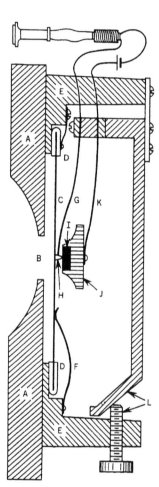

图 1.4　Blake 的碳盘传声器

1878 年，David Edward Hughes 推出的直流电松散接触调制方式成为另外一个历史发展的中间产物，如图 1.5 所示。在此方案中，声波作用在薄木板振膜上，哪怕只是引起微小的曲率变化，碳棒和两个安装点之间的接触电阻都会产生极大的波动。Clement Ader（《科学美国人》，1881 年）将这款传声器用于他的开创性双声道传输中，传输范围是从巴黎歌剧院的舞台到相邻区域。非常凑巧的是，Hughes 先生是第一个将这一类电声器件称为 "microphone"（即传声器）的人。

1888 年，Blake 发明了松散碳颗粒送话器，这标志着送话器最终解决方案的出现，如图 1.6 所示。动衔铁接收器、碳颗粒送话器的发明，或者说传声器的发明占据了电话制造业中的主导地位并沿用至今，这便是对 130 年前善于创造、足智多谋的工程师的最好见证。

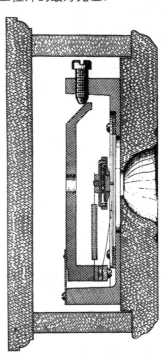

图 1.5　Hughes 碳棒传声器　　　　　　图 1.6　Blake 的可变接触传声器

1.3　广播业的崛起

碳颗粒送话器和动衔铁接收器两者一直很好地进行着协同合作。频带带宽和动态范围的限制在电话制造业里从来就不是一个问题，虽然在这样的系统装置中采用突出高频的方式将产生较多失真，却能有效地提升语音清晰度。即使在电子放大器被发明之后（Forest 三极真空管，发明于 1907 年），这些早期的设备仍旧受到青睐。

20 世纪 20 年代早期，随着商业广播开始起步，对传声器和扬声器的要求也越来越高。Western Electric（西部电气公司）是 Bell 电话系统的制造分部，他们第一时间开始生产制造传声器，包括静电式（电容）传声器和动圈式（运动导体）传声器。电容传声器或静电式传声器是将固定电量加载在电容器极板上，其中一块电容极板是一个可移动的振膜，另一块电容极板是固定电极。声波引起极板间距离的细微变化，随即带来极板间的电压变化。1917 年，Edward Christopher Wente 为 Western Electric 公司发明了一款早期的电容传声器，如图 1.7 所示。由此，直至 1941 年秋天，Western Electric 公司首次为 Leo Beranek 生产出 640AA 传声器，且它一直被认定为具有实验室标准。

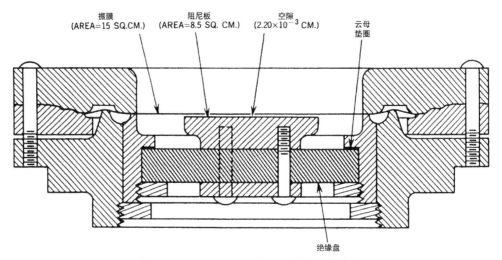

振膜
(AREA=15 SQ.CM.)

阻尼板
(AREA=8.5 SQ. CM.)

空隙
(2.20×10^{-3} CM.)

云母
垫圈

绝缘盘

图 1.7   Wente 于 1917 年发明的电容传声器

动圈和它的近亲——铝带最初作为扬声器和耳机的传动组件，到了 20 世纪 20 年代中期才最终被应用在传声器的设计中。动圈传声器和铝带传声器的工作原理相同，都是将导体放置在横向磁场中，声振动使得在磁场中的导体开始运动从而产生电压。20 世纪 30 年代到 20 世纪 40 年代，在 Harry Olson 的指导下，Radio Corporation of America（美国广播公司）开始负责开发和推广铝带传声器。

1.4   大众传播业的崛起

早在 20 世纪 20 年代，一些较小的美国公司，例如 Shure Brothers 和 Electro-Voice 就开始在传声器工程和设计上崭露头角。在日常的应用中，例如寻呼和扩声，人们开始更加重视巧妙性和经济性。由于电容传声器的商业化生产多多少少要先排除繁杂的电极供给难题，所以这些公司最初的精力主要集中在动圈传声器的设计上。

1941 年，Benjamin Bauer 利用一个单动圈单元设计出 Shure Unidyne 指向性传声器（心形指向性）。1954 年，Wiggins 为 EV 公司设计的 "Variable-D" 单动圈组件在具有出色的指向性响应的同时还降低了传声器的手持噪声。

另一些公司为降低成本设计出质量中等的晶体传声器。这些设计以压电式工作原理（"压电"一词来自于希腊语，同 "电压"）为基础，该原理描述了晶体结构的性质，当晶体弯曲或变形时，便会产生电压并传导至另一侧表面上。压电式的早期优势是晶体可产生出相对高的输出信号，但随着体积更小、能量更大的磁性材料的出现，晶体最终遭到淘汰。

1.5   电容的巨大突破：驻极体传声器

多年来，电容传声器对外接电源的需求备受诟病，在 60 年代早期，Bell Telephone Laboratories（贝尔电话实验室）的 Sessler 和 West 就已经提出，电容传声器在其活动的振膜和传声器后极板间需要永久的极化介质。早期的材料在灵敏度上的缺失也随着时间的推移得到解决。为了解决驻极体传声器在各种场合的近距离拾音问题，接下来的研究重点在于如何使传声器微型化，例如领夹式传声器的使用、舞台上的隐藏拾音以及其他用途。如今的小型驻极体传声器需配备一个微型电池或外接幻象电源来为其同样小巧的前置放大器供电。在 20 世纪 80 年代，驻极体长期稳定而又完美的性能得到了 Brüel & Kjær 公司垂青，从而选择将驻极体技术运用于他们的录音棚系列传声器中（如今成为 DPA 公司的产品）。

1.6　录音棚传声器技术

在现场演出、家庭影院声场再现或动态影像剧场等应用中，传声器是整个复杂、可扩展技术链路的第一个环节。这也难怪人们将大量精力放在传声器质量和技术性能的发展上。

20 世纪 40 年代末，自第一个德国和奥地利电容传声器推出时起，电容传声器就一直占据录音棚录音的主导地位。任何成熟的技术都是逐渐发展而成的。现如今，最好的电容传声器的有效动态范围可以超过 24bit 数字录音机。而在指向性方面，很多新的传声器展现出的离轴响应远远超过早期最好的产品。

21 世纪初出现了一个有趣的怀旧现象，一些录音工程师转而研究早期电子管传声器，特别是 Neumann 公司和 AKG 公司在 20 世纪 50 年代推出的经典传声器。这些无疑都在告诉我们，将技术与主观判断相结合可以带来良好的效果。

1.7　未来发展

传声器自身快速发展，我们很难在其基本原理上提出具体的改进方案。在改进指向性领域，通过二阶和高阶设计，还有更多的设计方案有待开发。直接转换的高质量数字传声器这些还未出现在市场上的产品逐渐成为工程师们研究的重点。使用传统电容传声器原理的数字输出传声器已经出现，同时，有源传声器阵列现在也开始利用数字信号处理技术实现指向性特性。

一些新的应用概念均已受到关注，包括：会议系统传声器，对传声器组件的组合和选通提出的需求，还有大型阵列传声器的强指向性、易操控的拾音模式等。在后面的章节我们将逐一探讨这些问题。

第 2 章

声音传播基础和传声器力学原理

2.1 引言

几乎所有现代化传声器都采用了电子放大的方式，因此在设计传声器时，首先要考虑如何在声场中采样，而并非从中获得足够大的功率。为了从物理和工程的角度了解传声器的工作原理，我们需要掌握一些声波传输的基本知识。本章首先基于正弦波的生成展开讨论，因为正弦波是绝大多数人耳可听声音的基本组成部分。我们将讨论，在自由声场和封闭空间声场中平面声波和球面声波的传输方式，并介绍声功率和分贝的概念。最后，讨论不同尺寸的传声器对拾音的影响。

2.2 波的生成和传输的基本原理

图 2.1 阐明了正弦波的生成过程。旋转矢量的垂直分量沿着时间轴被描绘出来，如图 2-1A 所示。每经过一个 360° 旋转，就可以看出波的结构或者波形又回到初始状态，呈现周期性变化。正弦波的振幅连续两次到达零基准线上最大值（波峰）的时长即为正弦波波动一个周期的时长。频率，表示指定时间内完成波动周期的次数。频率的单位为赫兹（Hz），一般为 1 秒内完成周期性变化的次数。

对于如空气等物理介质中向外辐射的正弦波，图 2.1 中的基准为静态大气压，声波可以表示为在静态大气压下，压力在正值和负值之间呈现有规律的交替变化的周期信号。该波动周期对应于波长这一参数，而波长的定义是一个完整基础波形的长度。

在室温下，声波在空气中的传播速度约为每秒 344 米（m/s），而波速（m/s）、波长（m）和频率（1/s）之间的对应关系为：

$$c(波速) = f(频率) \times \lambda(波长)$$
$$f = c/\lambda \tag{2.1}$$
$$\lambda = c/f$$

例如，频率为 1000Hz 的声波在空气中的波长为 344/1000=0.344m（约为 13 in）。

两列频率相同的声波的另一个基本关系是它们具有相对相位 phase(ϕ)，也就是一个周期内第一个正弦量和第二个正弦量沿着时间轴的相位差，如图 2.1B 所示。相位通常以旋转的角度作为度量单位（在某些数学运算中也可以弧度作为单位）。如果两个具有相同振幅和频率的声波的相位差为 180°，它们将会互相抵消，因为在任何时候两者相对零基准线的相位关系都是相反的（即反相）。如果这两列声波具有不同的振幅，两者叠加在一起就不会被完全抵消。

如图 2.2 所示，已知声波的频率，可以得到空气中该声波的波长。（关于术语的表示，velocity 和 speed 都可用来表示速度这个参量，两者常常可以互换使用。在本书中，speed 指代的速度通常表示声音随着传播距离的速度，而 velocity 指代的速度则表示局部空气质点和空气运动的特性。）

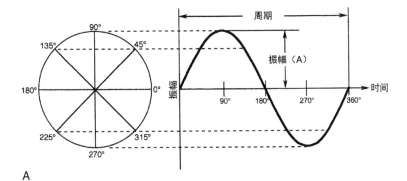

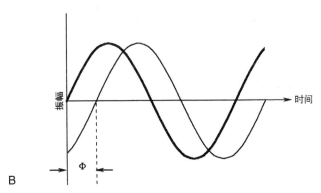

图 2.1　单个正弦波信号的生成（A）；两个正弦波之间的相位关系（B）

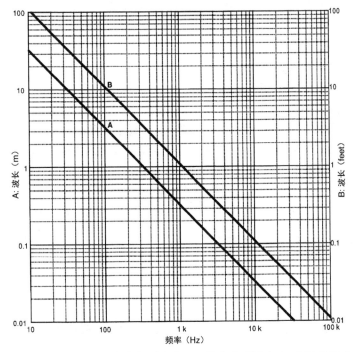

图 2.2　空气中声波的波长与频率的对应关系；单位分别用米（A）和英尺（B）表示

2.3　媒质温度对声速的影响

对于绝大多数录音室，我们可以假设其室温为常温，则声波在空气中的传播速度如上文所述。然而随着温度的变化，声速也会有相对微弱的变化，它满足以下公式：

$$声速 =331.4+0.607\ ℃\ m/s \tag{2.2}$$

其中℃表示摄氏温度。

2.4　声功率

在任何一种物理系统中，都涉及两个变量，一个是强度变量，另一个是广度变量，两者的乘积决定系统的功率或系统的工作速率。有人可能会凭直觉认为强度变量是驱动因子，而广度变量是从动因子。表 2.1 将对其进行详尽阐述。

表 2.1　强度变量和广度变量

系统	强度变量	广度变量	乘积
电气系统	电压（e）	电流（i）	瓦特（$e\times i$）
机械运动（直线运动）	力（f）	速度（u）	瓦特（$f\times u$）
机械运动（转动）	扭矩（T）	角速度（θ）	瓦特（$T\times\theta$）
声学系统	声压（p）	体积速度（U）	瓦特（$p\times U$）

功率用瓦特（W）或焦耳 / 秒（J/s）表示。"焦耳"是能量或功的单位，焦耳 / 秒是做功的效率，使用或耗散能量的速率。这种系统之间的相似性很容易从一个物理域转换到另一个物理域，在后面的章节我们将会具体分析。

声强（I）的定义是通过垂直于声传播方向上单位面积的平均声能量流（W/m²），或单位面积能量流的速率。如图 2.3 所示，左侧的声源以声强 I_0 向一个自由声场进行声学辐射。我们仅仅分析辐射空间中一个立体角区域内的情况。在 10m 距离处，声源会穿过面积为 1m² 的一个正方形区域，而此时仅仅有小部分的 I_0 将会通过这个区域。而在 20m 距离处，该辐射角度相对应的正方形区域面积为 4m²，很明显此时 20m 距离的声强将为 10m 距离声强的 1/4。当然，这是遵循能量守恒定律的必然结果。

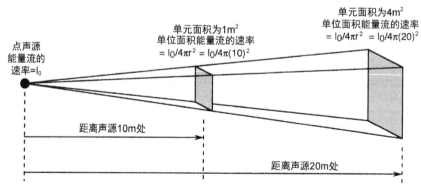

图 2.3　固定立体角区域内声强随着距离变化的情况

在自由声场中，声强和距离满足平方反比定律：接收点分别距离声源 r 和 2r 处，其声强将从 I_0 变为 1/4I。

任何距离下的声强都可表示为：

$$I=W/4\pi r^2 \tag{2.3}$$

有效声压以帕斯卡为单位，该距离下的声压可表示为：

$$p=\sqrt{I\rho_0 C} \tag{2.4}$$

其中 $\rho_0 c$ 是空气的特性声阻抗，它是一个固定的常数（405 瑞利）。

例如：若一个点声源向四周均匀辐射声功率为 1W 的声能，在 1m 处声强为：

$$I=1/4\pi(1)^2=1/4\pi=0.08W/m^2$$

该距离下有效声压可以表示为：

$$p=\sqrt{(0.08)405}=5.69Pa$$

2.4.1 空气质点的速度和幅度之间的关系

空气质点的速度（u）和质点位移（x）的关系由下式给出：

$$u(t)=j\omega \times x(t) \tag{2.5}$$

其中 $\omega=2\pi f$，$x(t)$ 是质点的最大位移值。复数运算符 j 将会产生一个 90° 的正向相移。

一些传声器，尤其是基于电容或压电式原理的传声器，当其被放置在一个恒定幅度的声场中将产生恒定的输出。在这种情况下，$u(t)$ 将与频率成正比。

对于其他传声器，特别是那些基于电磁感应原理的传声器，当被放置在一个恒定速度的声场中将产生恒定的输出。$x(t)$ 将与频率成反比。

2.4.2 分贝

通常我们并不去测量声强，而是测量声压。一个周期的正弦声压变化正如图 2.4A 所示。信号的峰值为单位一，则有效值（RMS）是 0.707，而波形的平均值是 0.637。对于方波，如图 2.4B 所示，其峰值、有效值和平均值均为 1.0。波形的均方根或有效值直接对应于给定声学系统传输或消耗的功率。

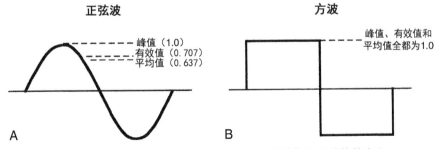

图 2.4　正弦波（A）和方波（B）：峰值、有效值和平均值的定义

声压的单位为帕斯卡（Pa），$1Pa=1N/m^2$。[牛顿（N）是力的单位，它很少出现在日常生活中，1N 等于 1/9.8kg 的力。]声压的变化范围较大，人耳可听阈值为 20μPa（微帕斯卡），普通最大声压级为 100Pa。直接处理和度量大范围数据给人们带来了极大的不便，于是在声学中普遍使用对数标度来度量声压和声功率等，单位为分贝（dB），从而简化讨论。最初采用分贝值简化大范围功率值的度量。因此，它被定义为：

$$Level\ (dB)=10\ log(W/W_0) \tag{2.6}$$

其中，W_0 代表参考功率，例如定义为 1W，声功率级是声功率与参考声功率之比的以 10 为底的对数再乘以 10，（Level 的单位以分贝计。）以 1W 作为参考功率，由此得知 20W 的分贝数为 13dB。

$$Level\ (dB)=10\ log(20/1)=13\ dB$$

与此类似，1mW 信号相对 1W 的声功率级为：

$$Level\ (dB)=10\ log(0.001/1)=-30\ dB$$

通过基础电学理论，我们得知功率与电压的平方成正比。由此我们可以推断，声功率与声压的平方成正比。因此，在声学领域我们可以重新定义分贝的概念：

$$Level\ (dB)=10\ log(p/p_0)^2=20\ log(p/p_0) \tag{2.7}$$

在声压的计算中，声压参考值 p_0 一般取为 0.00002Pa，即 20μPa。

声压为 1Pa 时，声压级为：

$$dB=20\ log(1/0.00002)=94dB$$

这是一个非常重要的关系式。本书在介绍传声器的设计和规格中，94dB L_p 将被作为标准参考声压级一次次重复出现。（L_p 也是描述声压水平的标准术语。）

图 2.5 表示在参考距离下比较各种声源的声压和声压级。

图 2.6 表示声压 Pa 和声压级 L_p 之间的关系。图 2.7 表示点声源在自由声场中辐射，任意两个参考距离下分贝值的衰减情况。

再次参照公式（2.4），现在我们将计算出球面辐射声功率为 1W 的声源在 1m 处声压级：

$$L_p=20\ log(5.69/0.00002)=109dB$$

可以理解为 1W 产生了一个相当大的声压级。从图 2.7 我们可以得知以 1W 均匀辐射，在 10m（33feet）处测量，将产生 L_p=89dB 的声压级。89dB L_p 到底有多响呢？大约是一个人正对你面部大声喊叫的响度！

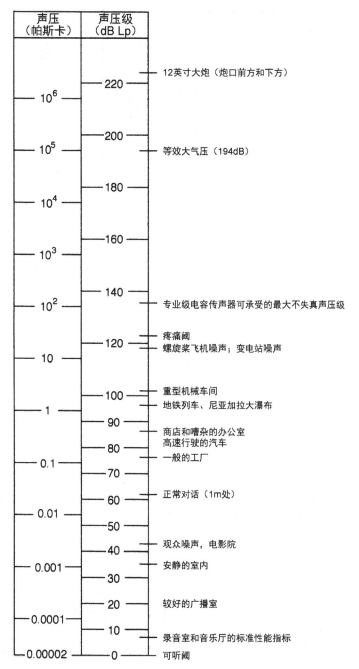

图 2.5　各种声源的声压 / 声压级水平

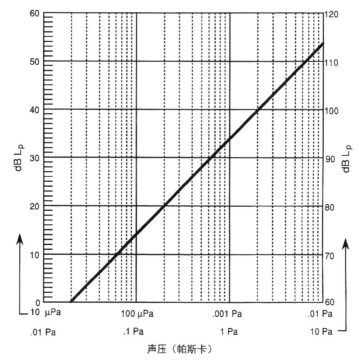

图 2.6　声压和声压级之间的关系

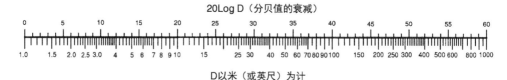

图 2.7　声压级满足拾音点与声源距离的平方成反比的函数关系；想确定两个拾音点的声压级之差，可以首先定位两者与声源的距离，然后分别读取两者的 dB 差值。例如，要确定距离声源 50m 和 125m 处的声压级之差，首先读取 50m 处的声压级为 34dB，125m 处的声压级为 42dB，两者之差 8dB 即为声压级之差

2.5　混响声场

　　自由声场仅仅存在于特定的测试条件下。某些室外环境可以近似为自由声场。而在室内声场中，当我们远离声源时，我们通常将室内声场简单地认为是直达声场和混响声场两者的叠加。如图 2.8A 所示。混响声场除了包括直达声外，还包括封闭的空间中的反射声。混响时间的定义是声源停止发声后，当（室内）声场达到稳态，声压级降低 60dB 所需的时间。

　　有许多方法可以计算混响时间，但是最简单的方法是由 Wallace Clement Sabine 提出的：

$$混响时间 (s) = \frac{0.16V}{S\bar{a}} \tag{2.8}$$

　　其中 V 是房间的体积（单位是 m³），S 是房间内表面的总面积（单位是 m²），$\bar{a}$ 表示对应于某吸声表面的平均吸声系数。

当某一点上直达声和混响声的能量相等时，该点到声源的距离称为临界距离（D_c）。在一般室内声场中，临界距离可以用以下等式表示：

$$D_C = 0.14\sqrt{QS\bar{a}}$$

（2.9）

其中 Q 为声源的指向性因数。在第 18 章中我们将详细介绍它。

在一般的声学环境中，$\bar{a}$ 可能为 0.2，它表示平均只有 20% 的入射至壁面的声能将被吸收，剩下的 80% 将从壁面反射出去，然后向其他壁面辐射，然后再次被反射。这个过程将不断进行，直至声能被有效地吸收。图 2.8B 和图 2.8C 表示分别处于活跃区和沉寂区，直达声场、反射声场和混响声场的相互作用对室内声压级的综合影响。

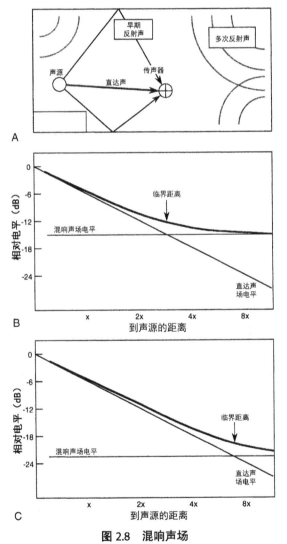

图 2.8　混响声场

封闭空间内，与声源距离可变的直达声和反射声的分布情况（A）

活跃区直达声场和混响声场之间的相互作用（B）

沉寂区直达声场和混响声场之间的相互作用（C）

　　传声器通常被置于直达声场，或直达声场和混响声场之间的过渡区域。在一些古典音乐录音中，可将一对传声器恰当地置于混响声场中，并巧妙地混入主传声器阵列中，以增强环境声。

2.6　平面声场的辐射特性

　　在自由平面声场中，声波随时间变化的声压值将与空气粒子的速度同相，如图 2.9 所示。它同时满足表 2.1 所表示的关系，即声压与空气体积速度的乘积为声功率。（体积速度在此定义为质点速度与该质点通过的横截面积之乘积。）

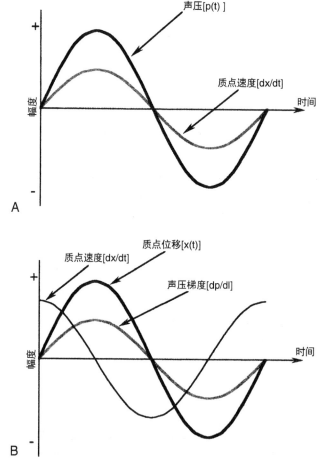

图 2.9　传声器的声波接收特性：声压与质点速度的关系（A）质点速度、质点位移和
声压梯度的关系（B）（Robertson 于 1963 年提供的数据）

　　如果传声器被设计为只响应声压变化，则如图 2.9A 所示传声器足以精确地拾取声场。

　　大多数指向性传声器都被设计为针对不同的声压有着不同的灵敏度，或者说根据指定的拾音轴向上有一定距离的两个点之间的梯度变化有着不同灵敏度。事实上，正是因为存在不同灵敏度，才可以确保传声器具有指向特性。图 2.9B 表示了参数之间的相位关系。声压梯度 [dp/dl] 与质点位移 [x(t)] 同相。然而，质点位移和质点速度 [dx/dt] 的相位相差了 90°。

　　在后面的章节中，随着我们逐步讨论指向性传声器的具体拾音模式，这些概念将更为清晰。

2.7　球面声场的辐射特性

　　相对接近辐射声源时，声波将呈现球面辐射特性。尤其是在低频段，对于连续波峰来说波面曲率的差异非常明显。随着我们的观察点逐渐接近声源，声压和质点速度的相位角逐渐从零（远场）转变为 90°，如图 2.10A 所示。这也将导致质点速度随着相位增大而增大，如图 2.10B 所示。

　　后面的章节将会详解讨论压差式传声器，这种现象被称为"近讲效应"，当传声器近距离拾音时，LF（低频）输出将得到提升。

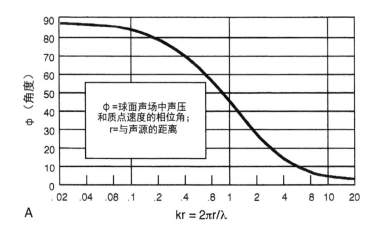

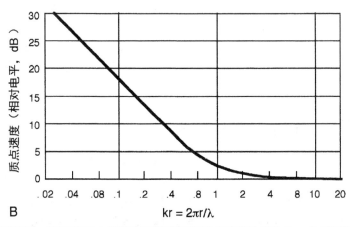

图 2.10　球面波：球面声场中低频声波的声压和质点速度的相位差；r 为观测距离、λ 为
　　　　　信号的波长（A）；球面声场中低频声波声压梯度的增量（B）

2.8   湿度对声音传播的影响

图 2.11 显示了由于空气的声吸收引起的平方反比衰减和高频衰减的情况。相对湿度（RH）分别为 20% 和 80% 引起的衰减量，如图 2.11 所示，通常相对湿度为 50% 引起的衰减量为两条曲线的平均值。

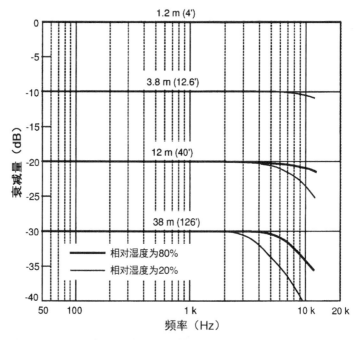

图 2.11   平方反比关系和空气声吸收引起的高频衰减效果（相对湿度分别为 20% 和 80%）

对于大多数在录音棚进行的录音，都可以忽略其高频损失。然而，如果在一个室内声学环境干燥的大空间内，与管风琴相距 12m 进行拾音，高频损耗会较为明显，在录音过程中需要对高频进行一定量的提升。

湿度也能影响许多常见建筑材料的声学特性。例如，非常干燥的石膏比湿度大的石膏吸收更多高频。在干燥的季节里，如果不提高大型录音空间的湿度，就需要更多的依赖人工混响。

2.9   短波信号的声衍射效应；指向性系数（DI）

传声器的尺寸通常都很小，因此它们对被采样声场的影响可谓微乎其微。其尺寸有一定的限度，研制一个直径小于 5mm（0.2in）的录音棚品质的传声器比较困难。当传声器在一个更高的频率下工作时，传声器的指向性响应势必有一定的畸变，因为传声器的尺寸成为影响拾音的一个重要因素。衍射又被称为绕射，是指当声波遇到尺寸与波长相当的障碍物后绕射并继续传播的现象。

多年来，针对传声器已经进行了诸多离轴响应的测试，我们甚至得出了更多的理论曲线图。

在此介绍其中的一部分。

图 2.12 展示了长管一端的圆形振膜的极坐标响应图，里面包括了很多种传声器的情况。在图中，ka=2πa/λ，其中 a 表示振膜的半径。因此，ka 表示振膜的周长除以波长的值。DI 表示指向性系数；这个参数用分贝来描述，表示了轴向拾音相对于所有方向的总体拾音量的比值。如图 2.13 所示，对两侧等效裸露在空气中的传声器进行同一组测量，它表现为双指向性传声器的特性，例如带式传声器，它呈现"8 字形"指向性。

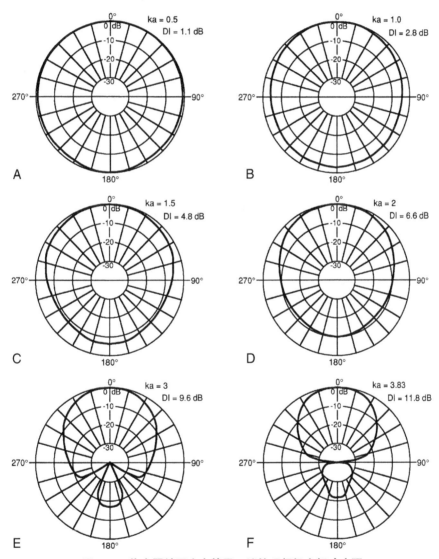

图 2.12　传声器被固定在管子一端的理想极坐标响应图
（上图为 Beranek 于 1954 年提供的数据）

图 2.14 表示传声器被固定在指定圆柱体和球面上，所拾取的一系列轴向和离轴频率响应曲线。高频响应可用的传声器通常都会满足直径 / 波长的比值大约为 1 的条件。

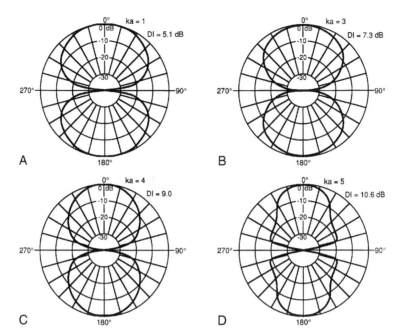

图 2.13   传声器振膜两侧均裸露在空气中的理想极坐标响应图
（上图为 Beranek 于 1954 年提供的数据）

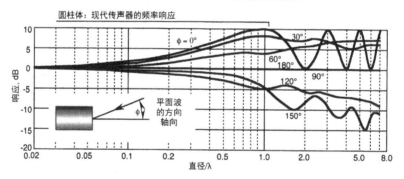

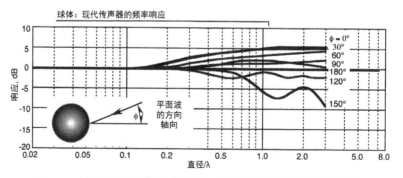

图 2.14   传声器被固定在圆柱体和球面上的轴向和离轴频率响应
（上图为 Muller et al. 于 1938 年提供的数据）

　　除了声衍射的影响外，由于声波作用在传声器振膜上具有一定的入射角，所以也会带来声畸变。与振膜成直角入射时，这种声畸变最为严重。如图 2.15A 所示，平面波以离轴方向斜向入射，传声器振膜投影直径为声波波长的 1/4。由此可见，振膜的中间部位对声波拾音时拾取的是波形的最大值，而振膜的其余部位则拾取了较小值。

　　从本质上讲，振膜做出了准确的响应，但是以图 2.15A 所示的离轴拾音角度拾音，输出将降低。

　　图 2.15B 展示了离轴声波波长等于传声器振膜投影直径的情况。如图 2.15B 所示，振膜对整个波长取样，由此振膜将出现接近抵消的响应。

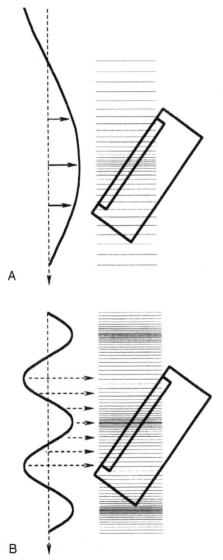

图 2.15　平面声波以一个斜向入射角作用在传声器振膜上。
传声器振膜投影直径为 λ/4（A）；传声器振膜投影直径为 λ（B）
（上图为 Robertson 于 1963 年提供的数据）

第3章

压力式传声器

3.1 引言

一个理想的压力式传声器仅仅对声压产生响应，与声源的方向性无关。因此，传声器振膜通过单向开口拾取声音。在现实情况下，主要由于存在衍射效应，压力式传声器对于波长较短的声波在主轴方向上具有一定的指向性。正如图 2.12 所示，当接收的声波波长接近于乃至小于传声器振膜的周长时，传声器从全指向性逐渐变为指向性。对于很多录音棚品质的压力式传声器，这一特性在 8kHz 以上时体现得尤为显著。

早期的传声器均采用压力式原理，如今电容压力式传声器已被广泛应用于录音行业以及仪器、测量应用领域。说到专业术语，静电（electrostatic）或电容（capacitor）传声器在音频行业中通常被称为电容式（condenser）传声器。本书中将使用电容式（condenser）传声器这一现代化的命名方式。

首先我们要研究电容压力式传声器，我们将从物理和电气的角度对其加以详细分析。然后我们用类似的分析方式研究电动压力式传声器。被应用于压力式传声器设计中的其他换能器也将进行讨论，如：压电效应和不紧密接触（碳颗粒之间的接触）效应。第 8 章将重点讨论基于 RF（射频）信号转换原理的一些电容式传声器。

3.2 电容压力式传声器

图 3.1 展示了一个现代化专业级电容压力式传声器的振膜及与其相关电路的剖面图和前视图。它与 Wente 早在 1917 年提出的模型非常相似（如图 1.7 所示），与之不同的是这里展示的现代化设计的直径仅为 Wente 模型直径的 1/3。对于直径为 12.7 mm（0.5in）的电容压力式传声器，尺寸和相对信号值一般为：

1. 振膜厚度 h 为 20 μm（0.0008in）
2. 声压为 1 Pa rms 的正弦波（94 dBL$_p$）作用在振膜上，振膜的峰—峰值位移为 1×10^{-8}m。
3. 振膜片的静态电容为 18pF。
4. 在经过放大前，1 Pa 声信号在电容振膜终端产生的信号电压大约为 35 Vrms。

表 3.1 表示振膜的峰—峰值位移成为随声压电平变化的一个函数。为举例说明，我们将传声器振膜的尺寸放大 100 万倍。传声器的直径即为 12km，从背板到膜片的距离为 20m。对于声压级为 94dB 的信号，振膜的峰—峰值位移约为 10mm。对于同一个传声器模型来说，声压级为 134dB 的信号可以产生 1m 的位移，背板到膜片的距离的误差在 ±5% 之内变化。这个例子恰当

地展示了在微观世界中电容式传声器在正常声压作用下的振膜运动情况。

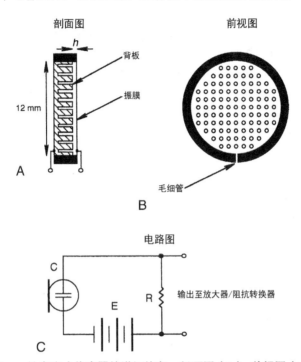

图 3.1　直径为 12mm 的电容式传声器的详细信息：剖面图（A）；前视图（B）；简化电路（C）

表 3.1　振膜的峰—峰值位移随声压级变化的关系

声压级（dB L_p）	峰—峰值位移（m）
14	10^{-12}
34	10^{-11}
54	10^{-10}
74	10^{-9}
94	10^{-8}
114	10^{-7}
134	10^{-6}

3.2.1　电容压力式传声器的物理结构

　　传声器的背板上有许多小孔（如图 3.1B 所示），均匀地分布在一个均匀的网格上。在振膜真实的往复运动过程中，小孔填充的空气可以为振膜的主共振运动提供阻尼，该主共振的频率范围通常为 8kHz ～ 12kHz。振膜通常是由薄型塑料材料制成的，在录音级传声器中常见的材料为 Mylar（聚酯薄膜），薄膜上会镀上一层很薄的金属，通常为黄金。而测量级的传声器，它随着温度和时间的变化需要具备更高的稳定性，振膜的金属材料通常采用不锈钢或钛，铝和镍也常常被选为制造振膜的材料。

膜片后方的空气层的附加劲度与振膜本身的张力同时起作用。两者对于维持振膜组件的高共振频率来说是必不可少的。内部空气层通过一个非常小的毛细管连接到外部，提供了一个缓慢泄漏的路径，以便任何大气条件下的静态大气压都能够在振膜两侧对自身进行均衡。极化电路如图 3.1C 所示。

在早期研制的电容式传声器中有一个重要的型号，即 Altec-Lansing 21 C，它采用了一个非常薄的镀金玻璃板取代通常选用的灵活柔软的振膜。玻璃板的固有劲度不需要额外的张力就可以达到更为合适的高共振频率。

3.2.2　振膜的运动

虽然我们通常认为电容传声器振膜的不同部位具有相同的振动性能，但是实际上对于大多数频率范围，振膜的运动类似于一个理想的鼓头，图 3.2A 夸张地展示了这一过程。我们可以直观清晰地了解，并简单地用数学理论将振膜视为一个刚性活塞。如果我们将振膜的中央视为我们的参考位移值，很明显振膜外侧位移较小。Wong 和 Embleton（1994 年）得出结论，等效刚性活塞的有效面积是膜片的实际面积的 1/3。

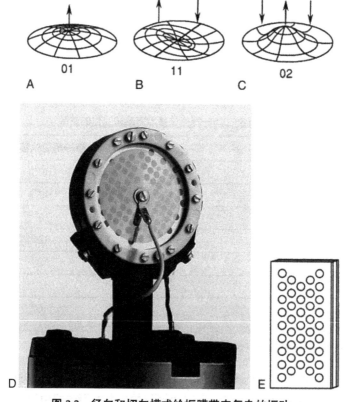

图 3.2　径向和切向模式给振膜带来复杂的振动：
常规运动（ A ）；　模式 11（ B ）；　模式 02（ C ）；　Neumann 中心和边缘夹紧装置（ D ）；
Pearl Microphone Laboratories 矩形振膜结构（ E ）（图 D 来自 Neumann/ 美国）

由于圆形边缘的振膜在较高频率时会发生振动，所以它不再是做简单的运动。振膜的运动逐渐开始受到径向和切向模式的影响，如图 3.2B 和 3.2C 所示。而传声器的幅度响应也开始变得不够稳定。一般的规律是，径向模式在传声器的普通频率范围以上占主导地位。

图 3.2D 展示了 Neumann 背靠背拼接的振膜的细节，它配有特有的中心和边缘夹紧装置。显然，这个振膜与简单的边缘固定的振膜有着完全不同的运动方式。图 3.2E 展示了一个矩形振膜结构，在高频处有另外一套运动模式。这种类型的振膜通常为 12mm（0.5in）宽、38mm（1.5in）高。

Sennheiser Electronics 公司采用了另一种重要的设计，它的做法不是通过增加振膜的张力以维持高频平直的频率响应，取而代之的是通过电增益的方式将振膜的高频输出提高到一定程度从而获得平直的频率响应。

3.3　电容压力式传声器的电路分析

电容式传声器满足以下静态关系：

$$Q = CE \tag{3.1}$$

其中 Q 是电容器极板的电荷量（单位为库伦），C 是电容量（单位为法拉），E 是所施加的直流电压。在电容式传声器中，背板和振膜分别代表电容器的两个极板。

图 3.3 表示了一个两极板间距可变的电容器。电容器处于 A 的状态下，先给它们加上一定的参考直流电压 E，此时两板上就能储存一定的电荷量 Q。如果稍稍加大两板间的距离，如图 3.3B 所示，电容量 C 就会减小。由于电荷量 Q 不变，由此将引起电压 E 增大。他们之间满足公式（3.1）的关系。如果稍稍拉近两板间的距离，如图 3.3C 所示，电容量 C 则会增大，由此将引起电压 E 减小。

对于通过外部极化电压供电的电容传声器，所施加的极化电压通过一个非常高的电阻馈送，如图 3.1C 所示。一旦充电到位，串联电阻 1GΩ（10^9Ω）便可以确保正常的音频频率变化引起的振膜位移变化不会改变电荷量，但显然会改变输出电压，它与电容成反比。在此为了便于分析，我们假设可以忽略电容和电阻之间的能量损耗。

重要的是电容传声器振膜的极化电压远小于空气电介质击穿电压。在正常大气压条件下，击穿电压为 3000 V/mm。录音棚级别的电容式传声器的极化电压通常在 48 ～ 65V 之间，而测量传声器的极化电压约为 200V。振膜和背板之间的极化电压引起一个轻微的静电引力，这也将引起背板非常轻微地拉近与振膜的距离。

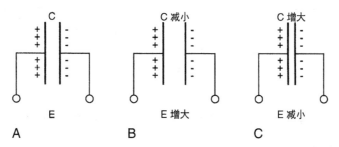

图 3.3　充电电容器满足以下关系：电容极板上有着固定的电荷量（A）；减小电容量将导致电压的增大（B）；增大电容量将引起电压的减小（C）

对于固定的电荷量，基本的极化电压与电容量的关系并不能真正满足线性关系。当电容的变化范围很大时，它们的关系呈双曲线函数关系，如图 3.4A 所示。然而，处于正常、较小的位移范围内时，如图 3.4B 所示，它们非常接近线性关系。回顾上面所讲的部分——"电容压力式传声器"中讲到，普通振膜的运动都十分微弱，只有声压级大于或等于 130dB 的信号才会导致背板到膜片距离的误差在 ±5% 之内变化，这也仅仅是 1/20 的变化量而已。

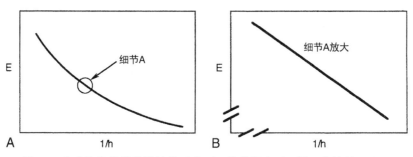

图 3.4   电容和位移的非线性关系（A）；位移很小时，接近线性关系（B）

对传声器做好屏蔽尤为重要，因为极化网络的高电阻抗使系统容易受到静电干扰。在大多数常见的电容压力式传声器结构中，振膜为地电位，只有背板和电路部分需要屏蔽。

平直的电输出的范围

在众多参数中，电容量取决于两个极板之间的相对距离。因此，对于电容元器件均匀（平直）的电输出来说，振膜的位移应当与频率无关。对于平面声波来说，声压与质点速度同相，如第 2 章讨论的一样。空气质点位移和速度之间的关系由下面 $u(t)$ 随时间变化的积分给出：

$$x(t) = \int u(t)dt \tag{3.2}$$

其中 $x(t)$ 是质点的瞬态位移，而 $u(t)$ 是质点的瞬态速度。对于一个正弦信号，$u(t)$ 用 $e^{j\omega t}$ 表示，因此满足：

$$x(t) = \int u(t)dt = (-j/\omega)e^{j\omega t} \tag{3.3}$$

该公式描述了与频率成反比的一个响应（即随着频率的增加，每倍频程下降 6dB）。

这个响应可被一个 $-j$ 的复数算符修正，它的相对相位改变了 $-90°$。

请记住，振膜在相当大的机械张力下工作，膜片后方的小空气层提供了附加的劲度。当压力作用在振膜上时，它将产生一个与 $j\omega/S$ 成正比的机械响应，其中 S 是振膜的力劲（单位是 N/m）。$j\omega/S$ 表示了一个直接与频率成正比的响应（即随着频率的增加，每倍频程提升 6dB）。该响应进一步通过一个正 j 的复数算符修正，它的相对相位改变了 $90°$。

我们可以看出这两个因子结果是互补的，因此他们的综合效果为：

$$(-j/\omega)e^{j\omega t} \times (j\omega/S) = e^{j\omega t}/S \tag{3.4}$$

其中，$e^{j\omega t}/S$ 与 $u(t)$ 具有类似的表示形式。因此，当振膜处于劲度控制时，质点位移响应是平坦的，相位的改变量为 $0°$。

图 3.5 表示了上述的整个过程。图 3.5A 表示了质点速度、压力和位移的关系。图 3.5B 表示

了空气质点位移和振膜共振的共同作用。

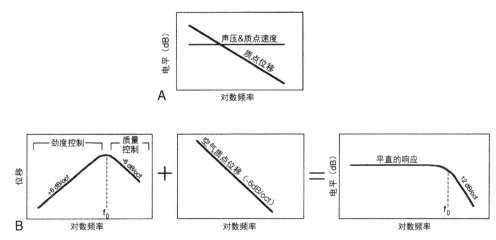

图 3.5　力作用在振膜上：压力、空气质点速度和空气质点位移之间的关系（A）；
振膜处于劲度控制区的响应（B）

在劲度控制区和质量控制区之间是力阻控制区，对于大多数录音棚级别的传声器，力阻控制区频率范围为 8 kHz ～ 12 kHz。在大多数传声器中，共振得到有效的抑制，因此不会引起响应的提升，可能提升量不会超过 2dB 或 3dB。除了共振，传声器的整体响应开始以每倍频程 12dB 的速率衰减。然而，传声器的轴向响应在共振频率以上超过 1/2 倍频程的范围内却趋于平坦，它与图 2.14 类似，是由衍射效应造成的。

电容压力式传声器的输出在低频处仍然保持较为平坦，受限于因毛细管的大气压调节效应引起的空气运动和由非常高的偏置电阻引起的电容器极板上的电荷变化（如图 3.1 所示）。对于大多数录音棚品质的电容压力式传声器来说，低频衰减通常发生在 10Hz 或者更低频率。

3.4　温度和气压变化对电容传声器灵敏度的影响

正常情况下，在录音、广播和扩声应用中都会用到电容传声器，由于温度和大气压变化而带来的响应变化一般可以忽略不计。然而，在很多仪器的应用中，这样的变化不可忽视，用户需要对测量系统重新校准。

温度升高的最主要的作用是减小膜片的张力，这将提高传声器的灵敏度，同时降低带宽。该灵敏度的净效应非常微弱，大概是 -0.005dB/℃ [详见公式（3.7）和公式（3.8）]。

气压的减小对传声器低频和中频的灵敏度都会有轻微的影响，但是声压在 f_0 处对振膜作用力的减小在共振时将引起振膜欠阻尼运动，最终造成 f_0 处响应得到加强。

温度和大气压的变化对测量传声器响应的影响分别如图 3.6A 和图 3.6B 所示。

录音传声器和不太昂贵的测量传声器通常使用聚合物如 Mylar（美国杜邦 Dupont 旗下的一款聚酯薄膜）作为制造振膜的材料，并用黏合剂装配传声器极头。在传声器的可用温度范围内（通常在 -10 ～ 50℃），聚酯薄膜材料和黏合剂具有热敏感性，并且性能随温度变化。糟糕的是，如果将传声器暴露于超过标定的温度限度时，通常会给传声器的性能带来永久性的改变。相比之下，更加精密的测量传声器采用金属振膜，通过机械夹片夹紧和 / 或焊接，在 -30 ～ +80℃的可承受温度范围内，具有更好的温度稳定性，约为 0.001dB/℃。通常精密测量传声器可承受低温的极值取决于电子器件，而非极头的限制。

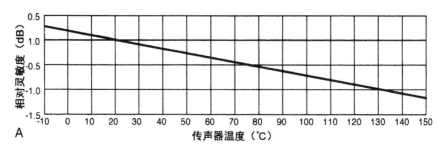

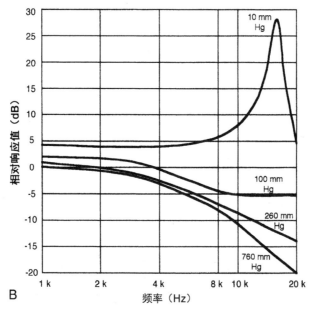

图 3.6　温度变化对电容压力式传声器灵敏度的影响（A）；
大气压变化对电容压力式传声器响应的影响（B）
（Brüel 和 Kjær 于 1977 年提供的数据）

3.5　湿度对电容传声器灵敏度的影响

采用外部极化方式的电容传声器振膜对湿度比较敏感。高极化电压、高电路阻抗、空气、灰尘、污垢和湿度都会导致明显的噪声。给传声器加保护罩可以减轻灰尘、污垢和空气污染物带来的影响，却不可能完全消除噪声。随着时间的推移该影响逐渐累积和加强。在高湿度的环境中使用传声器可能会产生噪声。

采用电子管器件的电容传声器因受热而大为受益，电子管灯丝将会提高振膜温度并降低振膜的相对湿度，这个过程往往能够消除噪声。有一些晶体管传声器也内置了振膜加热器以达到同样的效果。

3.5.1　电容压力式传声器的等效电路

电容压力式传声器的结构相对比较简单，它是由多个独立的声质量、声顺和声阻元件构成的。图 3.7 是包括所有元件的一个完整的电路，它表示了一个从声学域等效为电学域的类比电路。

低频和中频电路能够简化为如图 3.8 所示。高频电路能够简化为如图 3.9A 所示，其响应曲线如图 3.9B 所示，它表示通过改变 R_{AS} 声阻值进而改变振膜阻尼大小。

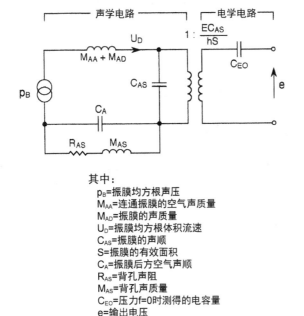

其中：
p_B=振膜均方根声压
M_{AA}=连通振膜的空气声质量
M_{AD}=振膜的声质量
U_D=振膜均方根体积流速
C_{AS}=振膜的声顺
S=振膜的有效面积
C_A=振膜后方空气声顺
R_{AS}=背孔声阻
M_{AS}=背孔声质量
C_{EO}=压力f=0时测得的电容量
e=输出电压

图 3.7　电容压力式传声器的声—电类比电路（阻抗类比）
（Beranek 于 1954 年提供的数据）

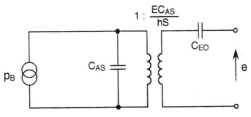

图 3.8　低频和中频响应的简化类比电路
（Beranek 于 1954 年提供的数据）

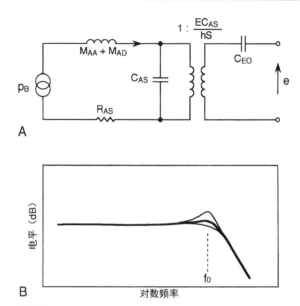

图 3.9　高频响应的简化类比电路（A）；频率响应（B）（Beranek 于 1954 年提供的数据）

3.5.2　前置放大器和极化电压供给电路

图 3.10A 是电子管设计中前置放大器和极化电压系统的电路图。这里的复杂性大多取决于提供极化电压的外部电源，给电子管设置恰当的直流偏置是尤为重要的。

图 3.10B 是现代化的 FET（场效应晶体管）设计。值得注意的是，-10dB 的衰减（垫整）电容设置在振膜周围，可切换的旁路电容器可以分流振膜所拾取的信号，从而确保在接下来的前置放大阶段，系统即使在更高声压级下工作，不会导致出现过载失真。

旁路电容器常常选择振膜电容量的 0.4 倍大小，两电容并联后的电容大小约为原振膜的电容大小的 1/3，进而实现输出衰减 10dB。电容的并联并不类似于分压器那么简单，这将引起电路轻微的信号非线性效果。

假设 x 表示振膜所拾取信号的一个可变系数，Cx（原书此处为 xC。应当为 Cx）表示未并联旁路电容器前，振膜电容量的可变数值。振膜并联分流后，并联后的净电容量等于

$$C_{\text{net}} = \frac{x \times 0.4C^2}{0.4C + Cx}$$

它的形式是：

$$C_{\text{net}} = \frac{Ax}{B + Cx} \tag{3.5}$$

其中 $A=0.4C^2$，$B=0.4C$，C 是振膜的电容量。

公式（3.5）可扩展为：

$$C_{\text{net}} = \frac{ABx - ACx^2}{B^2 - (Cx)^2} \tag{3.6}$$

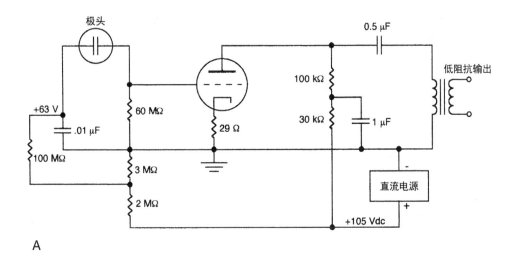

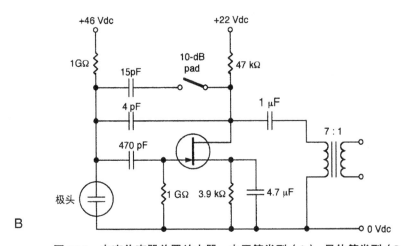

图3.10　电容传声器前置放大器：电子管类型（A）；晶体管类型（B）

　　观察这个公式，不难看出，简单的关系式 C_x 代表未经衰减的可变电容量，可以用经过变形的分子、分母平方项表示的一个组合公式表示，从中可以看出存在二次谐波失真。

　　考虑到 x 表示的微小信号变化，谐波失真效果非常微弱。在任何高声压级的工作环境下，由旁路电容器引入的失真可以忽略不计。

　　降低极头的信号输出也可以通过降低直流极化电压的方式来实现。Neumann TLM170 和 TLM50 型号的传声器就是通过这种方式降低振膜输出的。TLM50 也是在 60 ～ 23V 范围内改变振膜和极板之间的极化电压。由于减小振膜和极板之间静电引力，将会导致传声器的高频响应有着轻微变化，也会引起振膜朝着远离极板的方向略微有所移动。

　　考虑到传声器内置前置放大器的输出级，典型输出级的电阻抗在 50 ～ 200Ω 之间。通常输出信号为平衡信号，或是采用变压器或是采用平衡式晶体管输出电路，以确保在长距离传输时不受信号干扰。传声器前置放大器的电负载通常在 1500 ～ 3000Ω 之间，如果驱动源为低阻抗，则基本上趋于无负载的情况。传声器采用低电容线缆连接时，传输距离可以延长至 200m，并可忽略对频率响应的影响。

3.6　轴向响应与随机入射响应的比较：网罩、挡板和鼻锥体

如图 2.14 所示，自由平面波沿圆柱体或球体的主轴方向入射将带来高频响应的提升。对于圆柱体，当入射角为 0° 时，达到 10dB 的最大轴向提升量。相比之下，球体的最大轴向提升量仅为 6dB。在这两种情况下，90° 时频率响应是非常平直的，实际上这只是传声器在一个随机声场中的一个近似的综合响应。

当声能垂直入射振膜（自由场）或以一个随机的角度入射时，用于测试和录音的压力式传声器都能设计为平直的频率响应。振膜的直径越小，垂直入射和随机入射响应达到相同的发散角度所对应的频率越高，如图 3.11 所示。录音传声器的响应曲线通常设计得较为平直。

随机和轴向信号

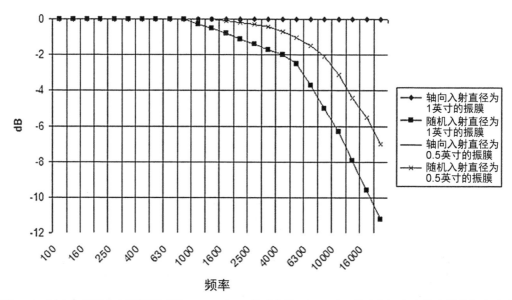

图 3.11　轴向和随机入射振膜直径为 12mm（0.5 英寸）和 25mm（1 英寸）压力式传声器的频率响应

如图 3.12 所示，可以通过改变 DPA 4000 系列全指向性传声器的网罩改变其高频响应曲线。图 3.12A 中是普通网罩的数据，它具有平直的轴向响应曲线（仅仅在 40kHz 处有 -6dB 的衰减量），而随机入射响应曲线在高频处有所衰减。图 3.12B 中将备用网罩替换图 3.12A 普通网罩，振膜的阻尼将减小，响应情况如图 3.12B 所示。声波随机入射时在 15kHz 以下具有平直的频率响应，而轴向入射时出现了一个 6dB 的峰值提升量。

对于同一款传声器，将普通网罩替换为鼻锥体式网罩，声波间接地作用在振膜上，频率响应如图 3.12C 所示，声波从任一角度入射都具有相同的频率响应。

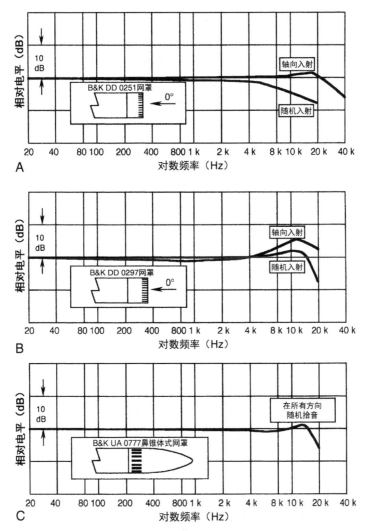

图 3.12 为特定的拾音特性而设计的传声器：轴向频率响应平直，随机入射频率响应在高频处有所衰减（A）；随机入射具有平直的频率响应，轴向频率响应在高频处出现了一个峰值提升量（B）；采用特殊的鼻锥体挡板式设计确保在所有入射方向上具有相同的入射频率响应（C）（Brüel 和 Kjær 于 1977 年提供的数据）

　　Neumann M50 传声器设计于 20 世纪中期，它包括一个直径为 12mm 的电容振膜，被固定在一个直径约为 40mm 的球体上，球体近似的频率响应如图 2.14 所示，直径与波长的比值为 1 时所对应的频率为 8200Hz。请注意，M50（如图 3.13 所示）的轴向响应和图 2.14 的数据基本是一致的，频率轴上归一化的单位值等于 8200Hz。

　　M50 扩散场响应较为平坦，然而它取决于球体对到达轴向的信号将附加怎样的高频临场感。这款传声器一直都是深受古典音乐录音师喜爱的一款产品，它通常被用于直达声场和混响声场之间的过渡区域，用于增加高频信号的临场感。

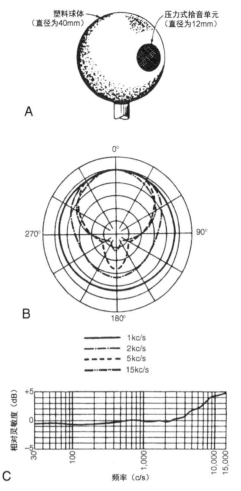

塑料球体
（直径为40mm）

压力式拾音单元
（直径为12mm）

A

0°

270°　　　　　　　90°

B

180°

—— 1kc/s
—— 2kc/s
--- 5kc/s
—·—·— 15kc/s

C

频率（c/s）

图 3.13　Neumann M50 传声器的数据，包括：
电容极头的安装草图（A）；极坐标指向性图（B）；
轴向频率响应图（C）（数据由 Neumann/USA 提供）

Sennheiser MKH20 是一款具有平坦的轴向频率响应特性的压力式传声器，启用内部的搁架式电子均衡提升高频，可确保在各个入射方向频率响应基本保持平直。同时通过在传声器前端安装一个小型挡圈进一步提高轴向指向性。详情如图 3.14 所示。（Sennheiser MKH20 采用射频信号转换系统，这部分内容将在第 8 章讨论。在指向性响应方面，本章讨论的 RF 电容传声器与其他电容传声器的型号具有相同的特性。）

总体而言，电容压力式传声器的振膜被放置在直径为 21mm 的外壳的一端，振膜处将发生衍射效应并受到离轴声波干扰，针对不同频率具有不同极坐标指向性图，如图 3.15 所示。

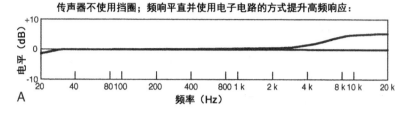

传声器不使用挡圈；频响平直并使用电子电路的方式提升高频响应：

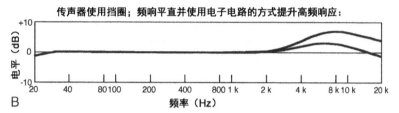

传声器使用挡圈；频响平直并使用电子电路的方式提升高频响应：

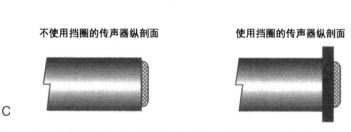

不使用挡圈的传声器纵剖面　　　使用挡圈的传声器纵剖面

图 3.14　Sennheiser MKH20 数据：不使用挡圈的频率响应（A）；使用挡圈的频率响应（B）；使用或不使用挡圈的传声器纵剖面（C）（数据由 Sennheiser 提供）

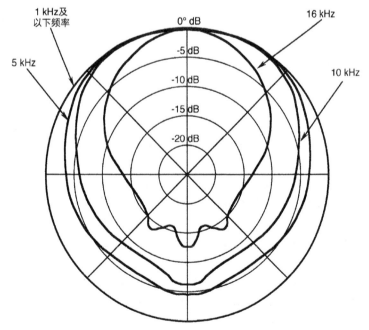

图 3.15　压力式传声器的振膜被固定在直径为 21mm 的圆柱体外壳一端所对应的一组极坐标指向性图，在高频处具有较窄的指向模式（Boré 于 1989 年提供的数据）

3.7 典型的电容压力式传声器噪声频谱

电容压力式传声器在技术属性的平衡处理上十分谨慎。20 世纪 80 年代中期，这类传声器的整体性能已经达到了很高的水平。现在许多型号代表着对不同技术要点的偏向，如低噪声、高电平失真度、带宽扩展和极坐标响应控制等属性。

随着数字录音时代的到来，电容传声器振膜和其相关的前置放大器的本底噪声受到了密切的关注。随着 CD 光盘和其他高密度格式的出现，其有效本底噪声相比于密纹立体声唱片大大降低。前数字时代人们能接受的传声器的噪声水平在如今已然不能被接受。多年来，我们知道录音棚级别的电容传声器的加权本底噪声已经下降了 10 ～ 12dB。

电容传声器的本底噪声通常根据如图 3.16 所示的曲线进行加权，并且表示为一个等效声学等级。例如，采用 A 计权计量时，噪声声压级为 10dB，表示传声器的本底噪声大约等于理论上完美的传声器在实际声学空间内拾取经过 A 计权后声压级为 10dB 的残留噪声。它大致相当于噪声评价标准（Noise Criteria）中噪声等级为 NC5 的室内噪声声压级。

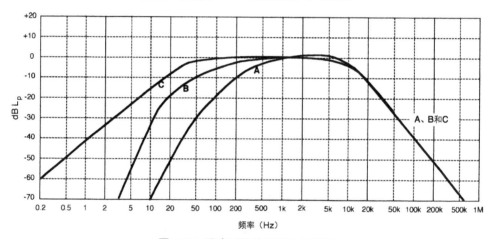

图 3.16 噪声测量的标准加权曲线

与此相关的问题将在第 7 章中详细讨论，第 7 章将探讨传声器的测量。本节只是介绍噪声的频谱特性。

传声器前置放大器输入负载电容分别等效于直径为 25mm（1 in）和 12mm（0.5 in）的极头，输出端所测得的 1/3 倍频程噪声频谱图如图 3.17 所示。要注意，随着振膜的直径减半，本底噪声将提高约 6dB。然而，作为性能属性的一个折中，振膜直径减半后，传声器的高频带宽容量将为原有直径的 2 倍。幸运的是，在低电平时双耳对低频的灵敏度会降低，从图 3.16 的加权曲线中可以看出这一特性。

如图 3.17 所示，在 1kHz 以下随着频率的降低大约每倍频程提高 10dB。这样的提升通常被简称为 l/f 噪声（与频率成反比），它是电子设备的一种基本属性，频谱平坦且在高频处有着轻微的提升，该性能很大程度上取决于电容元件本身，它忠实地反映了电学领域中的机械—声阻抗。

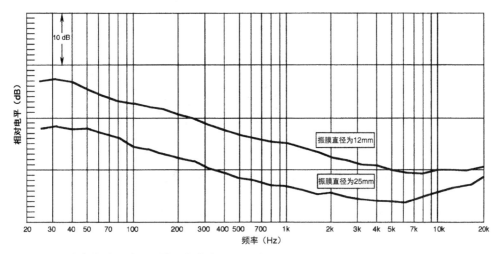

图 3.17　传声器前置放大器输入负载电容分别等效于直径为 25mm（1in）和 12mm（0.5in）的极头，输出端所测得的 1/3 倍频程噪声频谱图

较新的电子产品降低了 $1/f$ 噪声，然而考虑到双耳对低电平的低频信号并不敏感，这只是一个小小的改进。典型的传声器前置放大器输出噪声频谱如图 3.17 所示。

3.8　驻极体电容压力式传声器

驻极体这种材料为人所知已足足有一个多世纪，但是仅仅在过去的大约 40 年内，驻极体这种材料才对电容传声器的设计产生影响，并为成本低廉的传声器提供了杰出的性能。驻极体是一种预极化的材料，通常为聚四氟乙烯（PTFE，杜邦公司称之为 Teflon），通过在强电场和加热条件下，极板上永久驻留电荷。随着温度逐渐降低，电荷保持下来。该材料的静电特性实际上相当于一个永久磁铁，如果在电容器背极板涂上全新的驻极体材料，传声器将与标准电容振膜具有相同的性能，其有效极化电压约为 100V。图 3.18A 即为采用驻极体背极板作为电容传声器极头的剖视图。

驻极体振膜还能以图 3.18B 的形式出现。它的一个缺陷是驻极体金属薄膜比传统的非驻极体振膜材料单位面积的质量要重许多，可能会影响高频响应。

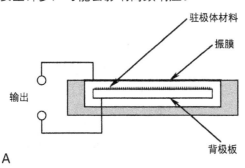

图 3.18　驻极体振膜：驻极体背极板（A）

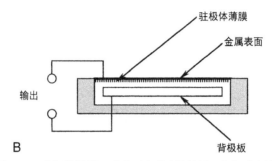

图 3.18 驻极体振膜：涂有驻极体材料的振膜（B）（续）

图 3.19A 是一个典型的驻极体传声器的电路，它的设计十分简洁。图 3.19B 即是一个小型驻极体传声器。

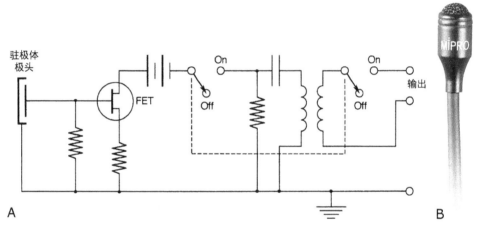

图 3.19 驻极体传声器完整的驻极体电路（A）；小型驻极体传声器的照片（B）
（照片由 Avlex Corporation 提供）

3.9 测量传声器

压力式电容传声器一般用于各类测量和测试，因此他们的设计与录音和广播专用的传声器略有不同，图 3.20A 是 Brüel & Kjær 的一款测量用传声器极头的剖视图，如图 3.20A 所示，多孔背极板直径的尺寸比振膜要小。背部的空气腔一般不会出现在录音棚专用的传声器中。"星芒图案"的开槽保护罩如图 3.20A 所示，是测量传声器中最为常见的保护罩，但是它的抗冲击性能比较弱。如果传声器不小心被摔在地上，那么细小的金属条容易弯曲，很容易就撞击到振膜和传声器极头。图 3.20B 是测量／录音传声器配套采用的一个网格状保护罩，它采用多孔结构。如图 3.20B 所示，现在一些制造商使用这种风格的网格大大提高了传声器的抗冲击性能。

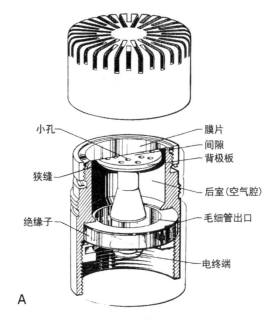

小孔
膜片
间隙
背极板
狭缝
后室(空气腔)
绝缘子
毛细管出口
电终端

A

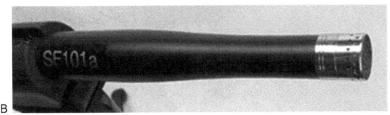

B

图 3.20　测量传声器的剖视图（A）；SF101a 传声器的照片展示了多孔保护网状结构
（图 A 为 Brüel 和 Kjær 于 1977 年提供，图 B 为 TestMic.com 提供）

　　测量传声器也可被用于扬声器工业、建筑声学领域，在工业车间内也可作为测量声学响应和噪声的一种基本工具。

　　图 3.21A 中的这些传声器最为普遍地应用在声级计（SLM）中。SLM 是我们日常生活中进行音质评估和噪声测量的主要工具。（对于一般家庭音响系统的设置和音质检测，可以使用一些低成本的声音测量仪器，他们的价位一般低于 200 美元，并且可以在电子产品商店中购买。）

　　测量传声器通常被设计为非常均匀一致的频率响应，并且提供了便于随着空间内不同温度和大气压变化进行实时校准的配件。极化电压通常为 200V，它允许振膜和背极板之间的距离稍大，以确保在较高的工作声压级下具有较低的失真度。

　　测量传声器的尺寸各异，可以覆盖从 1Hz 以下～ 200kHz 以上的频率范围，测量传声器的选择取决于应用场合。很多型号可以对由地震引起的空气运动做出响应，其本底噪声为 -2dB（A 计权）；还有一些型号可以承受 180dB 甚至 180dB 以上的声压级。图 3.21B 展示了一些录音传声器和测量传声器正常工作时可承受的声压级范围。

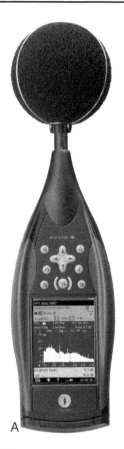

A

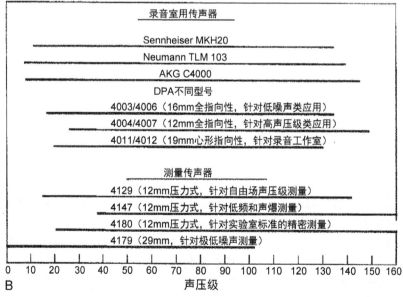

B

图 3.21　现代化的数字声级计（A）；一些录音传声器和测量传声器正常工作时所覆盖的声压级范围（B）
（上图为 Brüel 和 Kjær 提供）

3.10 电容传声器的灵敏度、带宽和振膜位移

Kinsler 等人（1982 年）给出了一个简化的公式以描述电容极头的基准灵敏度：

$$M = \frac{E_0 a^2}{h 8 T_0} \text{V/Pa} \tag{3.7}$$

其中：

E_0= 极化电压（V）

h= 振膜到背极板的标称距离（m）

a= 振膜的半径（m）

T_0= 振膜的有效张力（N/m）

对于直径为 25mm（1 in）的测量传声器，以上参量通常为常量：

a=8.9×10^{-3}m

T_0=2000N/m

E_0=200V

h=25×10^{-6}m

σ_m（振膜的表面质量密度）=0.445kg/m^2

我们可以近似计算出传声器的灵敏度和上限频率值：

$$M = \frac{(200)(8.9)^2(10^{-6})}{200(10^{-6})8(2000)} = 0.04 \text{V/Pa}$$

使用更为精准的公式，Zukerwar（1994 年）得出了 0.03 V/Pa 这一更加准确的数值。简化公式只是给出了一个合理的近似值。

传声器的上限频率（f_H）公式（Wong 和 Embleton 于 1994 年提出）为：

$$f_H = \frac{2.4}{2\pi a} \sqrt{\frac{T_0}{\sigma_m}} \tag{3.8}$$

$$f_H = \frac{2.4}{6.28(8.9 \times 10^{-3})} \sqrt{\frac{2000}{0.445}} = 9150 \text{Hz}$$

对于高于 f_H 的频率，共振频率阻尼程度和衍射效应决定了传声器响应。轴向响应可以向上延伸至约 20kHz。

低频带宽可以向下延伸至很低的频率，受到 RC（电阻 - 电容）时间常数的限制，该常数由既定的压力式元件的低电容和串联电阻的高阻值决定。对于这里所说的直径为 25mm 的传声器，C=15×10^{-12} 法拉，R=10^{9}Ω，可以计算衰减频率 f_L：

$$f_L = 1/(2\pi RC) = 1/6.28(10^9 \times 15 \times 10^{-12})$$

$$f_L = 1/(6.28 \times 15 \times 10^{-3}) = 10.6 \text{Hz}$$

3.11 振膜位移

振膜的均方根位移以米为单位可以表示为：

$$位移 = \frac{pa^2}{2800T_0}$$ （3.9）

振膜直径为 25mm 所对应的均方根位移为：

$$位移 = (8.9 \times 10^{-3})^2 = 5 \times 10^{-11}m$$

显而易见，在此讨论的测量传声器振膜位移比之前讨论的录音级传声器振膜位移要小。

3.12　电动压力式传声器

电动式传声器的历史可以追溯到 19 世纪，它们都是基于电磁感应原理，由于输出电压相对较低，所以直到电子放大出现以后，这一类传声器才在商业市场和早期无线广播领域找到了立足之地。如今，我们可以看到，只有较少的电动压力式传声器被使用，他们的角色很大程度上被驻极体传声器所取代。

电动式传声器也可以被称作电动式（electro dynamic）、电磁式（electromagnetic）、动圈式传声器。它基于电磁感应原理，即：导体或导线在磁场中做切割磁感线运动时，导体中产生的感应电动势与磁感应强度、运动速度和导体长度成正比。公式为：

$$e(t) = Blu(t)$$ （3.10）

其中：$e(t)$ 是瞬时的输出电压（V），B 为磁感应强度（T），l 是导体的长度（m），$u(t)$ 是导体的瞬时速度（m/s）。由于 B 和 l 均为常数，因此输出电压与导体的瞬时速度成正比。

电磁感应基本原理如图 3.22 所示，它指出了通量密度、导体运动方向和导体速度之间的矢量关系。在传声器的设计中，通常都采用多匝线圈的导线放置在径向磁场中的形式，一个典型的电动压力式传声器的剖视图和前视图如图 3.23 所示。现代电动式扬声器的工作原理与电动式传声器的工作原理是相反的。

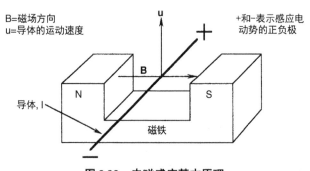

图 3.22　电磁感应基本原理

在平面声波声场中，空气粒子的速度和压力是同相的。因此，若导体要实现平直一致的电输出，则导体必须处于一个恒定的压力场中，且在整个频带范围内具备恒定的运动速度。线圈和振膜组件的机械质量和声顺都是恒定的，它表现在机械共振上。通常将共振频率设计为接近传声器的预期频率响应的几何平均数。在相同的数值范围下的两个参量的几何平均数为：

$$几何平均数 = \sqrt{较低频率 \times 较高频率}$$ （3.11）

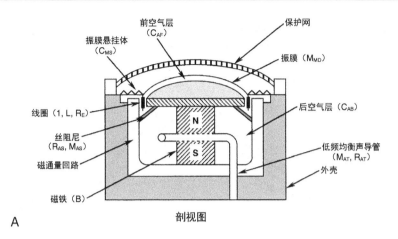

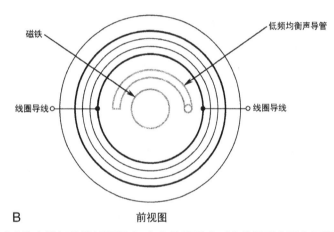

图 3.23 电动式传声器组件的剖视图（A）和前视图（B）（前视图中不含保护网格）

对于频率范围从 40Hz ～ 16kHz 的一个典型的响应，共振频率设计为：

$$f_0 = \sqrt{40 \times 16\,000} = 800\text{Hz}$$

传声器被设计为通过振膜运动的外部阻尼在其使用的频率范围内实现响应控制。

图 3.24 展示了一个无阻尼振膜的响应（曲线 1），随着阻尼的加大，逐渐呈现曲线 2 ～曲线 5 的效果。请注意，随着阻尼的加大，中频频带输出变得相对平坦，前提是以牺牲中频频带灵敏度为代价。在维持有效的整体灵敏度的同时，为了达到良好的频率响应，需要采用、引进一些设计技术。通过将一些丝绸层或薄毡放置在用于隔离空气层背部和线圈之间的间隙区域，可以给振膜提供阻尼。一般来说，中高频共振峰减小 25 ～ 35dB，将产生曲线 5 的响应。以这种方式添加更多的中频阻尼将导致输出灵敏度不够理想。

接下来是解决低频响应的衰减，通过将一个长而窄的声管道插入空气层的背部，将空气输出到外部可以解决这一问题。管的尺寸的选择需要确保管中的空气质量能够与内部空气层本身的声顺发生共振。这个赫姆霍兹共鸣器的共振频率通常选为 40 ～ 100Hz 之间的一个频点。最后一步是补偿高频衰减，其中一种方法是在振膜前增加一个小型谐振腔体，谐振频率设计在

8 ～ 12kHz 之间。补偿高频和低频的方法提高了传声器在各个频段的输出。

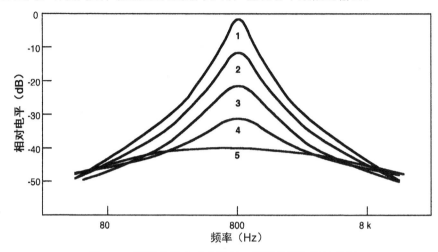

图 3.24　振膜的基本响应控制，振膜外部阻尼的效果

通过分析等效电路（Beranek 于 1954 提出）可以清晰地了解通过对振膜主共振进行阻尼控制，同时增强低频和高频的峰值响应的设计过程，如图 3.25 所示。

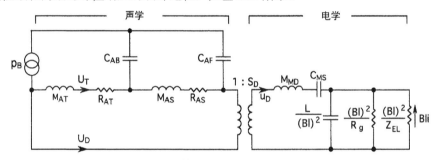

其中：

p_B=振膜前部的均方根声压
M_{AT}=低频均衡声导管的空气声质量
R_{AT}=低频均衡声导管的声阻
U_D=振膜的均方根体积流速
U_T=低频均衡声导管的均方根体积流速
C_{AB}=背部空气层的声顺
M_{AS}=振膜后方阻尼的声质量
R_{AS}=振膜后方阻尼的声阻
C_{AF}=前部空气层的声顺
M_{MD}=振膜的声质量
C_{MS}=振膜的声顺
L=线圈的感应系数（单位：亨利）
R_g=线圈的直流电阻（单位：欧姆）
Z_{EL}=线圈的电阻抗
B= 磁间隙的磁通密度（特斯拉）
l=线圈长度（米）

图 3.25　电动压力式传声器的简化等效电路（Beranek 于 1954 年提供的数据）

低频响应在很大程度上取决于低频均衡声导管和背部空气层的共振，频率范围内的等效电路如图 3.26A 所示。

中频响应受到线圈下方丝绸层引起的阻尼的影响，该频率范围内的等效电路如图 3.26B 所示。

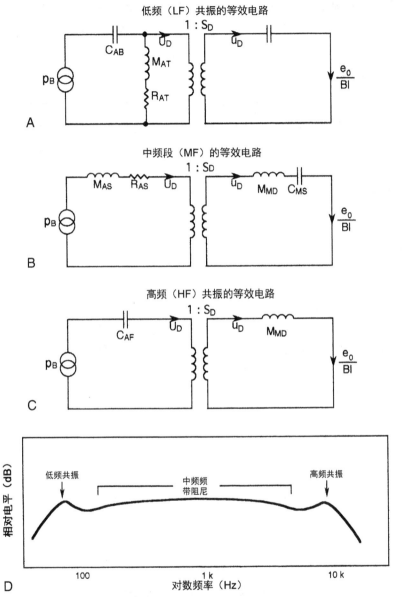

图 3.26　为低频、中频和高频区设计的等效电路：低频共振（A）；中频阻尼（B）；
高频共振（C）；整体响应（D）（图 A、B、C 的数据由 Beranek 于 1954 年提供）

高频响应很大程度上取决于振膜的声质量和振膜下方前部空气层的声顺共同构成的共振。高频段，等效电路如图 3.26C 所示，整体响应如图 3.26D 所示。我们可以看到传声器的设计有很大的空间，有一些压力式动圈传声器设计的共振腔比我们展示的要大。经过精心制造，电动压力式传声器在 50Hz ～ 15kHz 范围内的轴向响应误差可以维持在 ±2.5dB 之内。由此可以看出，设计一个优质的电动压力式传声器需要结合物理结构、创造性和多年的设计实践。这些问题涉及到如何放置阻尼材料和分配低频和高频共振点，这些都需要丰富的经验，对于不同用途的传声器，需要设计不同的频率响应。参看 Souther（1953 年）便可得到针对一般应用的电动压力式传声器的实用设计方法。此外还可参看 Beranek（1954 年）和 Kinsler 等人（1982年）的文献。

典型的尺寸和物理量

传声器的振膜可以由硬铝、刚性轻质的铝合金，或者由许多稳定的塑料材料制成，其较薄的横截面具有一定的张紧度容限。通常球顶整体移动，球顶外部细节网状结构具有一定的力顺。在现代设计中小型钕磁铁是很常见的，经典电动压力式传声器的物理参量包括：

B=1.5 T（特斯拉）

l（间隙中线圈的长度）=10m

振膜 / 线圈半径 =9mm

声压级为 94 dB 的 1 kHz 纯音信号引起的振膜位移 =$2 \times 10^{-2} \mu$m rms

运动系统的质量 =0.6g

电阻抗 =150 ～ 125Ω

灵敏度范围 =1.5 ～ 2.5mV/Pa

有一些全指向性和单指向性的电动式传声器都集成了抗交流声线圈，能够抵消 50/60 Hz 的感应交流声干扰。抗交流声线圈是一个位于音圈的轴线上，与拾音线圈的绕制方法完全相同、缠绕方向相反，被连接在拾音线圈上的低电阻线圈，其位于传声器电磁结构的外部。这种设计可以在杂乱的交变磁场中产生与音圈所拾取的相同的感应信号，这两个信号将会相互抵掉。抗交流声线圈的原理图如图 3.27 所示。

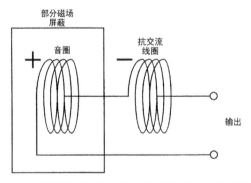

图 3.27　该电路呈现了电动式传声器的抗交流声线圈

3.13　其他压力式传声器换能器

许多其他换能原理已被广泛应用于压力式传声器的设计中，包括以下内容：

- 松散接触原理。该方法在第 1 章中曾经讨论过，因为它是传声器技术早期发展史中的关键技术。多年以来唯有松散的碳粒传声器仍然是电话制造领域中的一种可行的设计，对其持续发展感兴趣的读者可以关注 Bell Telephone Laboratories 的《A History of Engineering and Science in the Bell System》（1975 年）。

- 电磁技术。该技术在第 1 章已经介绍过，这是 Bell 电话专利原型的重要组成部分，但是目前已经不常用在传声器设计中了。Olson（1957 年）对其展开了详细讨论。该系统是双向的，既可作为传声器也可作为扬声器。

- 电子技术。Olson（1957 年）描述传声器电子管的电极可以由外部的振膜驱动，从而改变电子管的增益。该技术完全根据实验得到，还没有被商业化。

- 磁致伸缩技术。某些磁性材料在磁场的影响下轴向尺寸将发生变化。该技术通常应用于机械位置感应等应用中。

- 光学技术。Sennheiser 已经推出了光学传声器，当光束照射在振膜上时，调制光束反射到光电二极管上。详情如图 3.28 所示。该设备可以相当小巧，振膜处没有任何电子元件（美国专利 5 771 091，于 1998 年）。

- 热感技术。Olson（1957 年）描述了一种由直流加热的细金属丝组成的传声器。导线周围的声音传播引起的气流以一定比例改变了其电阻值的大小。如果导线的偏压直接由现有的空气流动决定，则由气流的方向上的声压引起的导线电阻的微小变化也可以被监测。该技术在声学强度测量领域中具有非常广阔的研究前景。

- 微机电系统（MEMS）。也被称为硅微型传声器，采用集成电路制造，并经常与前置放大器和模拟 - 数字转换器（ADC）集成在同一芯片上。至少有 10 家公司研制了这一产品。

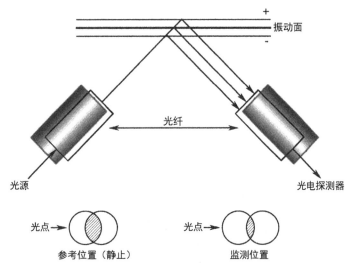

图 3.28　光学传声器细节图（由 Sennheiser 提供）

3.14　压电式传声器

在 20 世纪 30 年代到 60 年代，压电式传声器（晶体传声器）已是家庭录音、小规模寻呼和扩声市场中的一个重要角色。如今，低成本的动圈式和驻极体式传声器几乎已经取代了压电式传声器。（术语"压电"源自希腊语"piezen"，其意思是压力。）

某些结晶材料，如酒石酸钠钾、ADP（磷酸二氢铵）和硫酸锂，当他们弯曲或以其他方式变形时，内部会产生极化现象，其两个相对的表面会出现正负相反的电荷。压电效应具有可逆性，也是双向传感器，该单元也可以被用作高频扬声器。

该晶体结构需要进行切割，沿适当的结晶轴排列产生所需输出电压。大多数压电式传声器都采用了双压电晶体结构，其中相邻的晶体单元以相反的方向彼此胶合在一起，以实现推挽输出。图 3.29A 展示了一个经典的双压电晶片结构，它包括两个胶合在一起的晶体单元，每个导电表面上都附有金属箔。原件的三个角被固定，自由的一角通过一个连接部件由膜片驱动。

图 3.29B 是晶体传声器的一个剖视图。振膜的运动连接了双压电晶片结构的自由角，输出电压被馈送到后级的前置放大器。由于双压电晶片的输出电压与信号的位移成正比，所以振膜通常由于外部机械阻尼而被调谐到一个较高频率，如图 3.29B 所示。

典型的晶体传声器在中频的输出灵敏度约为 10 mV/Pa，因此，可以用来直接驱动高阻抗前置放大器。传声器和前置放大器之间的电缆是有长度限制的，因为电缆的并联电容会带来高频信号损失。

在水听器（用于水下声信号传输和检测的传感器）、机械定位和非常高声压级的测量领域，压电元件是非常有用的，相比于常规类音频应用，他们的机械阻抗特性更适合于这一类应用。

希望了解更多有关压电式传声器的信息可以查阅 Beranek（1954 年）和 Robertson（1963 年）的文献。

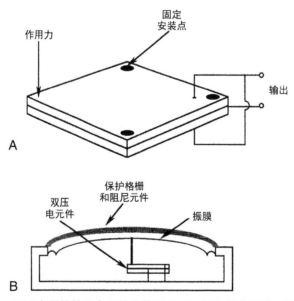

图 3.29　双压电晶片的压电元件细节图（A）；压电传声器的剖视图（B）

第4章

压差式传声器

4.1　引言

　　压差式传声器又被称为振速传声器，振膜正面和背面两个相距很近的点可感测声压差。振膜正面和背面在不同声压的作用下，受到其声压差或梯度的激励。最常见的是铝带式传声器，在 20 世纪 30 年代和 20 世纪 40 年代之间由 RCA 公司的 Harry Olson 在技术和商业上将其发展到一个新的高度。并且，在 20 世纪 50 年代中期，它在美国的广播和录音领域占主导地位。英国 BBC 工程部还参与了铝带的重要研发阶段，20 世纪 50 年代中期在 FM 无线传输到来之际将其可用频率扩展至 15 kHz。

　　使用"振速"这一术语源于压力梯度的本质：至少对于长波来说，压力梯度几乎与振膜附近空气粒子的速度成正比。因此，其更为常见的术语是压力梯度，或简单地称之为压差式传声器。基本的压差式传声器具有 8 字形指向性模式，它的拾音模式通常被称为双指向性。

4.2　压差的定义和描述

　　回顾压力式传声器的作用原理，如图 4.1A 和图 4.1B 所示，机械原理如图 4.1A 所示，可等效为图 4.1B 所示的物理电路。加号加了一个圆圈的含义是传声器的正压力将会在输出端产生一个正电压。圆圈的本身说明传声器对每个方向的灵敏度是相同的。

　　压差式传声器的机械原理如图 4.1C 所示。振膜的两侧对称地暴露在声场中。等效物理电路如图 4.1D 所示。输出端有两个圆圈，一个标正，一个标负，两者的距离为 d。标负的输出端表示作用在传声器背面的声压与正面声压的输出极性相反。两者的距离 d 表示传声器的正面与背面接收声波的等效声程差。

　　作用在压力式传声器上的声波会沿着 0° 方向作用在振膜的正面，如图 4.1E 所示。然而作用在压差式传声器上的声波会沿着 0° 方向从正面和背面声孔入射，分别作用在振膜的正面和背面，两者的声程差为 d，如图 4.1F 所示。

　　使用压差式传声器可以确定声波的传播角度。从图 4.2A 的上半部可以看出，平面声波的两个入射声孔与声波的传播角度平行，这两个圆圈代表压差式传声器的两个声孔，实线表示两个声孔接收到声波的幅度与下图中正弦波的幅度相对应。图 4.2B 表示入射声孔与声波的传播角度垂直放置，两声孔之间没有声压差，因此传声器无输出信号。

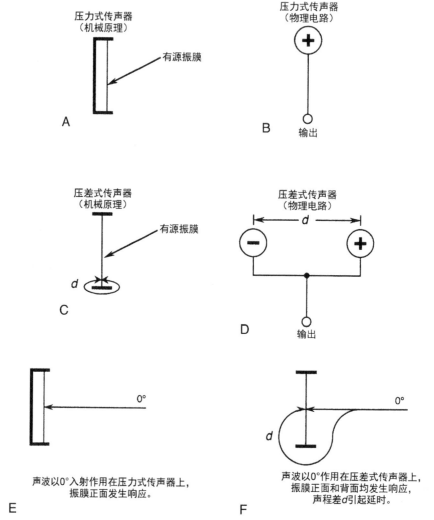

图 4.1　压差的定义。压力式传声器的机械原理图（A）；压力式传声器的物理电路（B）；
压差式传声器的机械原理图（C）；压差式传声器的物理电路（D）；声波以 0°
入射作用在压力式传声器上（E）；声波以 0° 作用在压差式传声器上（F）

　　声压差随着频率的增大而增大，如图 4.3 所示。在此，当压力感应点随着声波的传播方向平行排列时，我们可以看出对于低频、中频和高频信号的声压差。对于长波，声压差通常与频率成正比，并且满足以下公式：

$$ge^{j\omega t} = K_1 j\omega t p e^{j\omega t} \tag{4.1}$$

　　其中 $ge^{j\omega t}$ 表示声压差瞬时值，K_1 是一个任意的常数，$pe^{j\omega t}$ 表示压力的瞬时值。如果空气质点的速度相对于频率是均匀的，公式（4.1）右侧的 $K_1 j\omega$ 因子表示声压差值与频率成比例，则它以每倍频程 6dB 的速度增大，并且声压差的相位相对于压力提前 90°。研究图 4.3 的图形数据可以得出以上结论。

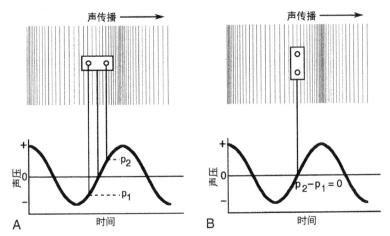

图 4.2　平面行波纵向测得的声压差等于 p2-p1（A）；平面行波横向测得的声压差为零（B）

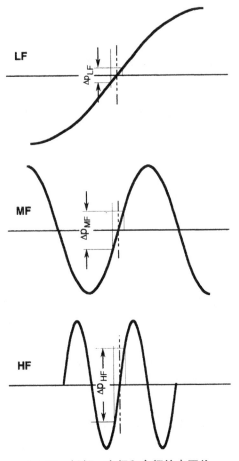

图 4.3　低频、中频和高频的声压差

在一个均匀的压力声场中，压差式传声器具有平坦的频率响应特性，必须存在某种形式的均衡以抵消声压差的高频提升。以电动式压差传声器为例，其电输出为：

$$Ee^{j\omega t} = B1Ue^{j\omega t} \tag{4.2}$$

其中 E 表示传声器电压输出的均方根值，B 表示磁铁间隙的磁通密度（特斯拉），l 表示磁场中运动的导体的长度（米），U 表示导体的速度的均方根值（米/秒）。

如果传声器被放置在声场中，则此输出电压往往随着高频空气质点速度的增加而呈现每倍频程 6dB 的提升。所需的均衡完全可以通过电子方式实现，但是简单地采用质量控制带或在振膜处增加 $K_2/j\omega$ 系数就可实现。在压力梯度和力学高频衰减的共同作用下可以得到：

$$总体响应 = (K_1 pj\omega e^{j\omega t})/(K_2/j\omega) = (K_1/K_2)pe^{j\omega t} \tag{4.3}$$

总体响应与声压的均方根成正比，在整个频带内具有平坦的频率响应曲线。

以电容压差传声器为例，在一个平坦的声场中，平直的电输出取决于振膜在整个频响范围内的恒定的位移。由于在高频处声压差呈现每倍频程 6dB 的提升，所以在电容振膜处会产生一个随频率变化恒定的质点位移。因此，如果电容振膜的机械阻尼相比其力顺和质量抗要大很多，就可以达成所需的均衡。

4.3 压差式传声器的指向性和频率响应特性

图 4.4A 展示了压差式传声器的一个基本的 8 字形指向性特性。值得注意的是，响应最大值出现在 0° 和 180°，但是后半球的信号极性与前半球的信号极性是相反的。在 ±45° 处的响应值为 0.707，相当于下降 3dB。在 ±90° 处的有效值为 0。极坐标的指向性函数为：

$$\rho = cosine\ \theta \tag{4.4}$$

其中 ρ 表示响应的幅度，θ 表示极角。图 4.4B 描绘了以分贝为单位的极坐标响应图。

整个频率范围内的极坐标响应取决于传声器的尺寸、两个声孔之间的有效距离和从振膜正面绕到振膜背面的声程差。第一个无响应点出现在声波频率相对应的波长与传声器的两个声孔间距 d 相等的情况下。

压差是根据频率变化的函数，如图 4.5A 所示，它以每倍频程 6dB 的速率提升，当频率上升到其波长等于传声器的正面与背面接收声波的等效声程差 d 时，其响应为零输出。理论上经过均衡的传声器输出如图 4.5B 所示。然而，由于存在衍射效应，所以高频的实际响应可能类似于图中虚线所示。

为扩展频率响应，我们假设 d 尽可能小。如果 $d/\lambda=1/4$，该响应仅衰减 1dB（Robertson，1963 年）。对于频率为 10kHz 的信号而言，求解该方程，可以得出 $d=8.5mm$（0.3 in）。然而这种情况的优点可能体现在频率响应方面，较短的路径将会产生一个相对小的声压差，相应的传声器的输出灵敏度将会很低。幸运的是，衍射效应对维持出色的轴向频率响应，甚至当前部和背部的声程差相当长时都是非常有利的。下面的部分将对其进行讨论。

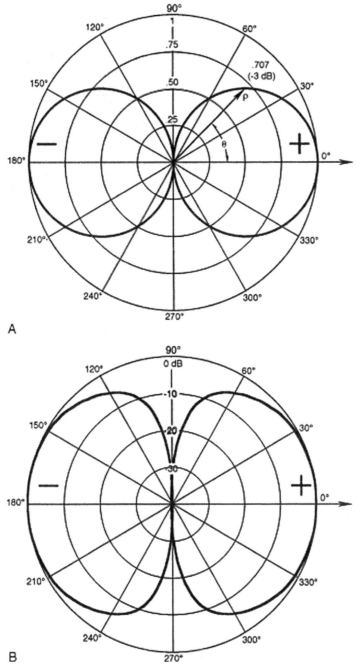

图4.4　压差式传声器极坐标指向性图；压差式传声器指向性极
坐标图（A）；以分贝为单位的极坐标响应图（B）

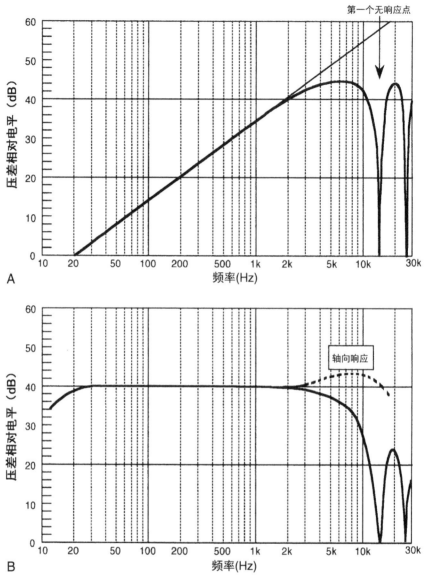

图 4.5　经典铝带式传声器，未经均衡处理（A）和经过均衡处理（B）
时声压差随频率的变化（虚线表示轴向高频响应）

4.4　电动压差式传声器的机械结构

　　压差式带式传声器的机械和电路结构如图 4.6 所示。带状导体通常由铝箔带制成，长度大约为 64mm（2.5 in），宽度约为 6.4mm（2.5 in）。它松弛地被悬挂在磁隙正中，张力可调。在较新的设计中，振带的厚度通常为 0.6μm（2.5×10⁻⁵ in），长度一般在 25mm（1 in）左右。铝带的质量包括相关的空气负载，重量在 0.001～0.002g 之间。铝带的低频共振频率为 10～25Hz。由于铝带和磁极片之间的间隙甚小，因此在谐振频率附近需要较大的阻尼。磁隙中的磁通密度为 0.5 ～ 1T（特斯拉）。

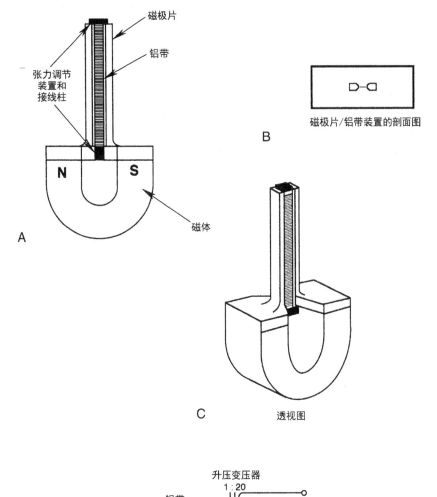

磁极片/铝带装置的剖面图

B

C

透视图

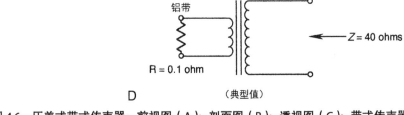

D （典型值）

图 4.6　压差式带式传声器；前视图（A）；剖面图（B）；透视图（C）；带式传声器的（经典）电路（D）（B 和 C 的数据由 Beranek 于 1954 年提供）

早期的带式传声器的体积都比较大，并且采用重而相对低效的磁铁。带式传声器非常脆弱，在早期用户中是众所周知的；有一些带式传声器由于年代久远而会使金属带下垂，一阵大风吹过甚至可能导致其变形。由于振带具有一定的伸缩性，因此它和弦类似，频率为基频和基频的倍数时会发生颤动（Robertson, 1963 年）。然而，在阻尼设计良好的带式传声器中这种现象并不常见。

仔细观察带式传声器的内部结构，可见其设计相当谨慎，振膜外加网罩由细金属网或丝织物制成，其作用是对传声器的频率特性进行补偿。正如图 4.7A 所示，磁极片的配件周围设有金属网罩，它能补偿铝带在共振区域的高阻尼引起的低频衰减。

良好的网罩结构能够在传声器的整个工作频率范围内提供一种相当一致的声阻抗。图 4.7B 中的矢量图表示网罩对低频的影响。由于网罩在路径 d 引起了压力衰减，在铝带的背部得到一个更低的压力值（p_2'）。实际上它在低频处产生的压差（p'）比不加网罩产生的压差（p）更大，综合效果是对低频进行补偿和提升。

而在中频和高频，网罩的作用如图 4.7C 所示。再次，网罩的效果是使声压差（p'）略有下降，它也可以被理解成校正低频响应而付出的一个小小的代价。该设计被应用在 Coles Model 4038 传声器中效果较好，Shorter 和 Harwood（1955 年）对其进行了详细的描述。

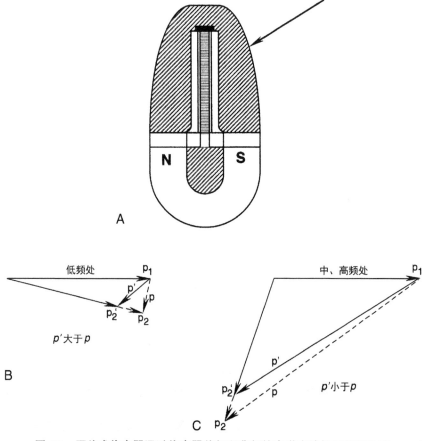

图 4.7   压差式传声器通过传声器前部和背部的声学衰减校正低频响应
带网罩的传声器（A）；低频的矢量图（B）；高频的矢量图（C）

4.4.1 压差式带式传声器的灵敏度

一共有 4 个主要的因素影响振带的基本灵敏度：间隙处的磁通密度、铝带的长度和质量、前面到背面的声程路径。由于铝箔同时兼具低质量和低电阻率的最佳特性，因此它可能是这类应用中最理想的材料。内部尺寸的各个方面都是相互关联的，尝试对其中之一进行优化可能导致在其他地方做出妥协。例如：将铝带的长度增加 1 倍会提高灵敏度 6dB，但是这将不利于高频的垂直指向性响应。将极片之间的声程路径增加 1 倍也能提高灵敏度 6dB，但是也可能影响传声器的高频性能，因为传声器的整体尺寸将同时加大。

现代的技术手段通常会改变磁性。使用磁感应强度更大的磁铁以及新的磁电路材料和拓扑结构使得改善基本灵敏度成为可能，可以实现更加有利的折中方案，包括降低铝带的长度，在极化响应和高频性能上有着更好的表现。在大多数磁性的设计中，选择材料尺寸时通常要选择通过极片的磁通量达到有效饱和状态，从而均匀地贯穿在整个间隙的长度范围内。

由于铝带的输出电压非常低，因此通常在传声器套件内会安装一个升压变压器，变压器的匝数比为 20:1，从而使铝带的低阻抗能够更好地与 300Ω 负载相配接。一个典型的带式传声器在不配接输出变压器的开路灵敏度通常在 0.02 mV/ Pa 的范围内。新增一个升压变压器能够将系统的开路灵敏度提高到 0.5 ~ 1.0 mV/Pa 的范围内。

4.4.2 压差式带式传声器的响应曲线

当频率低于 $d=(5/8)\lambda$ 相对应的临界值时，带式传声器的简单设计能够产生一个均匀、可预测的响应曲线。图 4.8 为 Olson（1957 年）提出的极性图的理论数据。注意，随着波长逐渐接近传声器的尺寸，轴向响应曲线变得较为平坦，最终轴向响应输出变为零，同时极坐标响应呈现相同的 4 瓣分布。

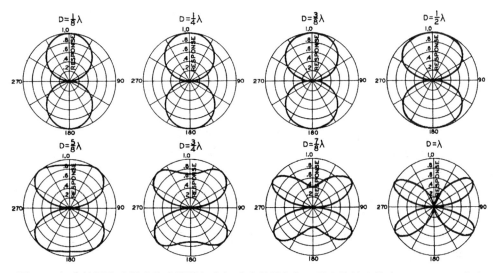

图 4.8 经典的压差式带式传声器的极坐标响应是随 λ 和 d 而变化的函数（Olson，1957 年）

　　图 4.9 展示了经典商业用途的压差式带式传声器轴向响应曲线。曲线 A 是 RCA 产品手册中
44-B 型带式传声器的频响曲线图。图 4.9B 中的数据为 Coles 4038 型传声器。需要注意的是 Coles
的频响更为平直，且高频响应的扩展性更好。

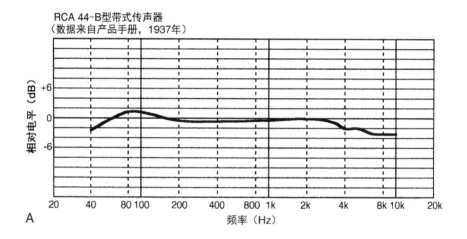

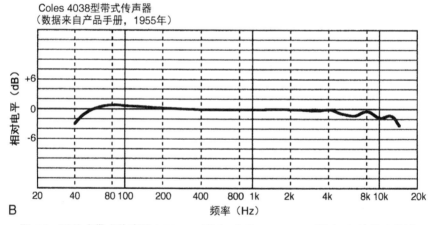

图 4.9　压差式带式传声器 RCA 44-B 型（A）和 Coles 4038 型（B）的频响曲线

　　图 4.10A 展示了 beyerdynamic M 130 型带式传声器的详细信息。这也许是当前市面上可以见
到的体积最小、频响最平直的带式传声器了，整个铝带被装配在一个直径为 38.5mm 的球体中。
铝带结构的细节如图 4.10B 所示，传声器在 0° 和 180° 的响应曲线如图 4.10C 所示。
　　相对较新的 AEA R-84 型则与 RCA 的设计有诸多相似之处，它拥有一个尺寸较大的铝
带。该型号如图 4.11A 所示，其前部和背部的响应曲线如图 4.11B 所示。应注意的是其垂
直方向被扩展，它与 RCA 44 响应曲线的总体轮廓有很多相似之处，例如它们的频率响应
均可延伸至 20kHz。

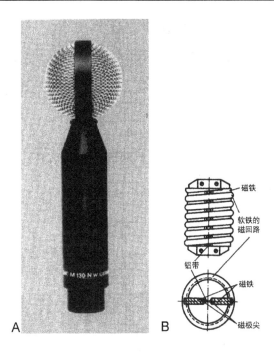

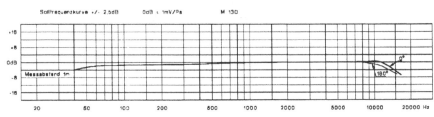

C

图 4.10 beyerdynamic M 130 带式传声器：实物图（A）；铝带结构细节图（B）；频率响应曲线（C）
（数据由 beyerdynamic 提供）

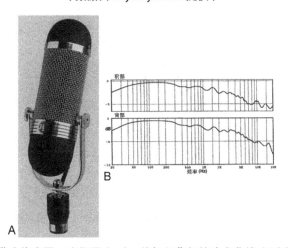

图 4.11 AEA R-84 带式传声器：实物图（A），前部和背部的响应曲线（B）（数据由 AEA 提供）

4.4.3 压差式带式传声器的等效电路

图 4.12A 是基于阻抗类比原理的一个压差式带传声器的等效电路（Beranek, 1954 年）。它可以忽略振带和极片之间狭缝的影响，通过图 4.12B 的形式我们可以简化电路。在此，常常用导纳型类比得到从 50Hz ~ 1kHz 的机电等效电路。从电路中可以看出，传声器对于声学驱动信号呈现为纯质量抗。

声学电路（阻抗类比）

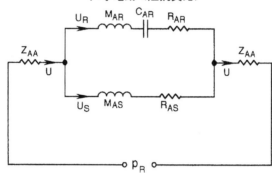

其中：

Z_{AA}=振膜一侧介质的声学阻抗
U=通过传声器的体积流速
U_R=铝带的体积流速
U_S=空气通过铝带边缘狭缝的体积流速
M_{AR}=铝带的声质量
C_{AR}=铝带的声顺
R_{AR}=铝带的声阻
M_{AS}=狭缝的声质量
R_{AS}=狭缝的声阻
p_R=铝带的压差

A

简化电声电路（导纳型类比）

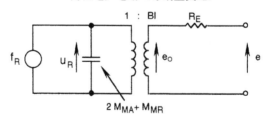

其中：

f_R=铝带的受力
u_R=铝带的速度
$2M_{MA}+M_{MR}$=铝带和相关空气负载的质量
e_o=铝带空负载的电输出
R_E=铝带的直流电阻
e=传声器系统空负载的电输出

B

图 4.12 压差式带式传声器的等效电路；声学电路（A）；电声简化电路（B）
（数据由 Beranek 于 1954 年提供）

输出电压由下式给出：

$$|e_0|=|u|\left(\frac{Bl\rho_0\Delta d}{2M_{MA}+M_{MR}}\right)S\cos(\theta) \tag{4.5}$$

其中 u 是空气质点垂直于振带的速度分量，Δd 是绕经传声器的声程差，S 是铝带的有效面积，$2M_{MA}+M_{MR}$ 表示铝带和其两侧相关的空气负载的质量。

一个设计良好的压差式带式传声器在一些常规的录音棚应用中可以承受相当高的声压级。然而，由于运动系统受到共振频率设计的制约，因此低频位移受到限制。

4.5　压差式电容传声器

图 4.13 是 3 种类型的压差式电容传声器。其中图 4.13A 所示的单端设计最为常见，但其非对称性在正部和背部会引起轻微的高频响应差异。有一些设计师在振膜正面设计了一个仿真穿孔电极，但不施加极化电压，在它的前部对其进行补偿，如图 4.13B 所示。其推挽式设计如图 4.13C 所示，对于一个给定的振膜偏移来说，它比其他设计的输出电压要大 1 倍，但是它所需的偏置方法使其设计较为复杂。

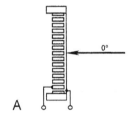

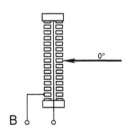

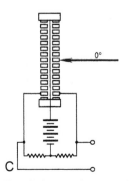

图 4.13　压差式电容传声器；单端非对称的形式（A）；单端对称的形式（B）；推挽式（电平衡）设计（C）

　　正如我们在"压差的定义和描述"一节中讨论的一样,压差式电容传声器在力阻控制模式下工作,这就要求振膜具有一个无阻尼共振的中频段,相当大的黏稠空气阻尼通过背板或背板上的许多小孔施加在振膜上。在实际应用中阻尼的大小有一定限度。图 4.14 是灵敏度随阻尼变化的情况,经典的目标工作点为曲线 3。为获得更好的低频响应扩展而加大阻尼,将导致灵敏度降低,并降低传声器系统的本底噪声。一般来说,在正常使用时一部分低频衰减将被近讲效应补偿(见下一节)。

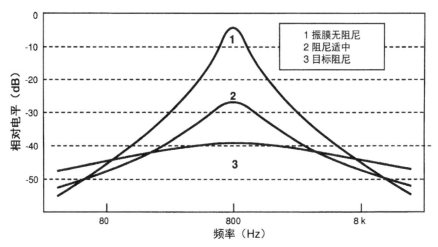

图 4.14　电容传声器振膜采用不同阻尼产生不同效果

　　图 4.15 是典型的高质量压差式电容传声器的轴向频率响应曲线,表示了可以容忍的低频衰减程度。对于铝带式传声器,轴向衍射效应可维持高频响应的扩展。

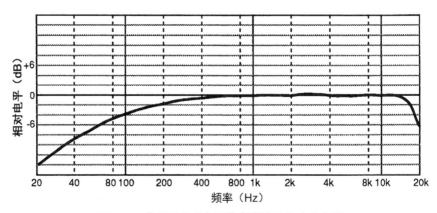

图 4.15　典型压差式电容传声器的频率响应曲线

　　在评判各种 8 字形指向性传声器的优点时,大多数工程师都会在众多电容传声器里挑选一个铝带式传声器。这也许可以用一个事实来解释,因为可用的电容传声器的型号相对较少。铝带式传声器自然的低频共振是其设计中一个至关重要的环节,可以扩展低频响应,而这一点也是大多数工程师（和艺术家）所欣赏的。

4.6 近讲效应

大多数指向性传声器都会产生近讲效应，传声器近距离拾取声源时低频输出提升的现象叫"近讲效应"。产生这种效果的原因是近距离拾音时，声源到达振膜正面和背面的相对距离可能大为不同。作用在振膜上的压差分量随频率的降低而减少，而对于给定的拾音距离和频率，作用在振膜的平方反比分量保持不变。当拾音距离减小，如图 4.16A 所示，它控制低频并引起输出的提升。图 4.16B 的数据表示作用在振膜上的压差和平方反比作用力，经过均衡的数据如图 4.16C 所示，它表示了压差式传声器的净输出。

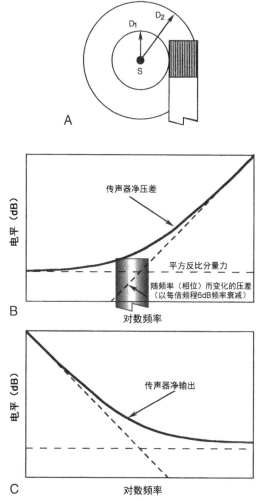

图 4.16 压差式传声器的近讲效应：声压级与拾音点到声源的距离的平方成反比关系（A）；
平方反比与随频率变化的压差的共同效果（B）；
图 B 中曲线的对应电输出曲线（C）

压差式传声器近讲效应低频提升的幅度：

$$Boost(dB) = 20log\sqrt{\frac{1+(kr)^2}{kr}}\qquad\qquad(4.6)$$

其中 $k=2p/l$，r 是从声源到达振膜的距离（m），l 是信号的波长（m）。[例如 100Hz 信号在 5.4cm（0.054m）的拾音距离下，kr 的值为 2p（100）/344=1.8。公式（4.6）计算得出提升量为 20.16dB。]

压差式传声器在几种拾音距离下的低频提升量如图 4.17 所示。在 20 世纪 30 年代和 20 世纪 40 年代，电台的低吟歌手很快认识并喜爱上著名的老式 RCA 铝带式传声器，他们具有的弹性低频响应能够提升歌手和播音员低频的比重。

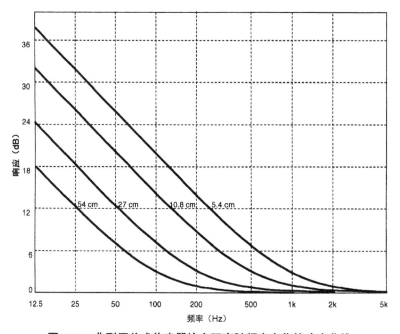

图 4.17　典型压差式传声器拾音距离随频率变化的响应曲线

对于对称的正面和背面性能，所有的 8 字形压差式传声器均为边侧拾音式传声器，录音角度为传声器外壳的轴向 90°，如图 4.18 所示。此外，在这一类传声器中，多数录音棚大振膜传声器都具可调指向性。一般情况下，大多数小振膜型号配有可更换的全指向性和心形指向性极头，它们为顶端拾音式传声器，如图 4.18 所示。

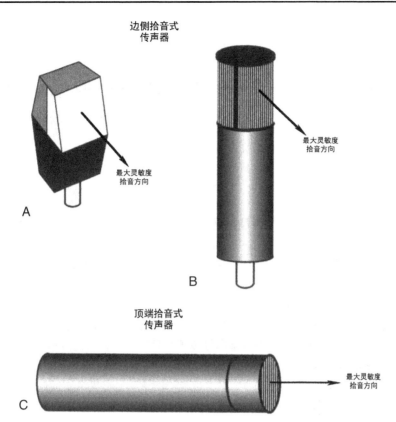

图 4.18 不同类型的传声器的最大灵敏度主轴

第5章

一阶指向性传声器

5.1 引言

目前，绝大多数专业的指向性传声器都是一阶心形指向性家族的成员。术语"一阶指向性"指的是其极性响应函数与余弦的一次幂成正比。这些传声器的指向性模式同时复合了前两章中讨论的压力式传声器和压差式传声器的指向特性。通过比较，二阶指向性传声器的指向性模式与余弦的二次幂成正比。换句话说，一阶指向性传声器指向性响应与压力梯度成正比，而二阶指向性传声器指向性响应与压力梯度的梯度成正比。

最早期的指向性传声器是在一个外壳内装配了独立的压力式组件和压差式组件，通过电耦合来实现所需的指向性模式。而现在大多数指向性传声器只有一个独立的传感组件，通过计算前后延时路径得到所需的指向性模式。我们将分别讨论这两种方法。

5.2 一阶心形指向性家族

压差分量和压力分量经过复合得到如图 5.1 所示的指向性图。在极坐标中，全指向性压力分量的指向性系数为单位一，这表明在所有方向上的响应是均匀的。压差分量的指向性函数为cosθ，这表示了 8 字形指向模式：

$$\rho = 0.5(1+\cos\theta) = 0.5+0.5\cos\theta \qquad (5.1)$$

这是心形指向性（顾名思义，指向性为"心"的形状）的极坐标函数。指向性几何函数可以简单地在每个角度上将两种指向性函数复合在一起，同时还要考虑压差分量的背面反相抵消的效果。

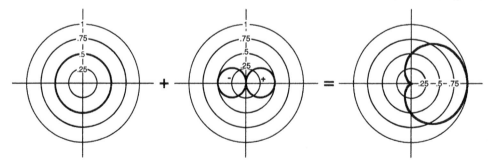

图 5.1 压力式（全指向性）声接收和压差式（8 字形指向性）声接收方式复合后得到心形指向模式

通过改变全指向性（压力式）分量和余弦（压差式）分量的比例，可以得到一系列极坐标响应图，如图 5.2 所示。复合式声波接收的指向性函数可以表示为：

$$\rho = A + B\cos\theta \qquad (5.2)$$

其中 A+B=1。

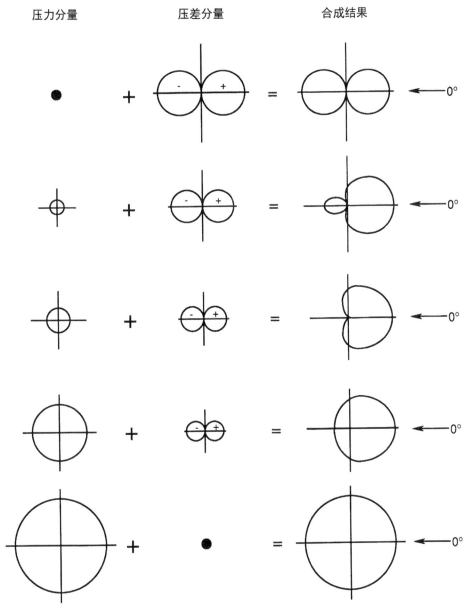

图 5.2　压力和压差分量的不同组合方式以及合成后的指向性

5.2.1　几种主要的心形指向性极坐标图

目前出现最多的 4 种主要的心形指向性极坐标图如图 5.3 所示，同时用线性和对数坐标（分贝）的形式表示。

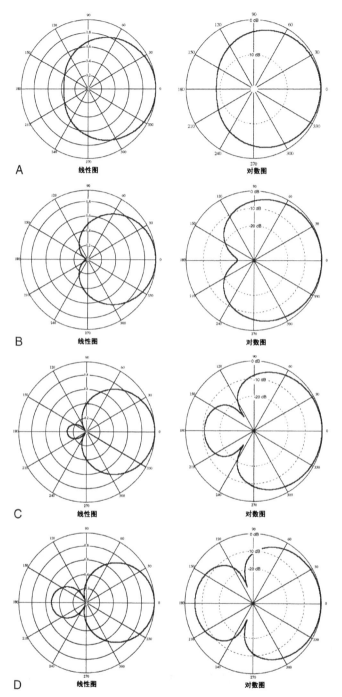

图 5.3　线性和对数极坐标图，分别为以下指向性模式：宽心形（A）；心形（B）；超心形（C）；锐心形（D）

宽心形：A 和 B 的比值取值各异，宽心形指向性用以下极坐标函数表示：

$$\rho = 0.70 + 0.3\cos\theta$$

（5.3）

它的指向性如图 5.3A 所示。在 ±90° 时指向性响应为 -3dB，在 180° 时指向性响应为 -10dB。这种固定指向性模式的传声器为近期发展的新产物，并且深受古典音乐录音工程师的喜爱。宽心形模式有时候也被称为“扁圆形指向性。”

心形：这种指向性模式为标准的心形指向性，其极坐标函数可以表示为：

$$\rho = 0.50 + 0.5\cos\theta \tag{5.4}$$

它的指向性如图 5.3B 所示。在 ±90° 时指向性响应为 -6dB，在 180° 时输出为零。目前是使用最为广泛的指向性模式，心形指向性在录音棚的实用性主要在于抑制拾取传声器后方的声源。

超心形：这种指向性模式的极坐标函数可以表示为：

$$\rho = 0.37 + 0.63\cos\theta \tag{5.5}$$

它的指向性如图 5.3C 所示。在 ±90° 时指向性响应为 -12dB，在 180° 时为 -11.7dB。这种模式在一阶指向性模式中能够拾取相对于总体更多的正向声源的能量，在扩声应用中深受欢迎。

锐心形：这种指向性模式的极坐标函数可以表示为：

$$\rho = 0.25 + 0.75\cos\theta \tag{5.6}$$

它的指向性如图 5.3D 所示。在 ±90° 时指向性响应为 -12dB，在 180° 时为 -6dB。在一阶指向性家族的所有成员中，这种模式具有最大的前方拾音随机效率。在混响声场中，相对于轴向拾音，这种模式对混响声具有最强的抑制性能。因此，它经常在视频和电影拍摄领域被作为吊杆传声器来使用。

5.2.2 一阶指向性模式概要

一阶指向性传声器的主要特性用图 5.4 的图表形式表示。虽然大多数描述是不言自明的，但其中有两项需要单独解释一下。

特性	压力式	压差式	宽心形	心形	超心形	锐心形
指向性图	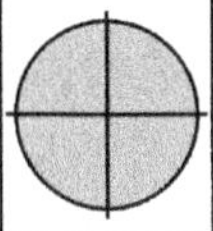	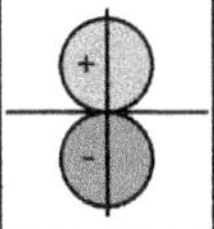	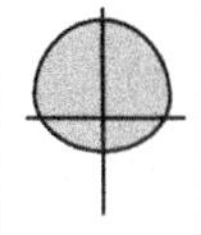	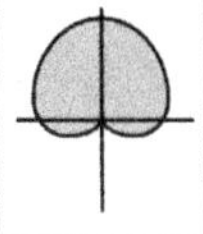	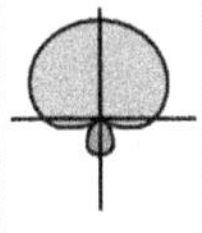	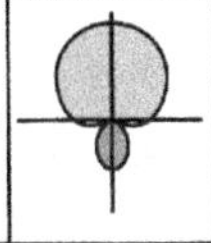
指向性函数	1	cos θ	.7 + .3 cos θ	.5 + .5 cos θ	.37 + .63 cos θ	.25 + .75 cos θ
拾音角度（-3dB）	360°	90°	180°	131°	115°	105°
拾音角度（-6dB）	360°	120°	264°	180°	156°	141°
（dB）=90°的相对输出	0	-∞	-3	-6	-8.6	-12
（dB）=180°的相对输出	0	0	-8	-∞	-11.7	-6
输出为零的角度	–	90°	–	180°	126°	110°
随机效率（RE）	1	.333	.55	.333	.268(1)	.25(2)
指向性指数（DI）	0 dB	4.8 dB	2.5 dB	4.8 dB	5.7 dB	6 dB
距离系数（DSF）	1	1.7	1.3	1.7	1.9	2

图 5.4　一阶指向性传声器家族的主要特点

Random Efficiency (*RE*): 即随机效率，表示传声器扩散场灵敏度与主轴方向自由场灵敏度之比，例如，*RE* 为 0.333，表示在相同声强时传声器对扩散场的灵敏度是主轴方向灵敏度的 1/3（也常常称之为 random energy efficiency (REE)，即"随机能量效率"）。

Distance Factor (*DF*): 即距离系数，表示存在反射声的混响声场中，与全指向性传声器相比，拾取相同的直达声与混响声之比时，指向性传声器到声源的距离与全指向性传声器到声源的距离之比。例如，传声器的距离系数为 2，表示为了获得与全指向性传声器相同的直混比，指向性传声器到声源的距离应为全指向性传声器到声源的距离的 2 倍。多种一阶指向性距离系数 *DF* 可用图 5.5 表示出来。

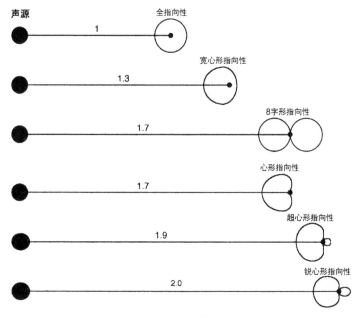

图 5.5   一阶指向性家族的距离系数（DF）

不同的指向性模式有 3 个不同的指标受到工程师的关注。在很多应用中，尤其是在扩声中，传声器的覆盖范围是重要的，它能够最大限度地降低反馈。在许多应用中，前方的有效拾音角度对于确定有效拾音范围、确定演奏者的摆位是非常重要的。在类似的工作环境下，传声器的离轴性能抑制性能也是同等重要的。

宽心形、心形、超心形、锐心形指向性模式之间的几个重要区别体现在这些指标上。例如，在 ±90° 方向上，宽心形和锐心形指向性传声器的灵敏度响应从 -3dB 逐渐变为 -12dB。当宽心形和锐心形指向性传声器对正前方拾音时，灵敏度降低 6dB 的有效拾音角度由 264° 逐渐变为 141°，同时距离系数从 1.3 变为 2。输出为零的角度从心形指向性 180° 变为锐心形 110°。在公式（5.2），中，*B* 作为其中的一个参量，可以给出以下定义：

$$随机效率（RE）=1-2B+4B^2/3 \tag{5.7}$$

$$前方与整体拾音比例（FTR）=REF/RE \tag{5.8}$$

其中：

$$REF=0.5+0.5B+B^2/6 \tag{5.9}$$

$$前方与后方拾音比例（FBR）= REF/REB \tag{5.10}$$

其中：

$$REB=0.5-1.5B+7B^2/6 \tag{5.11}$$

从 B=0 到 B=1 的变化过程中，这些参量的连续变化如图 5.6A、图 5.6B、图 5.6C 所示。这些被标记的数据显示了函数的最大值（Bauer 于 1940 年提供的数据，Glover 于 1940 年提供的数据）。也正是有了这些数据的支持，超心形和锐心形指向性模式才会有现在公认的定义。

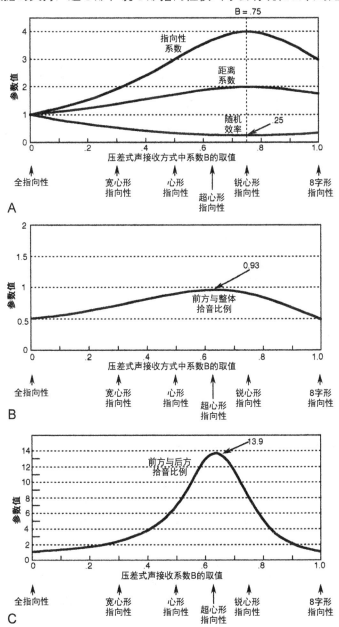

图 5.6　一阶指向性家族的指向性系数、距离系数、随机效率、前方与整体拾音比例、前方与后方拾音比例

5.3 三维空间的一阶指向性模式

我们能画出二维空间的传声器的指向性模式图，然而它实际存在于三维空间的模式却很容易被忘记，如图 5.7 所示。对于顶端拾音式传声器，其指向性模式呈现出一致的旋转对称性，传声器外壳相对主轴沿 180° 分布。而边侧拾音式传声器呈现出稍微不对称的指向性模式，因传声器外壳相对主轴沿 90° 分布。

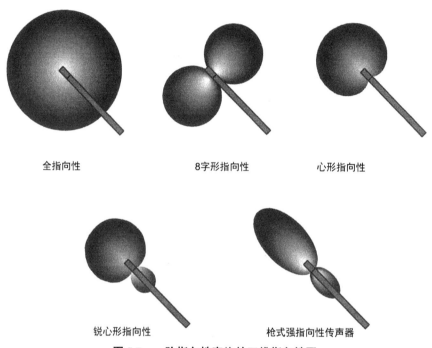

全指向性　　　　　　　　8字形指向性　　　　　　心形指向性

锐心形指向性　　　　　　　枪式强指向性传声器

图 5.7　一阶指向性家族的三维指向性图

5.4 早期双组件指向性传声器举例

图 5.8 是 Western Electric/Altec 639 多指向性模式传声器的内部细节图。它由一个铝带组件和一个运动线圈压力组件构成。两个输出相加，两者的比例可以切换，产生一系列指向性模式。由于组件之间的间隔比较大，因此精确的频率响应和极性的完整性在 8kHz 以上难以维持。我们可以很容易看出两个组件的精确校准对于两者的求和是至关重要的。

Olson（1957 年）描述了一种心形铝带式传声器，它是 RCA 77-DX 系列的一个变体，其工作方式与上述稍微有所区别，它有效地将铝带划分为两个部分，如图 5.9 所示。铝带的上部区域提供了压差式声接收方式，而下部区域提供了压力式声接收方式。铝带组件同时对压力式和压差式接收效应进行了电学求和。

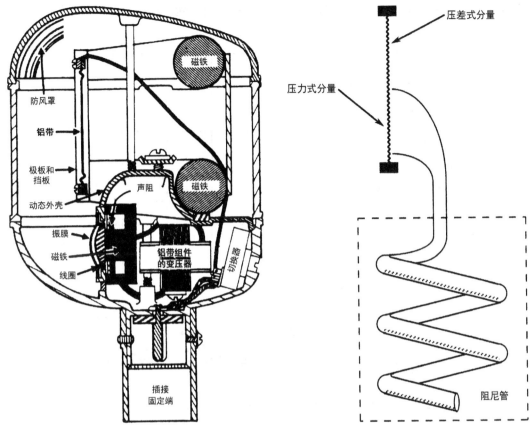

图 5.8　Western Electric Model 639 双组件可变指向性传声器剖视图（图片由 Altec 提供）

图 5.9　心形铝带式传声器机械结构剖视图

5.5　心形指向性传声器的近讲效应

　　由于心形指向性传声器是由压力式组件（不存在近讲效应）和压差式组件（存在近讲效应）复合而成，因此我们能够设想，心形指向性模式引起的近讲效应没有单一压差式接收方式引起的近讲效应那样效果显著。实际情况就是如此，图 5.10 是心形指向性传声器轴向近讲效应随距离变化的函数。对比 8 字形指向性模式近的讲效应，如图 4.15 和图 4.16 所示。

　　在使用心形指向性传声器时，尤其需要考虑拾音角度对近讲效应的影响，拾音距离为 0.6m（24in）时，不同拾音角度的近讲效应函数如图 5.11 所示。在轴向拾音时，对于相同的拾音距离，近讲效应也是相同的，如图 5.10 所示。值得注意的是拾音角度为 90° 时，不存在近讲效应。其原因是 90° 时压差分量没有任何贡献，只有压力分量起作用，因此拾音角度为 90° 时不存在近讲效应。随着拾音角度逐渐变为 180° ，我们观察到，远场声源无任何响应。然而，在 180° 角度上随着声源逐渐移近传声器，极低频声源的近讲效应显著提升。在 180°

拾音角度上，随着频率的降低，响应急速提升，这是因为该角度的压差和压力分量之间存在一个相减的关系。

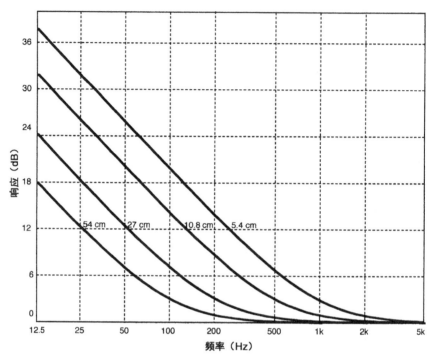

图 5.10 心形指向性传声器轴向近讲效应随拾音距离变化的函数

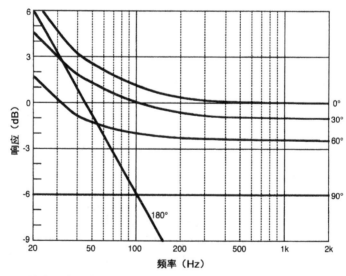

图 5.11 拾音距离固定在 0.6m（24 in）时，近讲效应随拾音角度变化的函数

一些指向性传声器，无论电动式还是电容式传声器都内置了低切开关。当传声器在近距离

拾音时，可切除部分近讲效应带来低频提升，如图 5.12 所示。在语言类应用中，常常对低频响应进行修正；在很多音乐类应用中，低频提升可能反而利于声音的表现力。未设置低切开关的传声器通常对近距离或远距离拾音进行了优化。

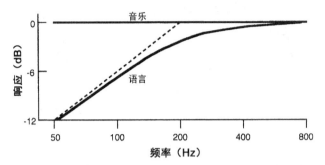

图 5.12　经典的高通滤波器可以降低近距离拾音引起的近讲效应

5.6　单振膜心形指向性传声器

　　单振膜的心形指向性传声器如图 5.13 所示，声波从 0°、90° 和 180° 方向入射的机械结构如图 5.13A 所示，相对应的物理电路如图 5.13B 所示。振膜采用力阻控制。注意，传声器的侧方设有一个第二入声口，可以提供从外部到达振膜背部的等效声程差。

　　振膜的净压差是可变外部声程差和内部声程差的输出之和。可变外部声程差取决于声源的入射角度。当声源从轴向入射时，外部声程差和内部声程差相等。

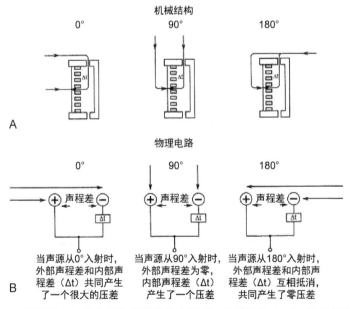

图 5.13　单振膜心形指向性传声器的基本原理；机械结构（A）；物理电路（B）

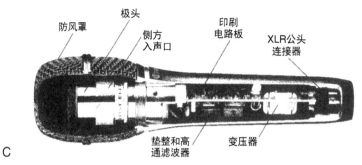

图 5.13　单振膜心形指向性传声器剖视图（C）（图片由 Audio-Technica US 提供）（续）

当声源从 0° 入射时，外部声程差和固定的内部声程差产生了一个相当大的压差。正如我们在前面的章节中指出的一样，这一压差随着频率的增加而增加，电容振膜的力阻控制方式的效果是在频率范围内具有恒定的输出。当声源从 90° 入射时，外部声程差为零，到达振膜前部和背部的声源同相。仅仅是内部声程差对压差有贡献，声程差总和为 0° 入射的一半。当声源从 180° 入射时，外部声程差和内部声程差大小相等，但是相位相反，产生了零压差，且传声器没有信号输出。单振膜的心形指向性传声器剖视图如图 5.13C 所示。

电动式传声器也采用了类似的方法（Bauer，1941 年），如图 5.14 所示。基本设计如图 5.14A 所示。随着大量改进的提出和内容的增加，它已经成为当今音乐和通信行业广泛使用的电动式"人声传声器"的基本原理。对于平坦的低频响应，振膜需进行质量控制。因此可能引起低频触摸噪声和过载的问题，大多数指向性电动式传声器都设计了相当大的低频阻尼，以均衡近讲效应带来的低频提升，从而获得平直的频率响应。

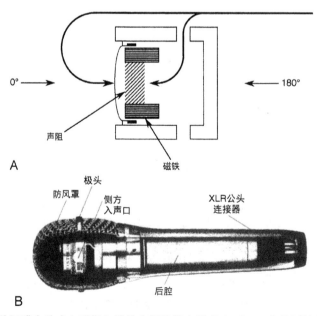

图 5.14　一个单振膜电动式心形指向性传声器的基本原理（A）；一个典型的单振膜电动式心形指向性传声器的剖视图（B）（图片由 Audio-Technica US 提供）

正如我们看到的那样，单振膜心形指向性传声器与前面的章节中讨论的压差式传声器有很多相同之处。事实上，它是一个压差式传声器外加振膜背面的固定内部声程差的复合结构。通过改变内部声程差的大小，能够产生不同类型的心形指向性。例如，适当减小声程差可以得到超心形指向性，其输出为零的角度为 ±126°，而锐心形指向性输出为零的角度为 ±110°。一个典型的单振膜电动式心形指向性传声器的剖视图如图 5.14B 所示。

5.7　单振膜可变指向性传声器

通过一种物理手段改变内部声程差即可得到可变指向性的单振膜传声器。通常这类传声器具有一系列可选的指向性模式，与经过优化的单一指向性模式的传声器相比，这类传声器在高频响应和完整的指向性模式之间得到折中。

Olson（1957 年）描述了 RCA 带式传声器 77 系列所具有的一系列拾音模式。基本设计如图 5.15A 所示。铝带的后方设有一个网罩，网罩背部的开口可以切换带式传声器的一阶指向性模式，如图 5.15B 所示。

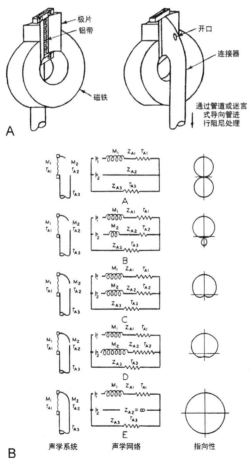

图 5.15　可变指向性的单一铝带式传声器设计（A）；功能视图；声学电路；最终的指向性（B）（Olson 于 1957 年提供）

　　AKG Model C-1000 电容式传声器默认的指向性模式为心形指向性；然而，用户可以移开保护极头的网罩，极头装配前方的滑动适配器可以有效地改变传声器声程差，从而产生锐心形指向性模式。该设计如图 5.16 所示。传声器的外部视图如图 5.16A 所示，正常的内部结构如图 5.16B 所示，改变后的配置如图 5.16C 所示。

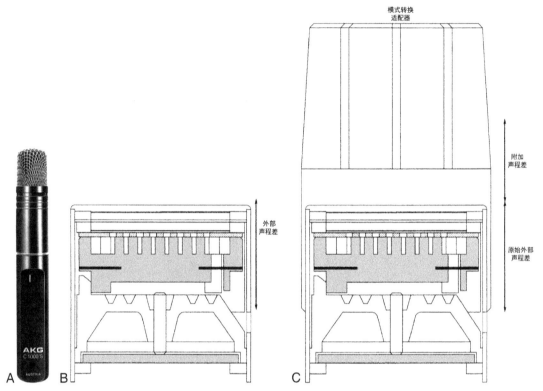

图 5.16　AKG C-1000 心形指向性电容传声器的细节；外观（A）；内部结构，默认指向性模式（B）；内部结构，锐心形指向性（C）（图片由 AKG Acoustics 提供）

　　如果传声器加载了模式转换适配器，则新增了一个附加的压差式声程差。由于声波直接作用在振膜的正面，它在一定程度上与作用在振膜背面的固有压差式声程差（外部声程差）方向相反。由此，传声器获得的 8 字形指向性为传声器的有效指向性做出贡献，产生了一个锐心形的指向性模式。

　　单振膜电容传声器中可变指向性模式的一个经典型号为 Schoeps MK 6。3 个基本指向性模式的内部结构剖视图如图 5.17 所示。巧妙的机械结构安装在一个直径仅为 20mm 的圆柱形外壳内。传声器的具体工作原理如下：

- 全指向性响应：在图 5.17A 中，内部和外部可调部件都处在最左端，使得后部入声口闭合，因此具有全指向性响应。
- 心形指向性响应：在图 5.17B 中，内部可调部件处在最右端，使得后部入声口打开，传声器振膜后部接收到的外部声程差等于内部声程差，所以传声器后部接收到的声波将会在振膜处相抵消。

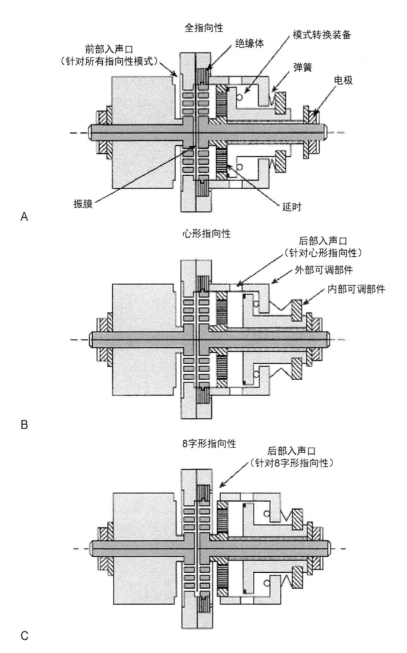

图 5.17　Schoeps MK 6 单膜片可变指向性电容传声器的细节。全指向性响应（A）；心形指向性响应（B）；8 字形指向性响应（C）（图片由 Schoeps 和 Posthorn Recordings 提供）

- 8 字形指向性响应：在图 5.17C 中，内部和外部可调部件处在最右端，使得另一后部入声口打开，后部入声口和前部入声口呈对称关系。而这种前后对称的关系将产生一个 8 字形的指向性模式。左侧部分采用了非功能性机械式设计，实质上，它为传声器的前部提供了一个匹配的声学边界条件，由此当采用 8 字形指向性时，传声器振膜前后的声学结构能够保持一致。

5.8　Braunmühl-Weber 双振膜可变指向性电容传声器

　　到目前为止，最常见的可变指向性模式的传声器都采用了 Braunmühl-Weber（1935 年）的双振膜设计。其基本设计如图 5.18A 所示。背极板位于两个振膜的中间，而背极板的每一侧均设有圆形沟槽以及使两个振膜相通的孔道。这种带有孔道的双振膜设计可以为传声器提供不同工作模式下振膜振动所需的声劲和阻尼。AKG Acoustics 则采用了另一种设计，如图 5.18B 所示。在此，两个多孔背极板被一个阻尼层分隔开。

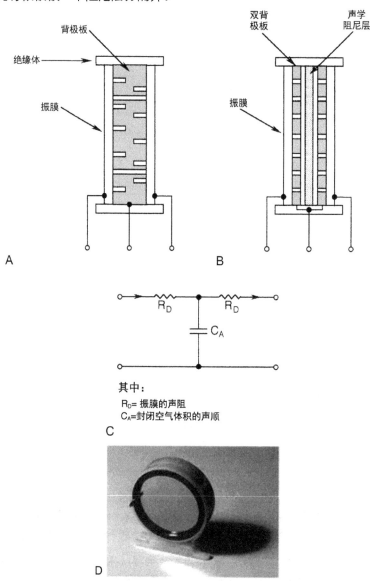

图 5.18　Braunmühl-Weber 双振膜可变指向性电容传声器的剖视图（A）；AKG Acoustics 的等效设计（B）；
简化等效电路，阻抗类比电路图（C）；典型的双振膜极头（D）

　　所有使用压差式原理的电容传声器振膜都在中频调整，由于受到较大阻尼作用，因此在力阻控制模式下工作。连接两个振膜的穿孔有助于振膜运动所需的较大程度的阻尼。两个振膜之间的空气层可以视为一个电容，其简化模拟电路如图 5.18C 所示。设计中面临的挑战是确保力阻阻尼比空气的劲度和质量具有更大的支配优势。一个典型的双振膜极头如图 5.18D 所示。

　　在图 5.19A 的例子中，仅仅是左侧的振膜施加以极化电压，右侧的振膜为零电压。首先，考虑相对于振膜 90° 方向上的声源（图 5.19B）。由于两个振膜与声源的距离相等，因此压力矢量 S_1 和 S_2 大小相等、方向相反，如图 5.19B 所示。声压将会推动振膜运动，反作用于封闭空气的劲度。

　　对于声源的入射角度为 0° 的情况，如图 5.19A 所示，传声器的压力梯度将会引起一组相同的矢量以及一组附加的矢量（s_1 和 s_2）。由于两个振膜的背板之间互连，因此这些压力将推动振膜和封闭的空气成为一个单元。两组矢量将结合在一起，如图 5.19B 所示，背板的两个矢量（与信号方向相差 180°）将会受到阻尼和劲度的良好控制，两个矢量将完全抵消。仅仅左侧振膜会运动，产生电输出。对于声源的入射角度为 180° 的情况，仅仅右侧振膜会运动，如图 5.19C 所示，由于背板振膜不被极化，因此不会输出电压。

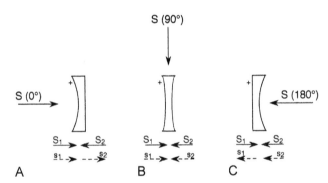

**图 5.19　矢量图展示双振膜的工作方式；声源的入射角为 0°（A）；
声源的入射角为 90°（B）；声源的入射角为 180°（C）**

　　实际上，该装置表现为两个背靠背、共享一个背极板的心形指向性电容传声器。如果两个振膜如图 5.20 连接起来，并分别被极化，那么能够产生整个一阶指向性家族的模式。图 5.21 中的数据表示了背靠背心形指向性如何相加和相减，从而得到一阶心形指向性家族的各个模式。

　　有些可变指向性传声器直接在传声器上控制指向性模式，而其他的一些传声器提供了远程控制模式。对于远程控制模式传声器，传声器和模式控制装置之间通常需要配备特殊的线缆。近期 CAD Audio 推出了一种方法，使用一条标准的三触点 XLR 传声器线缆连接传声器和模式控制小盒，就可以连续远程控制传声器的指向性模式。这个系列的传声器的物理体积比绝大多数可变指向性传声器的物理体积小。

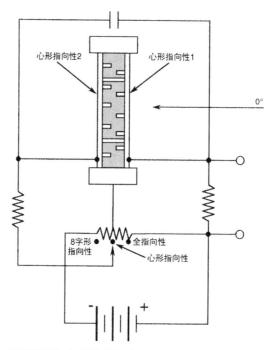

图 5.20 双振膜的组合式输出电路图以及由此产生的一阶指向性模式

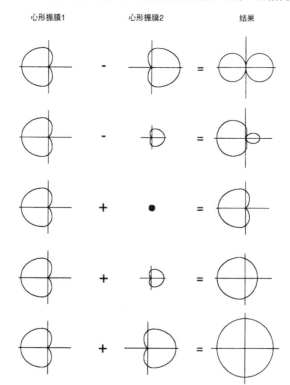

图 5.21 两个背靠背的心形指向性振膜 1 和 2 组合在一起产生的指向性模式图

　　至少有一家制造商生产双振膜的传声器系列产品，其中有一些可改变指向性模式，还有一些是不可调节的心形指向性模式。不可调的心形指向性型号都采用了绝缘的后振膜。由此使得基本上所有的型号都可采用相同的双振膜极头。

5.9　The Electro-Voice Variable-D® 动圈传声器

　　Wiggins（1954 年）在普通的动圈式指向性传声器的基础上进行了一些改进，推出了一种全新型改进方案。正如上述"心形指向性传声器的近讲效应"中讨论的一样，普通的动圈式指向性传声器依靠质量控制型振膜，从而维持低频响应的扩展。Wiggins 提出的动圈传声器采用了力阻控制型振膜，并改变了普通的声学路径，在高频、中频和低频分别设有 3 个入声口，因此这类传声器被称为 Variable-D（可变声程差）传声器。这种动圈传声器的设计意图是使传声器具有更加宽阔平坦的频率响应，令其比普通的质量控制动圈式心形指向性传声器具有更好的低频响应以及抗触碰噪声和机械冲击性能。

　　如果力阻控制振膜只有单一的背面声程，则其低频响应将会以每倍频程 6dB 的速率衰减。在所选定的频带内为低频延长背面声程可以使不同频段的声波在振膜上都产生相同的声压差，从而获得平坦的频率响应输出。

　　传声器的结构示意图如图 5.22A 所示，图中清楚地标明了 3 个频段的声波的入射距离（低频、中频和高频）。图 5.22B 为一个典型的 Variable-D 传声器的剖视图。

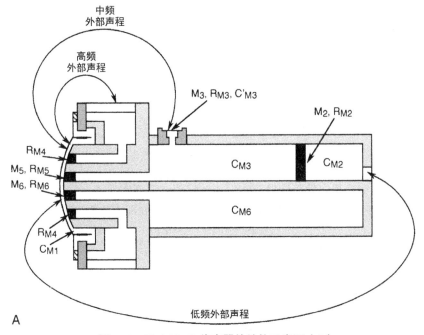

图 5.22　Variable-D 传声器的结构示意图（A）

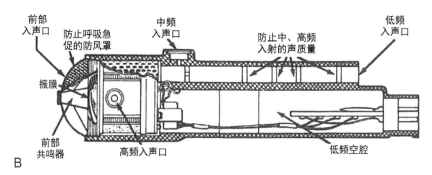

图 5.22 一个典型的 Variable-D 传声器的剖视图（B）
（图片由 Electro-Voice 提供）（续）

等效电路如图 5.23 所示，由此可见设计声学滤波器的复杂性。传声器的工作原理是在广泛的频率范围（200 Hz ～ 2 kHz）内建立一个有效统一的压差。由于在此频率范围内振膜上的驱动力是恒定的，因此振膜组件必须采用力阻控制的方式获得平坦的响应曲线。对于更高的频率，平直的轴向响应通过衍射效应以及密切注意该频段内振膜的共振来维持。等效电路的分路（M_6、R_{M6} 和 C_{M6}）保持平坦的低频响应。

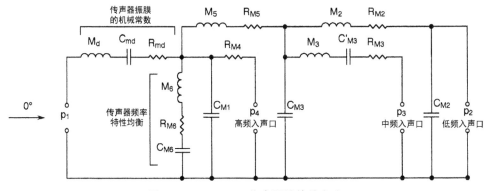

图 5.23 Variable-D 传声器的等效电路

图 5.24 展示了低频作用力的矢量图 5.24A；中频作用力的矢量图 5.24B；两者之间频率的矢量图 5.24C。在这些图中，k 为波长，为常数 $2p/l$，d_L、d_M 和 d_I 分别是低频、中频和内部声程差。参数 $k（d_L+d_I）$ 和 $k（d_M+d_I）$ 分布代表低频和中频以弧度为单位的相位改变量。请注意，矢量 p 的值保持不变，由此可见在 Variable-D 的工作范围内压差与频率无关。Variable-D 传声器的后部声源入射路径可以看作第 6 章中图 6.1 所讨论的复合管指向性传声器前方入射路径的一种简化形式。

这种设计的进一步改良被称为 Continuously Variable-D。它仅仅提供了一个唯一的后部声入射路径，但是它配备了由许多长管组成的外部开口，声学滤波根据声音入射传声器后部路径而异。Continuously Variable-D 传声器的后部声源入射路径可以类似于第 6 章中图 6.2 讨论的单管线传声器的前部入射路径。一系列的后方入声口外观独特，通常被称具有"骨架"。采用这种设计的最著名的一款传声器可能是 EV RE20，在广播电视领域，它通常被作为播音传声器来使用。

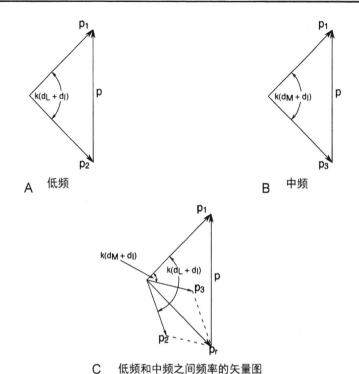

A　低频　　　　　　　　　　　　B　中频

C　低频和中频之间频率的矢量图

图 5.24　Variable-D 传声器工作的矢量图（Robertson 于 1963 年提供的数据）

5.10　两分频传声器

　　单振膜指向性传声器设计中最无法克服的问题就是维持对极低频率和极高频率指向性模式的控制。典型响应如图 5.25 所示，很明显低频和高频的指向性都要作出妥协。其中主要的原因

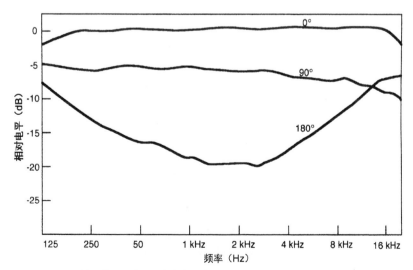

图 5.25　单振膜心形指向性传声器轴向和离轴频率响应曲线的经典范例

是传声器工作在频率极值时，正如第4章"压差式电容传声器"中讨论的那样，压差式分量将会衰减。实际上，振膜内部阻尼能够解决这一问题，但是传声器的灵敏度将会有相当大的损失。为此，解决这一问题的办法是设计一个两分频传声器，一部分处理低频响应，另一部分处理高频响应。

　　Weingartner（1966 年）描述了这一类两分频电动式心形指向性设计。在这种设计方法中，低频部分可以在阻尼上进行优化，以提供必要的低频模式控制，同时高频部分在尺寸和极性上得以优化。重要的是，需要精心设计两个部分被拼接在一起的组合网络。

　　最知名的电容式两分频设计可能是日本的 Sanken CU-41，如图 5.26 所示。其低频和高频的分频点是 1kHz，它所对应的波长大约为 0.3m（12 in）。由于其内部组件的间距与波长相比非常小，因此所有正常可用角度均可实现精确组合。传声器高频部分经过优化，在 ±90° 离轴响应特性中，心形指向性灵敏度降低 6dB 的频率可以向上延伸到 12.5kHz。并不是很多心形指向性传声器都具有这样的性能。低频参数可以独立调整，可以在低至 100Hz 的频率处得到极好的指向性控制。

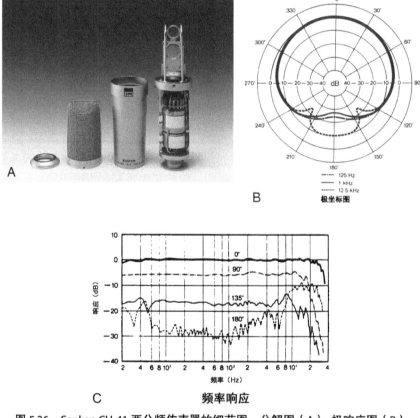

图 5.26　Sanken CU-41 两分频传声器的细节图。分解图（A）；极响应图（B）；
轴向和离轴频率响应曲线（C）（图片由 Sanken 提供）

5.11　增加传声器指向性模式控制的灵活性

在 Polarflex 系统中，Schoeps 曾经介绍了一种在很宽的频率范围内改变一阶指向性传声器的指向性模式的方法。正如我们前面看到的，不同的全指向性和 8 字形指向性模式可以组合起来创建整个一阶指向性家族。Polarflex 利用了单独的全指向性单元和 8 字形指向性单元，并允许用户在 3 个以上可变频率范围内组合出他们所需的指向性。

例如，用户可以"设计"一个传声器，在低频段具有全指向性，在中频段具有心形指向性，而在高频段具有超心形指向性。这些频段之间的过渡频率可以由用户选择。这一类传声器对于录制大型表演团体、管弦乐团及合唱团来说是非常有益的，它允许录音师在大于正常距离的情况下拾音，同时保留中高频的临场感。另一种应用场合是针对录音棚的，录音师能够为不同声源需求的具体指向特性和近讲效应进行调整。

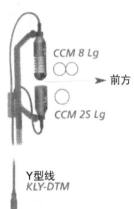

图 5.27　Polarflex 阵列的基本模式和组件分布图（图片由 Schoeps 提供）

图 5.27 显示了基本的排列形式。请注意，全指向性和 8 字形指向性单元头对头紧密排列。这个基本的阵列在效果上构成了一个独立的传声器，如果需要录制立体声则需配备两支这样的阵列传声器。该阵列单元通过图 5.28 的电路进行处理。控制模块的前视图和后视图如图 5.29 所示。

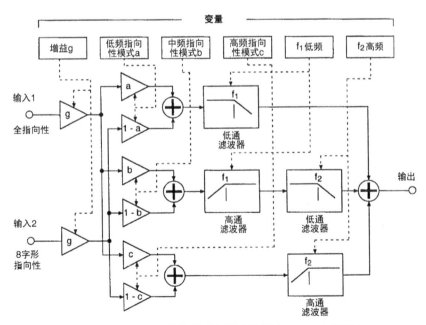

图 5.28　Polarflex 的信号流程图（数据由 Schoeps 提供）

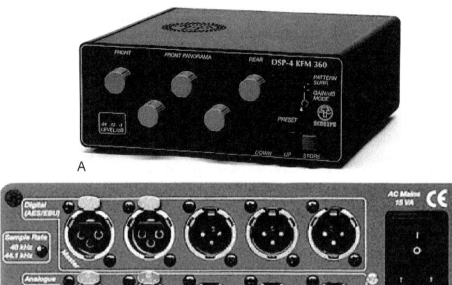

图 5.29　DSP-4P 处理器的前视图和后视图（图片由 Schoeps 提供）

5.12　真实的指向性模式

　　只有极少数或者说几乎没有一支传声器能够在其整个工作频率范围内产生如图 5.4 所示的一样的标准极坐标图。大多数指向性传声器的极坐标图都会随着频率的变化而显著变化。究竟是心形指向性、超心形指向性还是锐心形指向性……这可能取决于你指定的频率。如果你的传声器是一个超心形传声器，则不要一味认为它具有 115° 的正向拾音宽度并且在 126° 拾音无效，也不要认为指向性模式随着频率的变化而一成不变！这些文字描述在谈及传声器指向性特性时非常方便、易用，但是真实的传声器比理论上更为复杂。有一些制造商提供了传声器的具体参数，这些数据将指导你针对不同应用选择不同的传声器。没有任何参数可以真正取代在实际应用中亲自试用一支传声器并监听它的效果。

第6章

强指向性传声器

6.1 引言

在很多应用中，我们需要使用的传声器指向性超过了一阶的心形指向。例如，在电影 / 视频工业中，对白的拾音通常是把话筒杆设置在演员头顶，同时传声器不能入画，这样传声器距离演员可能会在 2m 或 2m 以上。只有使用强指向性传声器才能确保语音的可懂度和亲切感。

体育赛事和其他环境噪声较高的场合也需要用强指向性传声器来降低噪声，在混响感比较明显的空间录音的时候，也会用到强指向性传声器来加强音乐的清晰度。在户外进行自然声拾取，例如录制鸟叫声之类的声音，通常拾音距离是相当远的；在这种情况下，强指向性传声器可能是完成录音任务的必要条件。

强指向性传声器通常分为 3 类：

1．干涉式传声器（Interference-type microphones）。这类设计通过离轴高频声波的干涉抵消，有助于轴上声音的拾取，从而实现强指向性。

2．通过反射器和声学透镜来聚焦声音。这类设计与我们大家都熟悉的光学方法类似。

3．二阶或高阶设计（Second- and higher-order designs）。这类传声器运用了复合梯度原理来实现强指向性。

6.2 干涉式传声器

Olson（1957 年）描述了由许多平行的、长度不同的管子按一定数量排列成一束而构成的传声器，如图 6.1A 所示。传声器的传感器位于末端，在那里，所有声音合于一处。当声波入射角为 0° 时，很显然传感器对信号的响应将会接近于所有同相位信号全部能量的总和。对于那些任意入射角为 θ 的信号，信号的和将会由于各自不同长度的入射距离而呈现出不同程度的相位抵消，从而损失部分能量。Olson 推导出一个公式，通过接收到声波的波长（λ）、管阵列的总长度（l），和声音的入射角度（θ），即可得出声波在传感器处的净总和：

$$R_\theta = \frac{\sin\frac{\pi}{\lambda}(l - l\cos\theta)}{\frac{\pi}{\lambda}(l - l\cos\theta)} \tag{6.1}$$

图 6.1B 中所示的此管阵列的近似指向性指数（directivity index，缩写为 DI）是由管阵列的长度和入射声波的波长为变量构成的函数。例如，1kHz 声波的波长大约为 0.3m（12in）。因此，

0.3m 长的管阵列 DI 大约为 5dB。图 6.1C 是一幅设计实例的照片。

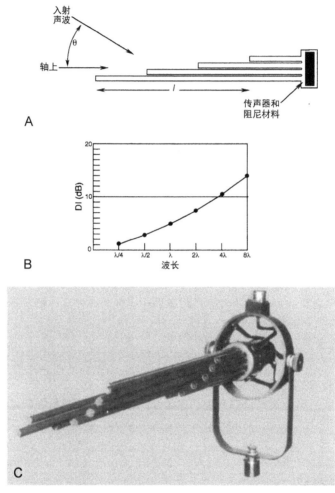

图 6.1 Olson 的复合管（multiple-tube）指向性传声器；物理视图（A）；变量为管长和频率的 DI 函数图表（B）；一种复合管指向性传声器的照片（C）（Olson 于 1957 年提供的数据）

在很大程度上，这种复杂的复合管阵列可以被图 6.2A 所示的简单得多的设计所取代。我们可以想象，不同的管已经相互叠加，形成了类似一根沿着管身开了多个切口的单管。这样的传声器通常被称为线列传声器（*Line* microphone）。为了使之工作，每个切口的声学阻抗必须调整，使进入管内的声音不能轻易从下一个切口传出去，而是沿着管身向两个方向传播。有些设计使用外部突出的挡板或垂直翼做高频谐振腔，这有助于维持离轴高频响应。

由于其显著的外形，单管线列传声器通常被称作"步枪"或"猎枪"传声器，目前大部分在售的强指向性传声器都是这种外形。一般来说，传声器的干涉管部分被置于标准的锐心形传声器前方，在与干涉管的长度成反比的频率之上可以提高锐心形传声器的 DI。干涉管的长度决定了强指向特性部分与锐心指向特性部分的分界频率有多低。

　　当干涉管的长度不短于 60cm（24 in）时，线列传声器对于大部分语音频率可进行有效的拾取。当干涉管的长度等于或者短于 15cm（6 in）时，线列传声器只有在语音最高频的咝声部分才有更强的指向性。

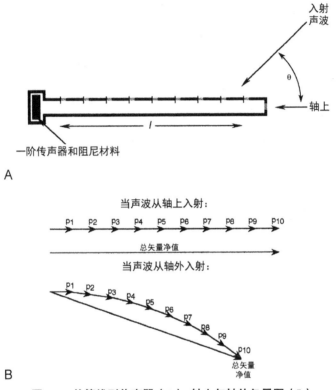

图 6.2　单管线列传声器（A）；轴上与轴外矢量图（B）

　　图 6.2B 是线列传声器使用时的矢量图。当声波入射在传声器轴上（on-axis）（θ=0°）时，所有信号矢量都是同相的，它们叠加形成参考响应矢量——p。当声波入射轻微地离轴时，每一个矢量的相位角都将会有微小的位移，这将会导致与轴上响应相比，随着相位角的逐渐增大，矢量相加后得到的电平将会逐渐降低。当声波入射角度离轴较大时，矢量相位角的位移也会相当大，最终得到的矢量相加电平也就更低。

　　这些观点在对商业传声器的测试中得到了证实。图 6.3A 是 AKG C 468 型线列传声器，干涉管部分可由用户选择使用一段或两段。使用一段干涉管的传声器总长为 17.6 cm（7 in），使用两段干涉管的传声器总长为 31.7 cm（12.5 in）。相应的 DI 坐标图显示在图 B 中。由此可以看出，DI 数据大致如下图 6.4A 所示。

　　音频工程师在寻找一款强指向性传声器时必须经过相关的计算，以确保手中的传声器型号可以胜任录音任务。10 cm（3.9 in）左右较短的传声器型号只在 12kHz 以上有较强指向性，但是要将这种强指向性的频率范围拓展到例如 700Hz，需要 2 m 长的线列传声器！能满足这种需求的线列传声器并不多见。有一款 20 世纪 60 年代以来著名的传声器：Electro-Voice 643 型传声器，又称"Cardiline"，长达 2.2 m（86 in）。很多商业线列传声器略长于 7.6 cm（3 in）。很显然，介于这两个极端之间的长度将会是指向性性能与便于灵活使用的最佳结合。

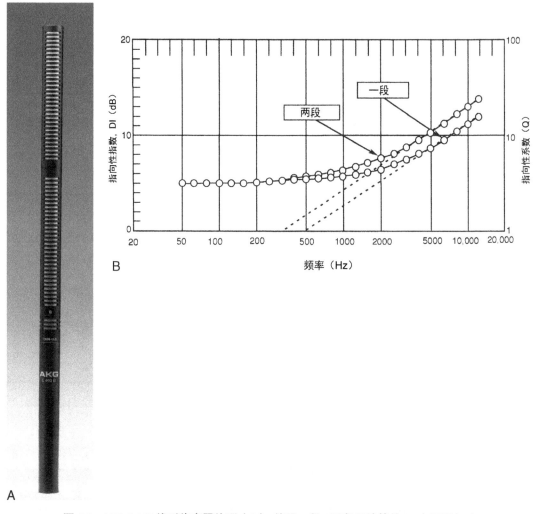

图 6.3　AKG C 468 线列传声器外观（A）；使用一段／两段干涉管的 DI 坐标图（B）
（图表由 AKG Acoustics 提供）

6.2.1　线列传声器性能的评估

线列传声器在低频段的 DI 仅是基本传感器的 DI，等效于 DI 值为 6dB 的锐心形拾音组件。随着频率的升高，从某一点开始，趋向于超过了这个频率后，每当频率加倍，DI 提升大约 3 dB。Gerlach（1989 年）给出了这个近似频率：

$$f_0 = c/2l \tag{6.2}$$

其中 c 为声速，l 为传声器干涉管部分的长度（c 和 l 为同一系统的单位）。图 6.4A 中的坐标图显示出任意长度 l 的线列传声器，DI 的升高与频率的函数关系。在方程（6.1）中给出了 f_0 与 l 的关系，同时对于一支给定的传声器，f_0 可以直接从图 6.4B 的数据中读出来。例如，假设线列声器的干涉管的长度为 20 cm（8 in）。从图 6.4B 中我们可以直接读出 f_0 为 900Hz 的数值。现在读图 6.4A，我们发现如果传声器的基础指向性为锐心形，则干涉管产生明显作用的范围位于大约 $3f_0$ 或 2700 Hz 以上。

当传声器的指向性性能直接由极坐标图给出时，将极坐标图中 -6 dB 的波束宽度值（beamwidth values）代入图 6.5 所示的列线图中即可估算出 DI 值。（注：*Beamwidth* 在这里指极坐标图上传声器响应降低 6 dB 的方向与主轴的夹角。）

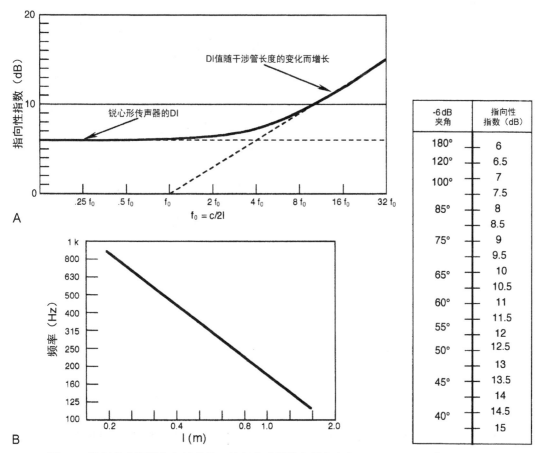

图 6.4　线例传声器的指向性性能；线例传声器指向性指数与干涉管长度的函数图（A）；f_0 值与干涉管长度 l 呈函数关系（B）

图 6.5　给定标称 -6 dB 波束宽度的传声器可对照得出近似指向性指数（DI）；对于给定的极坐标图得出相比主轴上 0 dB 下降 6 dB 的夹角；然后，使用此列线图可直接读出 DI 的 dB 值

6.2.2　抛物面反射器与声学透镜

图 6.6A 显示了 Olson（1957 年）所述的抛物面反射传声器的剖面视图。极向响应如图 6.6B 所示，图 6.6C 为 DI 图表。可以看出这样的传声器运输和使用是多么的烦琐。好在，这种传声器通常被用在户外录音、针对特定对象的监测录音和体育广播的拾音中，因为在极高频段的指向性波束的宽度是非常窄的。

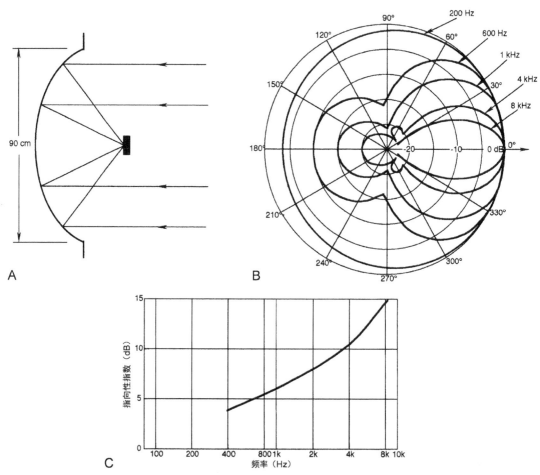

图 6.6　抛物面传声器的详图；剖面视图（A）；极坐标图（B）；指向性指数与频率的关系（C）

基于声学透镜原理的传声器如图 6.7 所示（Olson，1957 年）。在这里，声学透镜作为一个聚集声音的器件，将平行传播的声波聚焦于焦点处。这样的传声器并没有进行商业化生产，这里主要作为声学透镜原理的一个例子。

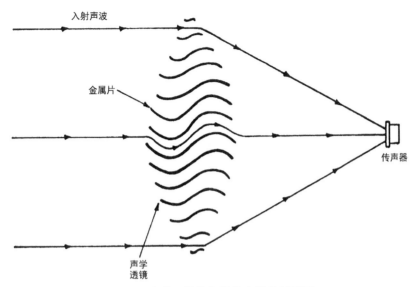

图 6.7　声学透镜指向性传声器的剖面图

6.3　二阶与高阶传声器

我们在前面的章节中看到，基本类型的指向性传声器都属于一阶传声器。因为指向性响应与一阶的余弦项能量成正比。二阶指向性响应模式与余弦项能量的平方成正比。换个角度说，一阶传声器的响应与压力梯度成正比，而二阶设计的响应与压力梯度的梯度成正比。

二阶传声器的原理如图 6.8 所示。在图 6.8A 中，作为比对的基础，我们给出了一阶心形传声器的等效电路图。此传声器的指向性响应为 $\rho=0.5(1+\cos\theta)$，其中 θ 代表声音到达传声器的方位角。

如果两个这样的一阶传声器被放置得很近并且它们的输出相减，则我们可以得到等效电路如图 6.8B 所示，此时指向性响应为 $\rho=(0.5\cos\theta)(1+\cos\theta)$。线性与对数（分贝）指向性极坐标图如图 6.8C 所示。

在前面的章节中我们看到，一阶传声器的前方和后方开口的有效梯度距离（D）是很小的，也许不超过 1cm 左右。如果这个距离极小，那么额外梯度距离 D' 的需求，则需要极限的测量。大概在 6kHz 或 8kHz 以上，可以减少二阶影响，从而制作出实用的二阶传声器。

二阶传声器的常规指向性公式为：

$$\rho=(A+B\cos\theta)(A'+B'\cos\theta) \tag{6.3}$$

其中 $A+B=1$，$A'+B'=1$。

目前，二阶传声器很少被用于录音棚，其主要应用是在不同的通信环境中被用于近距离通话和消噪。近讲效应是一个问题，近讲使低频每倍频程提升了 12dB，从而使得这些传声器对风声和距离很近的声源非常敏感。Woszczyk（1984 年）详细讨论了一些录音棚实例。

作为二阶传声器响应的例子，我们给出两种设计的相关数据：$\rho=(0.5+0.5\cos\theta)(0.5+0.5\cos\theta)$（如图 6.9 所示），$\rho=\cos^2\theta$（如图 6.10 所示）。

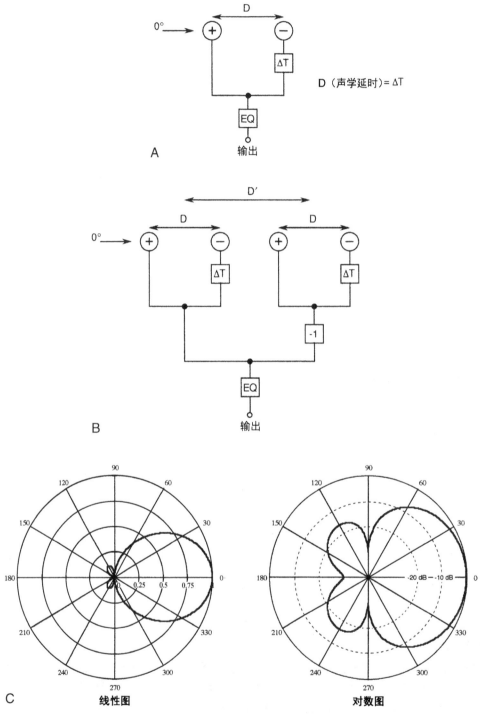

图 6.8　二阶传声器的原理；一阶心形传声器的等效电路图（A）；二阶心形传声器的
等效电路图（B）；图 B 所示传声器的极坐标图（C）

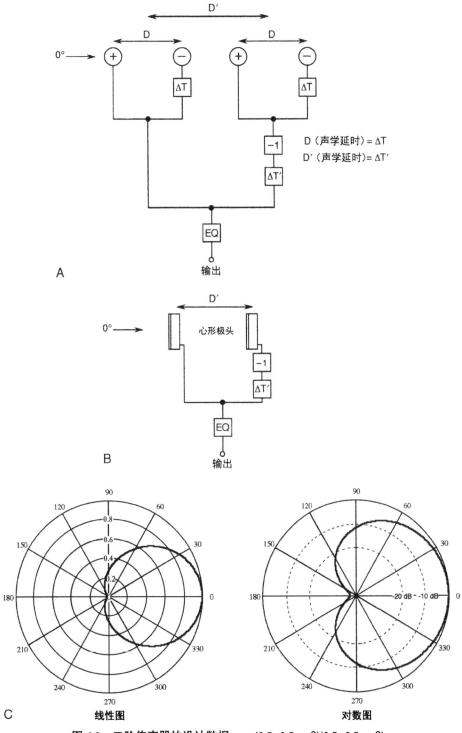

图6.9 二阶传声器的设计数据，ρ=(0.5+0.5cosθ)(0.5+0.5cosθ)：
等效电路图（A）；机械电路图（B）；极坐标图（C）

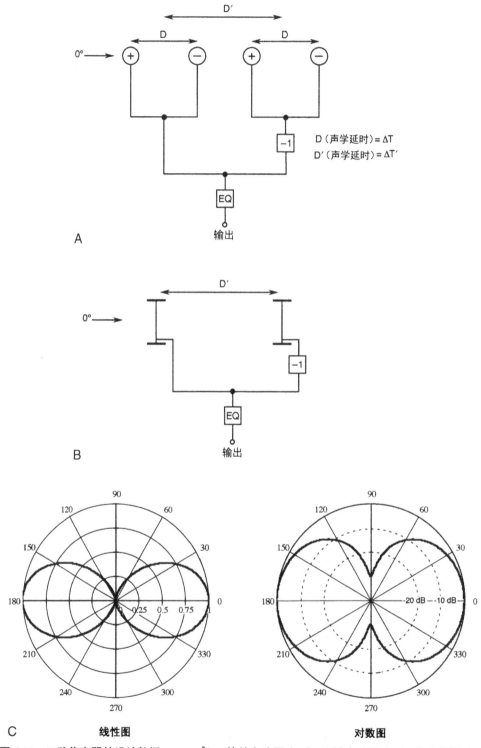

图 6.10 二阶传声器的设计数据，ρ=cos²θ：等效电路图（A）；机械电路图（B）；极坐标图（C）

图 6.9 所示的二阶心形指向传声器类似于心形极坐标，轮廓比心形略窄，它在 ±90° 的响应是 -12 dB，相比于一阶心形指向传声器有 6 dB 的降低。等效电路如图 6.9A 所示，真实结构如图 6.9B 所示，线性与对数极坐标如图 6.9C 所示。

图 6.10 中的设计类似轮廓略窄的 8 字形指向传声器，它在 ±45° 的响应为 -6 dB，与一阶 8 字形指向的传声器相比有 3 dB 的降低。等效电路如图 6.10A 所示，真实结构如图 6.10B 所示，线性与对数极坐标如图 6.10C 所示。

6.3.1 二阶设计的变化

高阶传声器的设计可以通过在一定程度上的组件共用，从而达到简化的目的，如图 6.11 所示。这里，分别由组件 1 和 2 组合、组件 2 和 3 组合的两个部分共同构成了二阶传声器的设计。一般情况下，这种方法使得传声器组件间的空间距离更近。在这里，请注意对于两者梯度值来说，距离 D 是相同的。

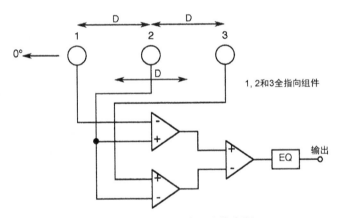

图 6.11　共用组件的二阶传声器

另一种设计是限制二阶作用的高频段，并且将一阶高频响应变窄并在更高的频率取而代之，如图 6.12 所示。在这里，一对心形组件相连，可形成高至约 7 kHz 的二阶效应。高于这个频率后，后方组件的作用有限，而前方逐渐增强了指向性，使它取代了更高频率的响应。围绕着前方组件的传声器罩，通过尺寸和形状的设计，可优化从二阶响应到一阶响应高频的过渡。约 12 kHz 以上，前方组件的高频变窄就可以被忽略了。

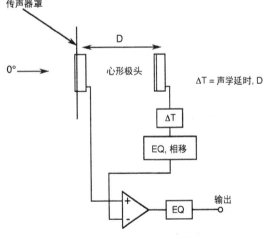

图 6.12　一阶与二阶传声器的组合

6.3.2　变焦传声器

图 6.13 所示的传声器被用于配备了变焦镜头的手持式摄像机。传声器的"变焦"与镜头系统进行电子同步。此传声器阵列由 3 个一阶声学组件组成，传声器的输出为 3 种不同响应模式的若干种方式组合，包括干预模式在内。主要的 3 种响应模式如下：

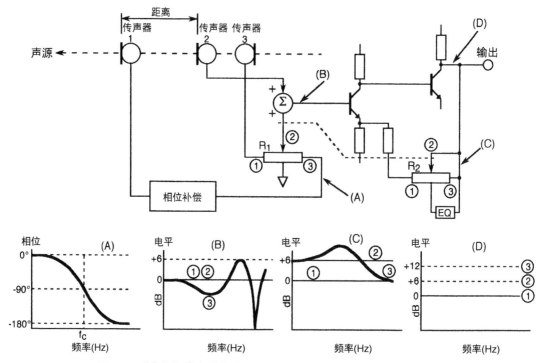

图 6.13　"变焦"传声器的详图（数据来自于 Ishigaki 等人，1980 年）

1．宽角度：全指向拾音（组件 2 和 3 的组合）。当电位器 R_1 和 R_2 在位置①时是这种响应模式。

2．中等角度：心形指向拾音（只用组件 1）。当电位器 R_1 和 R_2 在位置②时是这种响应模式。

3．窄角度：二阶拾音（组件 2 和 3 的组合经过一定的均衡处理）。当电位器 R_1 和 R_2 在位置③时是这种响应模式。

在传声器的整个工作范围内会有 12 dB 的整体音量增益，用以补偿距离效应。

6.4　三阶传声器

图 6.14A 所示的传声器指向性公式为 $\rho = \cos^3\theta$。指向性响应结果如图 6.14B 所示。三阶传声器主要被用于噪声消除，它对于远距离声源的隔绝作用是很明显的。（Beavers 和 Brown，1970 年）。

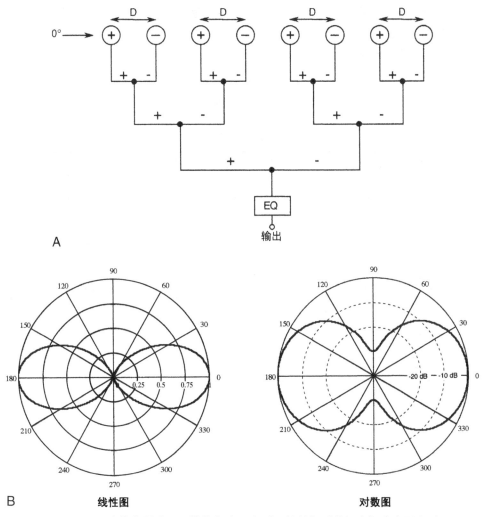

图 6.14　三阶传声器详图；等效电路图（A），线性与对数极坐标响应图（B）

6.5　阵列传声器

在第 19 章中我们将会讨论到阵列传声器，一种使用更多极头的传声器。

6.6　从已知极坐标图中计算出指向性数据

传声器的极坐标图以主轴为轴对称，传声器的 RE（随机效率）由以下公式给出：

$$RE = \frac{1}{2}\int_{0}^{\pi}\sin\theta[f(\theta)]^2d\theta \qquad (6.4)$$

其中 θ 为以弧度表示的响应角，$f(\theta)$ 为 θ 角的响应值（ρ）。若 $f(\theta)$ 可以用余弦关系来描述（大部分标准指向性都可以），则公式（6.4）中的定积分就可以被轻松解出。

各阶传声器指向性模式的数据在表 6.1 中被列出。

RE，DF 和 DI 的关系为：

$$DF=1/RE \tag{6.5}$$

$$DI=10 \log DF \text{ dB} \tag{6.6}$$

表 6.1 传声器指向性数据表（0 ~ 4 阶）

指向性模式公式	随机效率（RE）	指向性系数（DF）	指向性指数（DI）
$\rho = 1$（全指向）	1	1	0dB
$\rho = \cos\theta$（8 字形）	0.33	3	4.8
$\rho = \cos^2\theta$（二阶 8 字形）	0.20	5	7.0
$\rho = \cos^3\theta$（三阶 8 字形）	0.14	7	8.5
$\rho = \cos^4\theta$（四阶 8 字形）	0.11	9	9.5
$\rho = 0.5+0.5\cos\theta$（心形）	0.33	3	4.8
$\rho = 0.25+0.75\cos\theta$（锐心形）	0.25	4	6.0
$\rho = (0.5+0.5\cos\theta) \cos\theta$（二阶心形）	0.13	7.5	8.8
$\rho = (0.5+0.5\cos\theta) \cos^2\theta$（三阶心形）	0.086	11.6	10.6
$\rho = (0.5+0.5\cos\theta) \cos^3\theta$（四阶心形）	0.064	15.7	12.0

数据源自 Olson，1972 年。

第7章

传声器的测量、标准和规范

7.1 引言

在这一章中，我们将讨论传声器的性能参数，这些参数也是传声器的基础规范性文件和其他文献的主要组成部分。有一些传声器的标准全球适用，还有一些则不适用，因此要对不同制造商的类似型号作对比有些困难。有一些差异是区域性的，反映了早期的设计实践和使用情况。具体而言，欧洲制造商是以现代录音和广播实践中对电容传声器的使用为基础而制定的规范，而传统的美国式做法在很大程度上是以美国广播行业初期给带式传声器和电动式传声器制定的标准为依据。对传声器的测量特别感兴趣的读者可以阅读参考书目中列出的标准文件。

7.2 主要性能指标

1．指向性：所有数据都以极坐标的形式被绘制出来，或者给出一组轴向和离轴归一化频率响应测量数据。

2．频率响应的测量：通常是沿着主轴（0°）以及 90° 和其他参考轴的一组数据。对于电动式传声器，其负载阻抗需精确确定，因为频率响应会随负载而改变。

3．输出灵敏度：通常指 1 kHz 纯音信号在自由声场中的响应情况。近讲传声器和界面式传声器还需要用一些额外的指标来衡量。一些制造商指定了传声器的输出负载。

4．输出阻抗。

5．等效本底噪声级。

6．达到指定的总谐波失真（THD）百分数可支持的最大工作声压级（SPL）。对于电容传声器，基于传声器给定的最大声压级和总谐波失真指定一个最小负载阻抗是至关重要的。很多电容传声器的最大声压级会随着负载阻抗低于一定值而大幅下降。

此外，本章可承受将一一介绍传声器完整的机械和物理特性以及其内置的可切换性能。

7.3 频率响应和极坐标数据

频率响应数据可以以很多方式来表现，比较谨慎的用户会考虑数据的表现形式。图 7.1A 中的传声器的测量数据被绘制在总量程为 10dB 的垂直坐标中。而图 7.1B 则是同样的数据被展示在总量程为 40dB 的垂直坐标中。图 7.1C 将同样的测量数据以 1/3 倍频程求平均值，然后绘制在总量程为 40dB 的垂直坐标中。图 7.1D 将同样的测量数据以全倍频程求平均值，然后绘制在总量程为 40dB 的垂直坐标中。图 7.1E 将同样的测量数据以全倍频程求平均值，然后绘制在总量程为 80dB

的垂直坐标中。很多制造商提供的传声器响应数据不仅以非常粗糙的垂直分辨率来呈现，还被公司的营销部门取平均值，最后用非常艺术的方式将实际测量数据近似为一个非常美观的曲线。有时候通过观察这些数据，我们能够判断他们是否为实际测量数据，还是经过艺术家处理的测量数据。

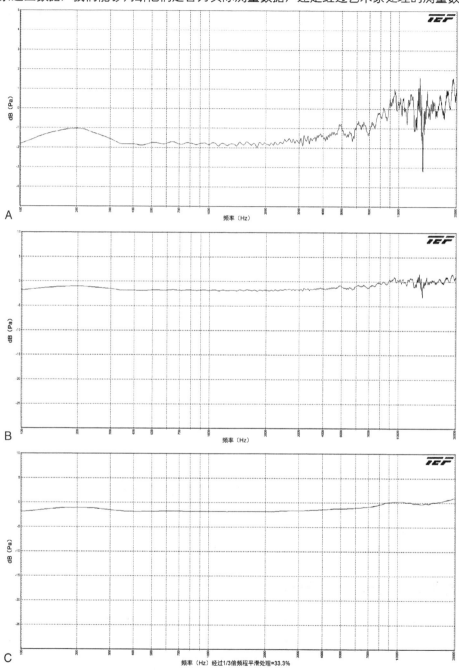

图 7.1　原始测量数据绘制在总量程为 10dB 的垂直坐标中（A）；原始测量数据被展示在
总量程 40dB 的垂直坐标中（B）；同样的测量数据以 1/3 倍频程求平均，
然后绘制在总量程为 40dB 的垂直坐标中（C）；

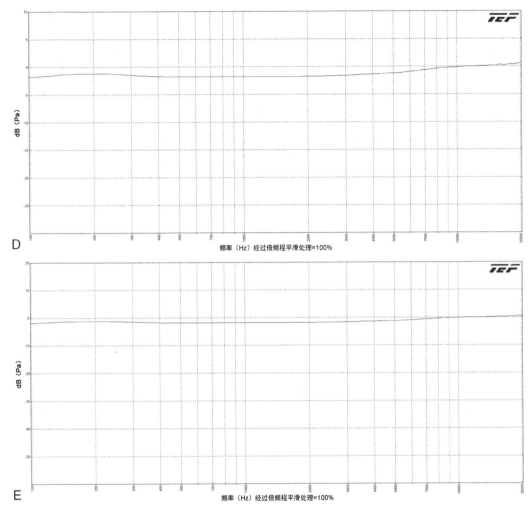

图 7.1　同样的测量数据以全倍频程求平均，然后绘制在总量程为 40dB 的
垂直坐标中（D）；同样的测量数据以全倍频程求平均，
然后绘制在总量程为 80dB 的垂直坐标中（E）（续）

在给出频率响应数据时，通常需要给出相应的物理测量距离，以便用户正确评估指向性传声器的近讲效应。如果没有给出参考距离，则默认的测量距离通常为 1m。专业传声器测量数据的误差通常被限定在误差允许范围内，如图 7.2 所示。在此我们能够看出，频率在 200Hz 以上时，传声器的响应曲线的误差范围是 ±2dB（而低于此频率时，误差范围要略大一些）。然而，并未给出样本传声器的实际响应数据。

如果数据被清晰呈现，除了 1m 的参考距离，一些制造商还会给出一些其他距离的近讲效应数据，如图 7.3 所示。这些数据对于指导用户使用人声传声器近距离拾音非常有帮助。

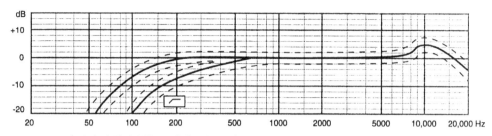

图 7.2 电容人声传声器幅度响应随频率变化的曲线，虚线表示误差范围的上限和下限；低切效果如图所示（该图为 Neumann/USA 提供）

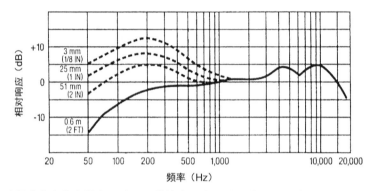

图 7.3 动圈式人声传声器在几种不同的拾音距离下的近讲效应（该图为 Shure 公司提供）

许多制造商还给出了两个或多个角度下的响应曲线，用户可以清晰地看出响应曲线随着离轴角度的改变而变化的情况，如图 7.4 所示。在此，可以看出心形指向性传声器的轴向响应曲线，以及离轴 180° 被定义为无效拾音角度的响应曲线。对于超心形和锐心形指向性传声器，也会给出无效拾音角度分别为 110° 和 135° 的响应曲线。

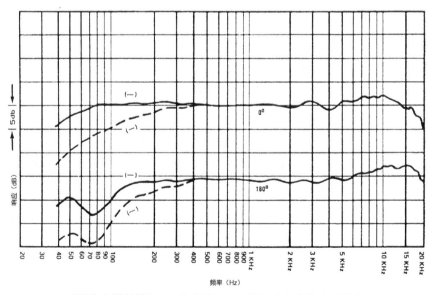

图 7.4 Variable-D 动圈传声器的轴向 0° 和离轴 180° 幅度响应曲线（该图为 Electro-Voice 提供）

由于普通传声器的响应具有对称性，因此极坐标图可以用半球形来表示，如图 7.5 所示。对于顶端拾音式传声器，其响应情况在整个频带都具有轴对称性。

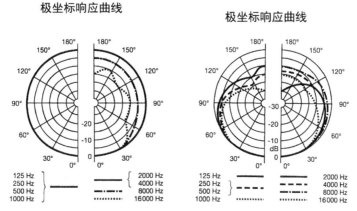

图 7.5　全指向性电容传声器的指向性极坐标图仅用半球形表示（A），
心形指向性电容传声器的指向性极坐标图（B）
（该图为 AKG Acoustics 提供）

然而，边侧拾音式传声器则有所不同，尤其在较高频率下，振膜边界的不对称性变得尤为显著。通常情况下，这部分数据不对外公布，但是传声器的用户群体非常热衷于将完整的传声器指向性信息描述标准化。目前，每个制造商都会根据自身的情况酌情公布其他数据。

由于不同动圈式传声器的频率响应随着其电阻抗的变化而变化。因此需要明确指定响应曲线所对应的阻抗负载。如果没有指定，你可以认为它不小于传声器额定输出阻抗的 10 倍。

7.4　传声器声压灵敏度

测量传声器灵敏度的主要方法是：在自由声场中，向传声器施加一个频率为 1kHz、声压的均方根值为 1 帕斯卡（Pa）（94dB L_p）的声音信号时，传声器的开路输出电压的均方根即为传声器的灵敏度，单位为毫伏（mV），或表示为毫伏 / 帕（mV/Pa）。传声器的负载阻抗也需指定，如 1000Ω，但是原则是传声器的输出端指定为"开路"（负载阻抗无穷大）。另一种表示方法是以 1V 为 0 dB 参考标准，计算出以 dB 为单位的均方根电压输出电平，单位为 dBV：

$$输出电平（dBV）=20log（以 mV 为单位的电压均方根）-60dB \qquad (7.1)$$

传声器的输出功率灵敏度

传声器的输出功率规格在广播传输的早期就被定义了，同样要遵循阻抗匹配的原则。在此，传声器加载的阻抗等于其自身内部阻抗，如图 7.6A 所示。如果没有加上负载，则如图 7.6B 所示，输出电压则加倍。

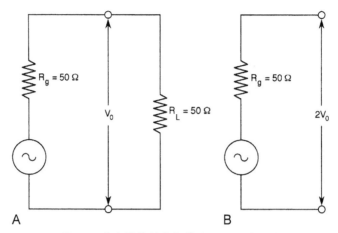

图 7.6　传声器的输出负载（A）；开路（B）

　　评定的方法略微有点复杂，现在举例说明：动圈传声器的额定阻抗为 50Ω，开路输出灵敏度为 2.5mV/Pa。在现代的规格说明书中，这个电压也可表示为 -52 dBV。相同的传声器，如果给定其负载输出功率，它将具有 -45 dBm（以 1mW 为参考基准的功率电平分贝值）的额定输出功率。可以用以下方法计算。

　　当传声器给定一个相匹配的 50Ω 负载时，其输出电压将减少 1/2，即为 1.25mV。负载的功率为：

$$功率 =(1.25)^2/50=3.125 \times 10^{-8}W 或 3.125 \times 10^{-5}mW$$

　　表示为 dBm 的功率电平为：

$$功率电平 =10\log(3.125 \times 10^{-5})=-45dBm$$

　　图 7.7 中的列线图指出了一些问题，并且可以直接解决这个问题。在此，简单以开路输出电压 +8dB（60-52）为例，并在图 7.7A 中绘制该点。在图 7.7C 中绘制传声器的额定阻抗（50Ω）的点。连接两个点，传声器的灵敏度可以直接在图 7.7B 中读取，单位是 dBm/ Pa。

　　其他很少出现的变化形式为：

　　1. 输出以 $dBm/dyne/cm^2$ 为单位（声压级为 74 dB L_p，负载阻抗匹配的情况下测量的 dBm）

　　2. 输出以 dBm, EIA rating 为单位（声压级为 0 dB L_p，负载阻抗匹配的情况下测量的 dBm）

　　读者很容易就能理解开路输出电压这种现代化评定方法的简单性和普适性。

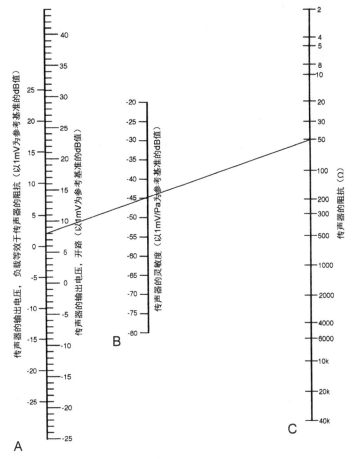

图 7.7　传声器功率输出列线图

7.5　传声器的内阻

　　无论是电容式传声器还是电动式传声器，几乎目前所有的专业传声器都可被称为"低阻抗"传声器，与过去几十年前的高阻抗传声器截然相反。电容式传声器的阻抗范围通常在 $50\Omega \sim 200\Omega$ 间，一些电动式传声器的阻抗甚至高达 600Ω。

　　电动式传声器在不同的频段内阻会有所不同，因此如果内阻和负载阻抗的比值很低，尤其是当它接近 1:1 时，传声器的频率响应就会有所变化。

　　由于电容式传声器的内部有一个有源放大器，通常设有一个在整个音频频段内保持恒定的内阻。该阻抗会限制电流流量，这意味着当负载阻抗低于某个值时，最大输出电压将会降低（因此传声器能够不失真地输出最大声压级）。最小负载阻抗往往在 1000Ω 左右。

　　传声器下一级设备的输入负载阻抗通常在 $1500 \sim 5000\Omega$ 间，只要传声器前置放大器仅驱动一个传声器输入，实际的输入阻抗就基本上不会影响传声器的音质。如果传声器的输出通过无源的方式使用 Y 型线连接或者使用信号分离变压器将信号分为两路，则并联的输入端输入阻抗会很容易降到很低，引发各种问题。

传声器输出阻抗的精确值在现代系统布局中几乎没有实际的应用价值。

有一些传声器的前置放大器设有一个调节输入电路的功能，专用于匹配广泛的传声器输出阻抗。（参见第 8 章"独立式传声器前置放大器"）

7.6 标准的传声器灵敏度范围

在设计电容传声器时，工程师会设置传声器的参考输出灵敏度与传声器预期使用方式相匹配。表 7.1 是在一些常用场合下传声器的标准灵敏度范围。

表 7.1 一些常用场合下的标准灵敏度范围

使用场合	标准灵敏度范围
近距离，手持	2 ～ 8mV/Pa
通常录音棚使用	7 ～ 20mV/Pa
远距离拾音	10 ～ 50mV/Pa

设计的标准很简单：用于拾取声压级大的声源的传声器需要更小的输出灵敏度，推动下一级前置放大器达到正常的输出电平。用于远距离拾音的界面式传声器或枪式传声器需要更大的输出灵敏度，同样是以达到正常的输出电平为目的。

7.7 传声器的等效本底噪声水平评价

现在，电容传声器的本底噪声水平通常用一个等效的声学噪声电平 dB（A 计权）来表示。例如，一个给定的传声器的本底噪声可能为 13dB（A 计权）。这意味着传声器本底噪声等效于一个理想的（无本底噪声）传声器被放置在 13dB（A 计权）声场中拾取的声音信号的电平大小。现代化大振膜电容传声器一般有 7 dB（A 计权）～ 14 或 15 dB（A 计权）的本底噪声。电子管传声器的噪声会更高一些，很多电子管传声器的噪声通常在 17 dB（A计权）～ 23 dB（A计权）间。

最终影响传声器本底噪声的因素是空气的布朗运动。这是一种随机的噪声，噪声的大小部分取决于空气的温度。即使是理论上设计完美的无噪声传声器，在输出时也会因布朗运动的随机特性产生噪声。传声器振膜的表面积每增加 1 倍，布朗运动带来的噪声将增大 3dB，但是传声器在垂直于振膜方向上拾取的灵敏度也将增大 6dB。这也就意味着，随着振膜表面积每增加 1 倍，所得到的信噪比（S/N）理论上会增大 3dB；随着振膜直径每增加 1 倍，所得到的信噪比（S/N）理论上会增大 6dB。

实际上，现代化电容传声器的本底噪声通常比一个高品质调音台或前置放大器输入级的等效输入噪声（EIN）高 10 ～ 12dB。因此，传声器的本底噪声对于系统噪声来说占决定性因素。对于动圈传声器来说，情况截然不同。动圈传声器的输出电压大约比电容传声器低 10 ～ 12dB，因此调音台的等效输入噪声（EIN）对于系统噪声来说占决定性因素。因此，一般不会单独评价动圈传声器的本底噪声，他们的性能通常是相对于下一级调音台的前置放大器进行评定的。

有一些传声器的规格里面包含两个本底噪声。一个是传统的 A 计权曲线，另外一个是使用准峰值检波器的噪声加权曲线，用来解释脉冲噪声的主观效果更为准确。两条曲线如图 7.8 所示。

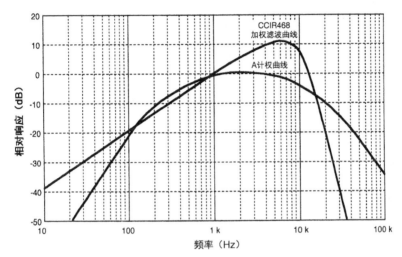

图 7.8　用于测量传声器的两种本底噪声加权曲线

7.8　失真的评价

对于录音棚品质的传声器，可参考的失真容限通常建立在 1 kHz 声音信号作为测试标准的基础上，这一类传声输出端的 THD（总谐波失真）不会超过 0.5%。一般质量合格的人声类和手持类动圈传声器的参考失真率通常为 1% 或 3%。

测量传声器的失真率非常困难，因为该测量需要在 130 ～ 140dB 的高声压级条件下进行。扬声器要发出不失真的高声压级非常困难。活塞式（机电致动器）发声仪可以与压力式传声器配合使用，从而得到良好的声学密封性，而压差式传声器却不能实现。

有人曾建议（Peus 于 1997 年），可以使用双音法测量传声器的失真率，他的方法是用传声器拾取固定频率间隔的两个扫频单音信号（固定间隔如 1000Hz）。由于两个扫频单音信号是分别生成的，因此它们能够维持在一个相当低的失真范围内，一个固定的 1000 Hz 滤波器可以容易地测量出振膜前置放大器组件发出的差音产生的失真，如图 7.9 所示。这种方法存在的一个问题是，它很难与标准 THD 值直接等效。

许多录音棚品质的传声器在高声压级下都会失真，失真并不是由振膜的非线性运动造成的，而是与振膜下一级放大器环节的电气过载有直接联系。因此，有些制造商通过输入一个等效电信号来模拟传声器失真，它等同于高声压级声场中振膜的运动，然后测量传声器输出端产生的电失真。这种方法的前提是假设失真并非振膜组件所造成的，测得的任何失真是纯粹由电气过载造成的。我们必须和制造商确认这种假设。

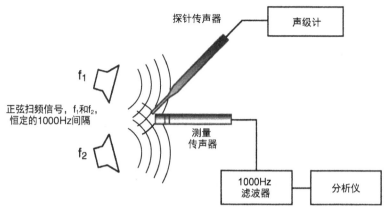

图 7.9 双音法用于测量传声器的失真率

7.9 传声器的动态范围

传声器的有效动态范围是传声器 A 计权的本底噪声和最大声压级（THD<=0.5%）之间的声压级范围，以分贝为单位。很多录音棚级别的电容传声器的总动态范围高达 125dB 或者 130dB，高于采用 24bit 数字录音系统的最大动态范围。

作为一种快速的参考方式，目前很多传声器规格表中的标称动态范围是指 A 计权本底噪声和录音棚参考声压级 94dB L_p 之差。因此，如果以这种评定方法为标准，则 A 计权本底噪声为 10 dB 的传声器将具有 84 dB 的动态范围。这种评定方法不包含其他信息，这种方法的有效性仅仅是因 94dB L_p 额定声压级而派生出来。很多制造商完全忽略了这一评定标准。

7.10 传声器哼声

虽然所有的传声器都可能受到 50Hz 或 60Hz 的杂散交流磁场及其背波产生的强 "哼" 声磁场的影响，但电动式传声器特别容易受到影响，因为它们的线圈放置在磁通量加强的轭铁结构中。现有的传声器文献中显示，目前还没有普遍适用于测量传声器哼声的参考通量场。目前可以在现有文献中找到的一些磁场参考标准，包括：1 奥斯特、10 奥斯特和 1 毫高斯。传声器单元的感应强度和磁场强度在一定程度上被混淆在一起。现在很少给出传声器哼声的规格标准，可能是因为逐渐使用了抗交流声线圈，在设计电动式传声器时采用了更好的屏蔽层，并且电子管和相应的电源一般都远离高强度杂散磁场。

7.11 压力式传声器的互易原理

压力式传声器在实验室里通常用互易的原理进行校准。这里电容传声器单元的双向能力意味着该传声器既能作为一个发送声波的换能器，又能作为接收声波的换能器，在两个方向上具有相同的效率。一般过程如图 7.10 所示。

如图 7.10A 所示，一个未知的传声器和一个双向的传声器被装配在一起，未知特性的第 3 个换能器使两个传声器相互耦合。通过这个测量装置，我们能够得到双向传声器和未知传声器灵敏度的比值。

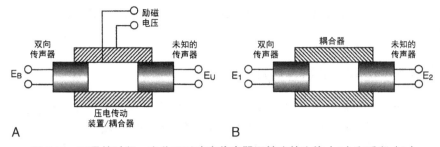

图 7.10　互易的过程；由此可以确定传声器灵敏度的比值（A）和乘积（B）

　　下一步，如图 7.10B 所示，可以通过一个双向的传声器驱动一个未知传声器，从而测量其输出，在此，后者扮演一个小型扬声器的角色。在这一步骤中，考虑到电学和声学等效电路，我们能确定两个灵敏度的乘积。以频率为单位，通过对灵敏度的比值和乘积做代数运算可以确定两个传声器的灵敏度。大多数频率响应的测量都采用了与参考传声器做比较的方法，该参考传声器的响应都可以通过传声器的互易校准来描述。

　　另外一个可以作为传声器电平校准标准的是活塞发声仪，活塞发声仪是一个机械致动器，它可以紧密地与压力式传声器的振膜组件耦合在一起，并且发出一个固定的频率和声压振幅。若想进一步了解传声器校准方面的详细知识，可以参阅 Wong and Embleton（1995 年）的文献。

7.12　传声器的脉冲响应

　　传声器的脉冲响应在文献中很少被提及，因为持续的脉冲声源很难实现，并且很难解释其结果。可以利用火花开关放电的方法，但是事实证明高频频谱并不一致。图 7.11 展示了电容传声器和动圈传声器的电火花响应，从中可以清楚地看出，电容传声器的时域响应有更好的表现。

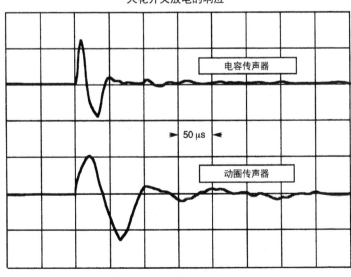

图 7.11　电容传声器和动圈传声器的脉冲响应（火花开关放电方法）
（图片于 1989 年由 Boré 提供）

现在，大多数脉冲响应都是通过对扫频正弦波进行卷积得到的，最终以传声器振膜的互易校准作为参考。

7.13 扩展传声器频率响应的包络

随着现代数字化录音采用越来越高的采样率，我们对扩展传声器轴向频率响应能力的需求也随之增大。图 7.12 是 Sennheiser 多指向性 MKH800 传声器的轴向频率响应曲线，它展示了高达 50kHz 的频响，通过这个例子我们可以得知通过精心设计和幅度均衡可得到怎样的效果。

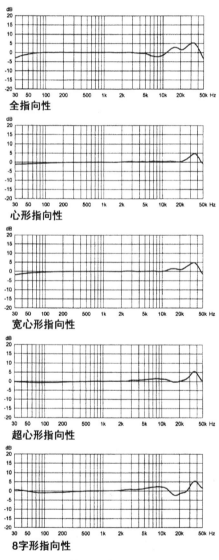

图 7.12 Sennheiser MKH800 传声器设置为 5 种不同指向性的轴向频率响应
（图片由 Sennheiser Electronics 提供）

7.14　标准

被应用于常规音频工程的传声器的标准主要源于国际电工委员会（IEC）。IEC 文件 60268–4 ed4.0 (2010 年) 专门在规范文献中列举了传声器的特性以及其测量方法。IEC 文件 61094-2 ed2.0 (2009 年) 也明确涵盖了 1 英寸压力式传声器的互易校准方法。

此外，许多国家都设有自己的标准制定小组，在许多情况下都会采用 IEC 标准，往往以他们自己的出版号发行。参看 Gayford (1994 年，第 10 章) 中关于传声器标准的其他探讨。

包括 AES SC-04-04 在内的传声器标准工作小组们，他们制定标准以便各个制造商能够采取一致的传声器描述方法并向传声器用户提交数据。他们试图定义现实环境和应用中描述传声器性能的那些主观感受，并可使用各个制造商提供的数据直接进行比较。我们热切地期待这些努力的成果的出现。

第8章

传声器用电注意事项和电子接口

8.1 引言

在本章中，我们将探讨传声器的电子性能以及它们连接至下一级前置放大器和调音台的接口。所涉及的知识点包括：远程供电、传声器输出电路／前置放大器的输入电路、独立式传声器前置放大器、传声器线缆的特性和干扰以及系统的整体考虑。最后一节涉及了电容传声器利用射频（RF）传输的原理。

8.2 供电

大部分现代的电容式传声器都在 48V 幻象供电下工作（除了可以称之为 phantom powering，还可称为"simplex"powering）。这个直流电通常由前置放大器或调音台的输入提供，幻象供电的基础电路如图 8.1 所示。在此，主 48V 直流电源通过一对 6800Ω 的电阻由针脚 2 和针脚 3 提供正

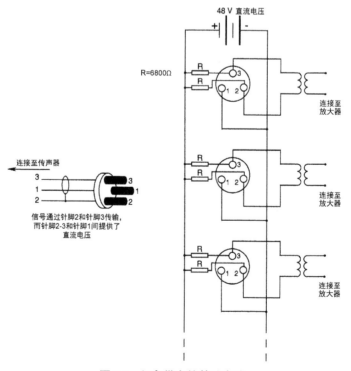

图 8.1 幻象供电的基础电路

电压，而接地回路由针脚1提供。针脚2和针脚3 同时提供信号，而不会受到其直流电压的影响。现在针脚2通常为"热"端，也就是说，传声器端的一个正向声学信号将会产生一个正向电压。针脚1为幻象供电提供直流接地返回路径，同时为一对信号提供信号屏蔽。

该电路通常适用于无变压器的传声器，以接收如图 8.2A 所示的电压。在这里，分压电阻组合有一个抽头提供正向直流电压，同时针脚 1 为接地回路，为极头提供极化电压，同时为传声器的电子器件供电。

如果传声器有一个一体化的输出变压器，则可以使用一个中心抽头的次级绕组接收正电压，该方法如图 8.2B 所示。如果传声器不设有输出变压器或者调音台也不设有输入变压器，那么还可采用如图 8.2C 所示的方法提供幻象供电。

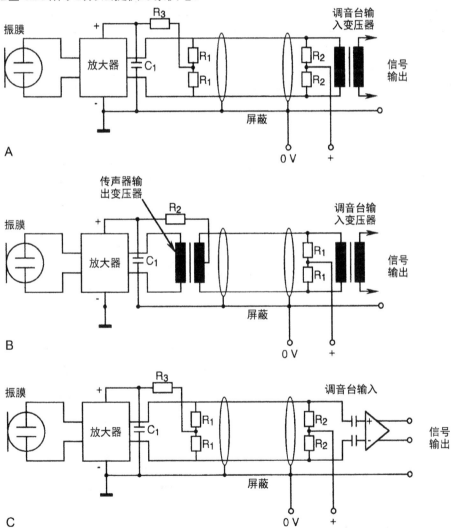

图8.2　传声器的供电输入电路采用一个电阻分压器（A）；中心抽头
次级线圈（B）；在供电通路中不采用变压器（C）

48 V 幻象供电通常表示为 P48。同时，IEC（国际电工委员会）编号为 61938 的标准还规范化操作提出了另外两个标准，即 24 V（P24）和 12 V（P12）。并计划在 2011 年底增加一个较低功耗的标准 12 V (P12L) 和超级幻象供电标准 48 V (SP48)。表 8.1 展示了这 5 个标准的电压容差和电流限制值。电阻值必须在 0.4% 的误差范围内良好匹配。那些提供幻象电源的设备必须同时向幻象供电输入端提供至少表 8.1 所示的最低额定电流，或标注最大限流，例如标注"P48 最大电流为 XXmA"。

表 8.1　电压容差和电流限制

标准名称	P12L	P12	P24	P48	SP48
供电电压	12V ± 1V	12V ± 1V	24V ± 4V	48V ± 4V	48V ± 4V
供电电流	max. 8mA	max. 15mA	max. 10mA	max. 10mA	max. 22mA
额定电流	4mA	15mA	10mA	7mA	22mA
馈电阻值	3300Ω	680Ω	1200Ω	6800Ω	2200Ω

　　现在还有一种比较少见的 T-powering（又称 A-B powering）类幻象供电。其电路图如图 8.3 所示。它通常表示为 T12。T-powering 是早期幻象供电方式的一个延续，并且在电影拍摄中仍然被沿用至今，它被内置在 Nagra 磁带录音机上。其音频信号导线具有不同的直流电压，任何由直流供电引起的残留哼声或噪声都会通过传声器输出并以噪声的方式体现出来。

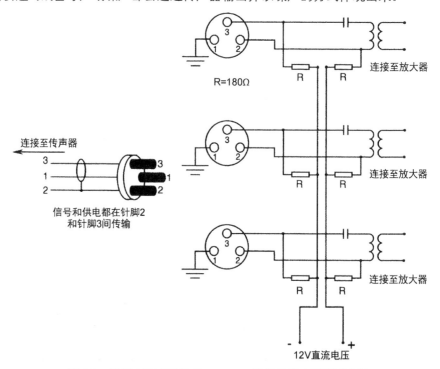

图 8.3　提供 12V 电压的 T-powering 类幻象供电的基础电路

8.2.1　幻象供电的应用

　　有一些传声器的前置放大器和调音台输入端可以对每个通道的幻象供电都进行独立控制。当使用电动式传声器时，最好能够关闭幻象供电，一般情况下即使幻象电源打开，两个针脚的电位相等，无电流流过，幻象供电打开时也完全可以正常使用。然而，如果不小心将 T12 幻象供电施加在一个电动式传声器上，12V 直流电压将会接入传声器的音圈，导致明显的频响劣化，并且可能造成设备损坏。

　　另一个重要的原则是，当传声器处于开启状态且被分配到输出时，不可开关幻象供电。否则，随之而来的响亮的"啪"声可能很容易烧坏扬声器系统的高频单元。在录音或者活动结束后，正常的做法是，在关闭调音台所有的幻象供电之前，先将主推子拉下来并且将监听电平控制关到最小。在幻象供电开启时拔插传声器接头也可能损坏前置放大器输入设备，随着时间的推移，将增加他们的本底噪声。有一些技术可以保护前置放大器免受此类损伤，但是并没有被广泛使用。

　　在幻象供电开启时，切勿取出或替换传声器极头。这样的操作有可能会损坏阻抗转换电路输入端的场效应晶体管（FET）。

　　电容传声器的灵敏度会随着幻象供电的额定电压的变化而变化。一般情况下，这样的变化较少出现，例如使用很长的传声器线缆就会出现这样的问题。最终出现信号输出降低、噪声增加以及失真的现象。当普通线缆出现这些状况时，需要测量电缆的双向电阻并检查电源本身是否存在问题。

8.2.2　直流到直流的转换

　　有一些电容传声器被设计为可在非常广泛的幻象供电电压下工作，支持从 10V ～ 52V 的直流电压，以全面适应 P12、P24 和 P48 的需求。使用驻极体传声器极头，幻象供电仅仅用于电子线路供电，宽电压设计是相对容易的事情。如果采用了需要外部电压进行极化的传声器极头，就需要提供一个恒定的高电压作为极头的偏置电压。需要设计的就是一个能将幻象供电电压转换为适合极头偏置的电压，同时还能为阻抗变换的前置放大器供电的电路。Neumann TLM107 传声器的电路如图 8.4 所示。其中一个最主要的设计挑战是，在直流到直流转换过程中如何抑制输入电压的高转换率可能引起的噪声。

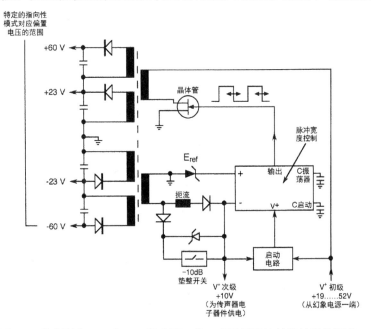

图 8.4　传声器在 P24 和 P48 标准下工作，直流到直流转换的具体细节
（该数据由 Neumann/USA 提供）

该电路针对可切换的不同指向性提供了不同的偏置电压，当 -10dB 垫整开关被激活时，偏置电压相应也会降低。10V 直流输出可以为传声器电路供电。

8.2.3 幻象供电的近期发展

幻象供电的当前标准是在短路负载条件下，48V 直流电压被施加在两个 6800Ω 的并联电阻上，会产生 14mA 的直流电流，因此对于一个指定的传声器型号来说，它限定了电流的供给。有一些制造商设计了一些传声器能够适应更加大的电流，以应对录音棚内更加高的声压级，然而这一类传声器在幻象供电下需要更低的阻值，以便得到更大的电流。一般而言，由此会出现专用的独立电源，制造商也会推出一个特别定制的全新的传声器型号。

部分兼容 P48 也是可以实现的。一支全新的高电流传声器可以在一个标准的幻象电源下工作，只是无法实现其最高性能。一支标准的传声器能够在一个新电源下工作，专用它当前需要的电流，但如果它具有兼容性，应标注 P48/SP 的标识。

Josephson Engineering 开发了一种叫作 "Super Phantom" 的供电方式，这也将在接下来国际电工委员会标准（IEC Standard）部分中介绍。表 8.1 是对它的详细阐述。

Royer Labs 已经将一体式电子幻象供电集成到两款他们生产的铝带式传声器中。铝带式传声器非常容易受到下级负载变化的影响，它们的灵敏度相对低，如果远距离传输信号，可能会受到电子干扰的影响。图 8.5A 展示了 Royer Labs R-122，图 8.5B 和图 8.5C 是它的性能曲线，电路原理图如图 8.6 所示。

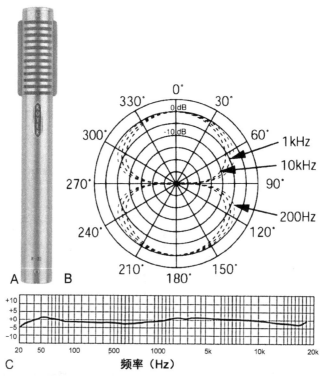

图 8.5　Royer Labs R-122 型幻象供电铝带式传声器：图（A）；极坐标响应（B）；
1m 处的频率响应曲线（图片由 Royer Labs 提供）

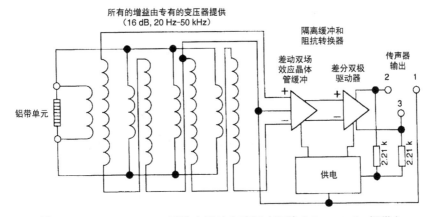

图 8.6　Royer Labs R-122 型传声器的电路图（图片由 Royer Labs 提供）

此电路最不寻常的部分是复绕式变压器，它有 4 组相同的线圈，可以与铝带达成最佳的阻抗匹配。这 4 个部分的次级都采用串联连接，以达到 16dB 的电压增益，在传声器的缓冲级就达到非常高的输入阻抗。传声器具有 135dBL$_p$ 的最大可承受声压级以及不大于 20dB（A 计权）的本底噪声。其灵敏度是 11 mV/Pa。

Superlux 推出了两款幻象供电的铝带式传声器，这两个型号的频率响应略有不同。其基础款 R102 的温暖音色与经典的 RCA 77DX 非常相似，同时灵敏度能够与很多现代的电容式传声器相媲美。R102MKII 具有拓展的高频响应。图 8.7A 展示了 Superlux R102MKII 的外观，R102 和 R102MKII 的性能响应曲线如图 8.7B、图 8.7C 所示。传声器具有 138dBL$_p$ 的最大可承受声压级以及 18dB（A 计权）的本底噪声。灵敏度为 10 mV/Pa，P48 标准供电时工作电流为 4 mA。

A

图 8.7　Superlux R102 型和 R102 MKII 型幻象供电铝带式传声器；R102MKII 照片（A）

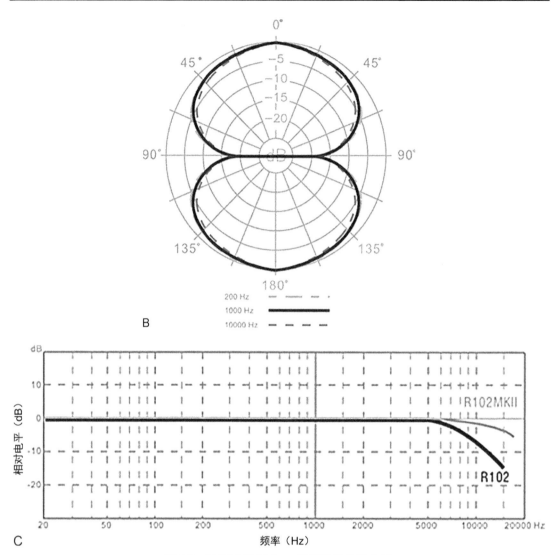

图 8.7 极坐标图（B）； 频率响应曲线（C）
（该图片由 Avlex Corporation 提供）（续）

8.2.4 老式电子管传声器的供电

一直以来，经典的电子管电容式传声器在录音棚录音中被广泛沿用。对于具有代表性的电源来说（每款传声器都配有专用电源），产生的直流电压为电子管灯丝加热，使极头偏置，同时为电子管放大器提供极板电压。在许多双振膜设计中，电源集成了远程指向性模式切换功能。这样的设计如图 8.8 所示。需要注意的是，连接电源盒与传声器的线缆包含 7 根导线。

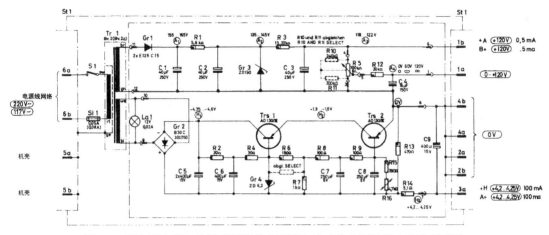

图 8.8 配有可变指向性模式开关的电子管电容式传声器的供电电路原理图；
针脚 1A 提供模式控制电压（图片由 Neumann/ USA 提供）

8.3 传声器输出电路 / 调音台前置放大器输入电路

8.3.1 传声器输出垫整开关

很多电容传声器都内置了一个输出垫整开关，在第 3 章中我们曾提到过"前置放大器和极化电压供给电路"。垫整开关的作用基本上是通过降低固定的输入增益，一般为 10 ～ 12dB，从而改变传声器从本底噪声电平至最大不失真电平的整体工作区间。垫整开关的作用效果如图 8.9 所示。请注意，不论是在开的位置还是关的位置，传声器的整体动态范围都保持不变。

不论垫整开关是嵌入到电容式传声器内还是内置在调音台上，都应谨慎使用。很多垫整开关的输入阻抗都低于 1000Ω，而 1000Ω 是在不显著影响电容传声器性能的情况下能够允许的最低阻抗。大量的垫整开关都采用 150Ω 输入阻抗，这将大幅度降低电容传声器在不失真的前提下能承受的最大声压级。企图使用垫整开关让传声器拾取更高声压级将会适得其反。

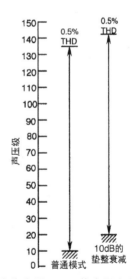

图 8.9 电容传声器 -10dB 传声器输出垫整开关对最大不失真电平和本底噪声电平的作用效果

8.3.2 传声器输出变压器

某些型号的电容传声器内置了完整的输出变压器。大多数早期的电子管电容传声器的输出变压器都被设在电源单元内。变压器通常是有抽头的次级绕组，采用并联或者串联的方式连接，如图 8.10 所示。

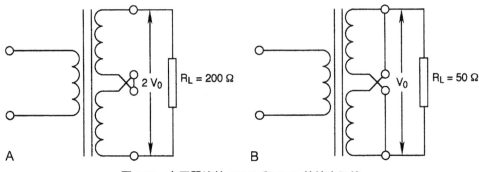

图 8.10 变压器连接 200Ω 和 50Ω 的输出阻抗

通常情况下，绕组采用串联连接，输出阻抗为 200Ω，如图 8.10A 所示；绕组采用并联连接，输出阻抗为 50Ω，如图 8.10B 所示。在这两种情况下，输出功率仍然是相同的：

$$输出功率 =E^2/R=V^2/50=(2V)^2/200$$

现代前置放大器输入端都采用桥接的方式，决定本底噪声的是输入电压。因此通常会优先选择尽可能高阻抗的变压器从而获得尽可能高的输出电压。现在，大多数晶体管电容传声器都不使用变压器，而是采用恒定的平衡式输出阻抗。

8.3.3 调音台输入部分

在广播和录音事业发展的初期，动圈式传声器的输出相对较低，正常工作需要与输入阻抗相匹配。通常情况下，在进行设备连接时，都应遵循阻抗匹配的原则，内阻 600Ω 的传声器应匹配 600Ω 的负载。阻抗匹配最早源自电话线路的连接，后来一直被沿用到广播和录音领域。现在桥接的概念已经得到了很好的建立。在一个桥接的系统的整个音频链路中，所有输出阻抗都相对较低，所有的输入阻抗都相对较高。在此，高、低阻抗的比值通常不小于 10:1。

图 8.11 是一个无变压器调音台输入单元的简化电路，线路输入和传声器输入之间可进行切换。人们一度认为变压器是传声器输入电路设计中不可或缺的环节。其主要优点是电平衡程度高，并具有较高的共模抑制比。（共模信号在两个输入端是完全相同的，通常感应噪声信号是共模信号。）在电子管时代，输入变压器当然是必不可少的。如今最高品质的固态平衡输入电路不强制使用变压器，由此给用户带来相当大的经济优势。只有在高电气干扰的环境下才会使用变压器。

现在，绝大多数电容传声器的输出阻抗都在 50 ～ 200Ω 间，动圈式传声器输出阻抗在 600Ω 左右。绝大多数调音台的输入阻抗都在 1500 ～ 5000Ω 间。

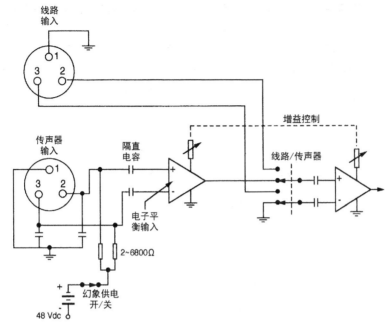

图 8.11　无变压器调音台传声器 / 线路输入单元的简化电路

8.3.4　不恰当的传声器负载

一个典型的 250Ω 的铝带式传声器的阻抗值如图 8.12A 所示。如果传声器采用高负载，响应会非常平直。如果连接现代调音台，通常这一类调音台的输入阻抗为 1500 ～ 3000Ω，频率响应随负载变化的曲线如图 8.12B 所示。动圈式传声器也会遇到类似的问题。这个频率响应的问题是我们现在经常遇到却经常被忽视的问题。

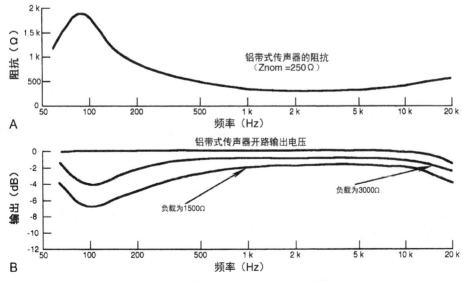

图 8.12　负载对铝带式传声器频率响应的影响

负载不当引起的另一个问题如图 8.13 所示。在此，电容传声器连接了一个有过多寄生电容的调音台输入变压器，低谐振频率将引起图中类似的以传声器输出阻抗为函数的频率响应变化。请注意，随着内阻的降低，将引起 20kHz 频率响应的一个提升。这个现象是由变压器初级和次级绕组寄生电容的无阻尼共振引起的（1994 年 Perkins 提出）。电容传声器输出阻抗为 150Ω 时不会加剧这样的问题，高品质的变压器，例如 Jensen Transformer 制造的变压器能够很好地缓解这一问题。

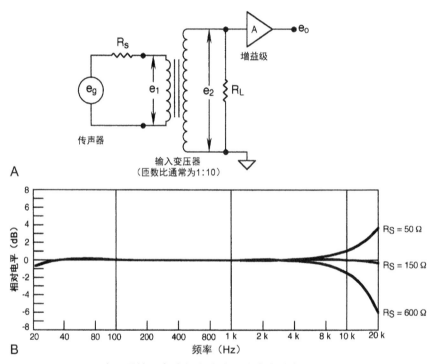

图 8.13　变压器输入电路频率响应随着传声器内阻的变化而变化

8.3.5　平衡式传声器接口

所有专业录音和扩声传声器都设有平衡式输出，并设计为可连接平衡式传声器前置放大器输入。平衡式传声器接口如图 8.14A 所示。请注意，传声器输出的两端具有相等的内阻，前置放大器具有差分输入，输入的两端具有相等的共模输入阻抗。因此接口必须具备抵抗外部噪声源干扰的性能，由于传声器和前置放大器的接地电压不同，所以线缆也应具备抗干扰特性。连接传声器和输入端的线缆采用了带屏蔽层的双绞线（STP），双绞线可以确保外部电场和磁场等量地耦合在两根导线上。在理想环境下，由于两根导线的阻抗是相等的，因此前置放大器的差分信号能够完全抵消由接地电位差引起的耦合在线缆上的干扰。在真实环境下，抑制的效果并不那么完美，抑制量可以通过 IEC 出版的 60268-3 ed3.0（2000 年）中给出的步骤来测量。噪声抑制量的测量也被称为共模抑制比（CMRR），用 dB 表示。共模抑制比（CMRR）越高越好。

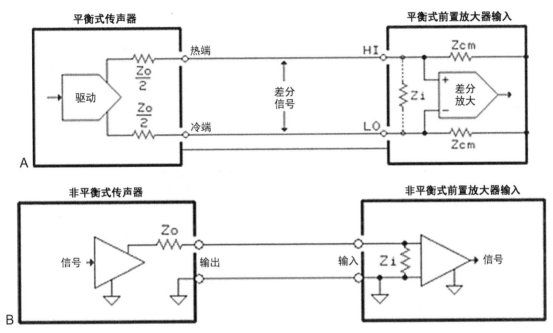

图 8.14　平衡式（A）与非平衡式（B）传声器的工作原理

请注意，平衡式输出线路两端的输出阻抗必须相等，但并不要求线路两端的信号大小一致。很多高品质传声器都采用平衡式输出，但信号驱动仅仅设在输出的其中一端。因为两端的输出阻抗相等，这一类传声器为平衡式传输，它与两端信号大小相等、极性相反的平衡式传声器相类似，都能抑制干扰。

8.3.6　非平衡式传声器接口

尽管很多测量传声器系统会使用非平衡式接口，但是只有最低成本的乐器（MI）和寻呼系统才有可能出现使用非平衡式传声器输入的情况。图 8.14B 是一个非平衡式传声器接口。这里的非平衡式接口有两个薄弱环节，一个是屏蔽层对电流很敏感，另一个是在某些情况下具有较高的输出阻抗。非平衡式接口与平衡式接口的不同在于：在平衡式接口中，由于传声器和前置放大器之间存在接地电位差，因此共模抑制比能够消除线缆屏蔽层中由电流引起的噪声；而非平衡式接口不存在共模抑制比。线缆的屏蔽层不仅仅作为一个屏蔽层，它也是信号的回路。这样的接口对线缆屏蔽层中的低频电流哼声或嗡嗡声非常敏感。

如果传声器置于电浮状态，除了连接传声器线缆之外，没有其他任何电气连接，也没有人体触碰（因为人也是导体），那么上述问题就可以得到很好的缓解。

乐器或寻呼使用的老式和／或低成本非平衡式传声器都具有较高的输出阻抗。这样的高阻抗让它们在信号传输时丢失高频信号，这是由电缆电容造成的。一个经验法则是，线缆长度超过 15 英尺时应避免使用高阻抗传声器。高阻抗也会让线缆结构在可听域内略微出现颤噪效应。使用高阻抗传声器，当线缆被敲击时，有时可以听到线缆发出的噪声。换而言之，此时线缆扮演了一个低品质传声器的角色。

8.3.7 传声器分配器

很多时候，我们需要将一个传声器信号分配到多个目的地。例如说，1984 年 NBC 的 Saturday Night Live 是立体声广播，他们需要将传声器信号分离成 4 个信号，分别分配给对话混音调音台、立体声音乐混音调音台、监听混音调音台以及观众混音调音台。这个时候信号的分离和分配是通过一个使用 Jensen Transformer 定制变压器的分配器来完成的。很多扩声系统使用了一个独立的混音控制台为主扩声（FOH）或观众声混音，同时需要为乐手提供一个独立的舞台监听。这就需要一个两通道分配器。

最简单的分配器采用了"Y"型连接的方式，其中传声器的输出直接连接多个调音台的输入。这种方法的优点是成本低廉，但是无法隔离并避免调音台之间不同的接地电压的影响。如果使用幻象供电，我们只能开启其中一个调音台的幻象供电开关，其他调音台则需承受外接源为他们共同的输入提供的幻象供电。传声器输出端的总负载是所有调音台输入阻抗并联的组合。传声器信号被分配得越多，那么对所有调音台高输入阻抗的要求就越严格，最终需要让调音台并联后的输入阻抗不小于 1000Ω。电容性负载受到所有传声器线缆的影响。使用低电容"数字音频"规格的线缆可以传输更远的距离。

一种基于变压器的传声器分配器如图 8.15 所示，它在"Y"型分配器的基础上做了一些限制。如果为每个隔离输出做一个独立的静电屏蔽，那么这样的设计将很好地隔离调音台之间不同的接地电压。传声器的幻象供电只由直接连接的调音台提供。其他的调音台的幻象电源之间是完全隔离的，也无须为它们的输入使用外部幻象电源。隔离的调音台即使开启幻象电源也不会对传声器施加重复的电压。但是变压器分配器并不会保护传声器，以免于所有调音台并联后对负载阻抗的影响或所有线缆电容性负载引发的问题。这些优良特性是需要一定成本的，如图 8.15 所示。高品质的传声器分配器变压器并不廉价，如 Jensen Transformer。尽管如此，这一类分配器在现场扩声工作中是意义重大的，因为如果现场出现哼声、嗡嗡声等各种问题，我们都没有机会重新补救。

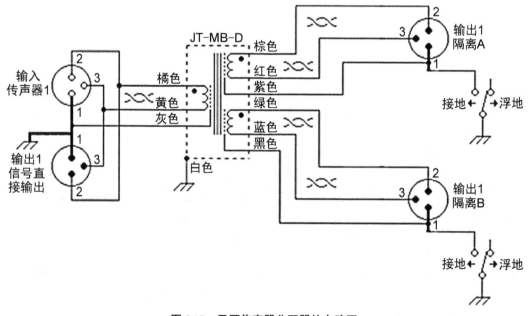

图 8.15 无源传声器分配器的电路图

有源传声器分配器是配有多个输出的传声器前置放大器。不管驱动多少个调音台，在使用这些传声器时只需注意单个前置放大器输入阻抗的负载即可。因为有源分配器通常被放置在舞台上或舞台附近。电缆长度可以大大缩短，容性负载变得不再是一个问题。传输至调音台的信号电平较高，这也意味着线路传输信噪比将得到提升。分配器为传声器提供幻象供电，使得调音台幻象供电设在开或关的位置变得并不重要。然而，高品质的有源传声器分配器的成本甚至大于高品质基于变压器的分配器的成本。同时存在的问题是不能在调音台一端调整传声器前置放大器的增益的。在演出期间，可能需要一个人留守在分配器端，同时与调音台的操作员保持沟通，按照要求调整传声器前置放大器的增益。有一些有源分配器配有远程增益调整功能，这样一来，在调音台端的工作人员能够在原地进行控制。在演出期间调整传声器前置放大器的增益也可能产生一些问题，因为一旦调整传声器信号电平，每个调音台的输入信号都将被改变。

数字传声器分配系统是集成了模数转换器（ADC）的有源传声器分配器，同时具有将数字信号分配至多个调音台的功能。数字信号的分配通常通过一个基于网络的协议来实现，所有的传声器信号可以通过一个独立的小型网络电缆被分配到每个调音台。很多数字混音台都能在调音台端调整"前置放大器"的增益。这些系统制造商中至少有一个能够提供数字补偿，因此当一个调音台调整了其前置放大器的增益时，其他调音台的传声器信号数字的增益将以相反的方向调整，所以其他调音台的信号电平不会发生任何变化。

8.4　独立式传声器前置放大器

许多优秀的音频工程师都喜欢旁路调音台的传声器输入，取而代之的是使用多个独立的传声器前置放大器。这些传声器前置放大器型号通常是源于一些经典的调音台，有些在本底噪声和共模抑制比方面得到了显著的改善，提高了输出电平，实现了阻抗匹配、步进式增益微调校准，结构也更为坚固。某些型号还设有均衡选项和测量等其他功能。这些性能特点并不廉价，制造一组 16 通道的前置放大器或许比制造一个大批量生产的 24 路输入的高品质调音台要花费更多的时间。

对于很多录音活动，前置放大器的输出信号要输出至一张主调音台，进而对信号进行路由和总线分配，可能很难说一个独立的前置放大器的开销是合理的。但是它却适用于某些特定的场合：

- 两支传声器拾取的信号直接进行立体声输出，无须通过调音台的路由。
- 为主要演员设置的、相比调音台内置放大器声音更好的"特别通道"。
- 多轨录音时，每个传声器都被分配给一个录音通道。调音台仅作监听录音带后信号之用，录音棚内所有的传声器将信号直接馈送给各自独立的前置放大器后再输出给它们各自的录音机输入。从这方面考虑，这一套外部独立的前置放大器取代了现代化单列一体式调音台信号通路的作用。

当许多制作人和录音师去一个未知的录音棚与艺术家合作，例如说参加巡演时，他们希望导入现有声轨，或者在现有专辑的基础上做一些额外的工作时，他们往往更愿意以这种方式工作。这种方式对于制作人或录音师来说，一大好处是可以将一套工具从一个地方带到另一个地方，连续使用这一套工具，然后保存下来以便之后在一个熟悉而舒适的环境下进行所有的后期制作。

图 8.16A 和图 8.16B 展示了两个高品质的独立式传声器前置放大器。

A

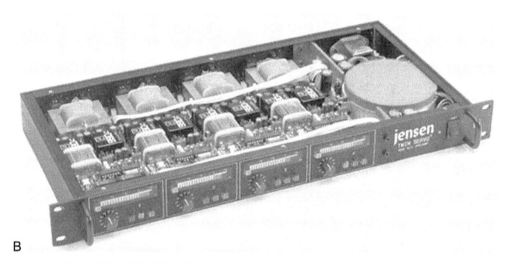

B

图 8.16　高品质独立式传声器前置放大器：Benchmark MPA -1（A）、John Hardy M-1 传声器前置放大器（B）
（图片由 Benchmark Media Systems 和 The John Hardy Company 提供）

8.5　线路的损耗和电信号干扰

如果在一个维护良好的录音棚内工作，则录音工程师除了要确保线缆保养完好外，在很大程度上并不用担忧传声器线缆会不会出问题。如果工程师是第一次在一个特定的远端工作，那情况就没有那么简单了，他们可能会发现线缆不够用！在使用长电缆时主要需要关注由线缆电容引起的高频损失。

"数字音频"标准传声器线缆（Belden 1800 F）的参数标准：

规格：#24 AWG 标准铜线

阻抗 / 米：0.078Ω

电容 / 米：39 pF

星绞四芯传声器线缆（Canare L4E6S）的参数标准：

规格：#21 AWG 等效标准铜线

阻抗 / 米：0.098Ω

电容 / 米：150 pF

P48 幻象供电对于远距离线缆传输有着相当大的冗余量。例如，一根 100m 导线的电阻值不到 10Ω，线缆的总电阻值将低于 20Ω。鉴于幻象馈电网络 6800Ω 的电阻值，20Ω 的附加值小到可以忽略不计。

在远距离传输中，高频衰减的可能性较大，如图 8.17 所示的 Belden 1800 F 和 Canare L4E6S 所示。以下是线缆长度分别为 20m 和 100m，内阻分别为 200Ω（典型电容传声器的阻抗值）和 600Ω（很多动圈式传声器的阻抗都有这么高）的高频衰减数据。正如你所看到的，对于较短的线缆，高频衰减不成问题；但是对于远距离传输，使用电容更高的线缆，如星绞结构的线缆，可能会导致高频信号的丢失。

Belden 1800F		
-3 dB loss frequency		
	20 m	100 m
200 ohms	1,020,224	204,045
600 ohms	340,075	68,015

Canare L4E6S		
-3 dB loss frequency		
	20 m	100 m
200 ohms	265,258	53,052
600 ohms	88,419	17,684

图 8.17　线缆长度和传声器阻抗对高频响应的影响

线缆电容可能在电容传声器的输出级引起高频失真，对于高频丰富的高电平信号，例如镲来说入尤为明显。因此配合电容传声器使用低电容的"数字音频"标准线缆的理由十分充分。

长电缆引发的另一个问题是它对射频（无线电频率）的敏感性增加了，并引发其他形式的电磁干扰。灯光控制系统也会引起局部干扰，它可能在配电系统中产生尖锐的"尖峰"；传声器线缆有可能受到辐射并体现在线缆上。同样，附近的无线电发射机，包括手机，也可诱发信号加载在传声器线缆上。传声器线缆充当了天线的角色，拾取射频信号。除了连接器上被腐蚀或生锈的触点，传声器线缆上没有什么能够将射频信号转换为可听的声音。使用镀金触点的连接器将消除这一接触的问题。线缆拾取的射频信号将会作用在电子元件上并将其转换为可听的干扰信号。如果电容传声器（包含电子元件）和前置放大器的设计严格遵循 AES48 标准的指导方针，则可规避绝大多数可能引起干扰的问题。但遗憾的是，并不是所有的厂商都遵循这个标准。

现在手机被广泛使用，现在的移动发射机发射频率比过去几年高。以前设计的电容传声器和前置放大器，对当时射频干扰的抑制水平通常达到可接受的程序，然而现在当附近的手机和移动数据设备工作时，还是会拾取到恼人的噪声。所以现在有些电容传声器被设计为"抗射频信号"，并且抗手机干扰性得到显著改善。Neutrik 现已研制出一种"EMC"系列连接器，其可以在很大程度上降低手机干扰，即使使用老式电容传声器也能大大减少这种干扰。

相比普通的两根导线的配置，所谓的"星绞"线缆（早期为电话而开发）能够减少因距离磁源很近而引起的电磁干扰。一旦磁源与线缆的距离超出线缆的直径 4 倍时，这种星绞线缆的优势立刻消失。星绞线缆的结构如图 8.18 所示，在此编织的屏蔽层里有 4 根导线，他们之间扭曲着贯穿在线缆中。处于对角位置的一对导线绞合在一起，在线缆两端连接在一起，两对导线分别连接针脚 2 和 3。一对导线扭绞在一起可以确保一对平衡信号中每个针脚的感应噪声分量是相等的，从而在接收端的噪声分量能够相互抵消。由于星绞线缆电容较高，因此不推荐用它作为远距离传输，但是它在舞台上使用可以大幅降低类似于墙插式电源等电磁干扰源的干扰。

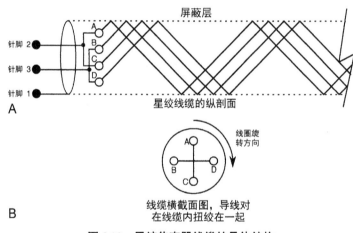

图 8.18 星绞传声器线缆的具体结构

8.5.1 线缆的物理特性

所有工程师都不应该在线缆质量上节约成本。最适合便携使用的线缆通常比较柔顺且易于缠绕。在正常使用情况下，便携式线缆可能会被踩踏或者被门挤压，甚至被带有轮子的设备碾压，或者在日常使用中受到不同程度的伤害。然而永久性安装线缆必须符合相应的消防法规，坚硬、光滑的线缆防护套使它们更容易在导管内拉动和穿梭。一般情况下，编织屏蔽层优于金属箔缠绕屏蔽层，不过在永久安装设施中，这一点可能并不重要。

Muncy（1995 年）展示了双线绕组和编织屏蔽层比普通带地线的金属箔屏蔽层要好得多。两者性能差别比较大——最高可达到 50dB。这个结构的问题并不在于金属箔层本身，而是因为在使用时允许每一端排线连接至金属箔层。如果线缆结构中采用松散的编织屏蔽层而不是排线，那么被广泛关注的这类问题将不会发生。

我们应该选择相互匹配的连接硬件，因为并非所有品牌的连接器都易于相互匹配。这是由于一些厂家在生产连接器时并不遵循 IEC 对制造 XLR 公型和 XLR 母型连接器给出的标准尺寸。

传声器多芯电缆由被封闭在一个外层防护套中的多条独立的传声器线缆组成，传声器线缆的数量一般为 12～16 对。为缩减尺寸，金属箔/排线内部屏蔽层通常是配给一对线缆。在输入端通常更多地采用蛇形终端置于一个金属小盒的形式，小盒上设有 XLR 母型插座，而不是带 XLR 母型插座的多个分散的端口。这种金属小盒的形式便于根据线缆编号分配传声器，应该说这一点非常必要。在输出端，分散的端口便于用户快捷地连接调音台的输入，其中每根线缆编号都被清晰标明，且固定不变。

每一对导线之间的电容性耦合都很低，因为每一对导线都有独立的屏蔽层，对于传声器所拾取的平衡的信号电平，我们可以忽略这一点。然而，对于一些扩声场合的应用来说，有时候有些传声器信号沿着小盒往一个方向传输，同时线路电平信号往相反的方向传输。一般我们不推荐采用这样的做法，返回信号为非平衡信号时尤其不推荐。

更糟糕的是扬声器电平信号与传声器信号通过同一个小盒传输。扬声器馈送所需的更高的电流可能导致电磁耦合到传声器的线路中。

8.5.2　线缆测试

每根传声器线缆都由 3 根导线组成：位于中间的一对双绞线和围绕在双绞线外侧的屏蔽层。线缆的屏蔽层必须连接至 XLR 连接器的针脚 1，并且不能与连接器外壳相连接。如果将线缆的屏蔽层直接连接至外壳，将引起许多噪声和干扰的问题。不幸的是，许多商业用途的线缆直接将屏蔽层连接至针脚 1 和连接器的外壳。更糟糕的是，大多数线缆测试设备都不检查这个问题。用欧姆表检查并且拆开连接器的外壳亲自查看通常是找出线缆问题的唯一方式。

传声器模拟电路图如图 8.19 所示。所展示的电路仅仅是信号的一端（非平衡），并不是要评估干扰的详情。然而，它能够非常好地确定远距离传输下线缆的高频损耗程度。40dB 的输入垫整将把 0.2V 的信号电平降至 20mV（1Pa 声压作用在一个典型电容式传声器上的输出电压）。通过一个 200Ω 的电阻器后，信号电平降至 20 mV，所以它可以模拟一个真实传声器的输出。

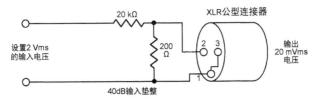

图 8.19　非平衡式传声器模拟器电路提供 40dB 的电平衰减

图 8.20 所示的线缆测试仪是这一类设备中较好的一款，它与大多数仅用于测试针脚 1 是否与外壳相连的同类测试仪有所不同。作为一个有源器件，它可用于以下测试：

1．线缆的连续性
2．线缆的间歇性故障
3．幻象电源的完整性
4．内部电路的连续性（通过测试单音）
5．XLR 外壳与针脚 1 是否连接

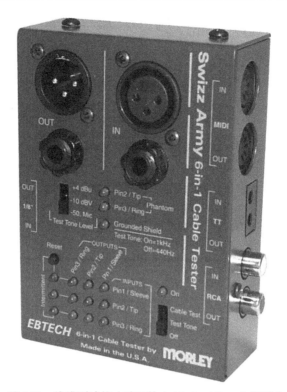

图 8.20 线缆测试仪（该图片由 Morley/ Ebtech 提供）

共有 6 类线缆可以用这个系统进行测试。

如图 8.21 所示，通过这个系统可以对一个传声器 / 线缆组合进行极性检查。在此，一个低频正向声脉冲被馈送到传声器，同时在线缆的另一端用一个分析仪对其进行检测，探测是否存在一个正向或负向的脉冲信号。如果检测结果为负极性，那么基本上可以确定线缆被错误连接，或者内部设备对信号进行反相处理。几乎所有的现代化放大器和信号处理设备都是非反相设备，所以目前我们遇到的大多数电气极性的问题都是由于局部接线错误导致的。

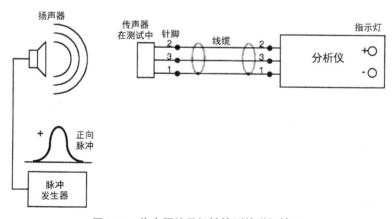

图 8.21 传声器信号极性检测的详细情况

8.5.3　舞台前置放大器和光纤线路

虽说正常的幻象供电能够轻易在长达 100m 的距离内传输，但是在某些环境下，射频干扰是常见问题。一种选择是使用舞台传声器前置放大器，它以较低的输出阻抗将线路信号电平提升 40 ～ 50dB，从而对噪声在内的干扰具有相当强的抗干扰性，并且可降低线缆远距离传输引起的信号损耗。

另一种选择是为每支传声器提供舞台模数转换器，并通过多通道数字连接或网络将每个独立的数字信号传输至数字调音台。如果采用数字网络，那么多个数字调音台可由相同的信号驱动。为了实现彻底的电气隔离和抗干扰，可以采用光纤对数字信号进行连接。以这种方式传输，就算传输极远的距离也不会出现信号损耗。

8.6　系统注意事项

8.6.1　接地回路

音频传输问题的一个常见来源是接地回路，图 8.22 描述了接地回路是如何产生的。如图 8.22 所示，电子设备都串联在一起。请注意，你不仅仅会看到与设备互联的线缆，而且还通过三针的电源线以及通过固定安装设备的金属机架都会产生一个接地通路。**为了减少接地回路，任意设备使用三芯转两芯插头的适配器或使用不符合 UL 认证的电源连接，这类做法都是不安全且绝不能做的。** 机架上的任何交流电源都会产生一个外部磁场，穿过回路的磁通量将会引起一个较小的电流。

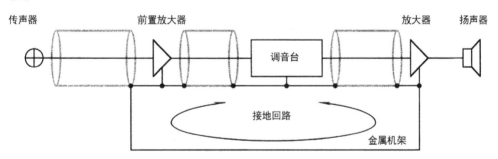

图 8.22　接地回路的产生

如果互连采用非平衡式连接，则接地回路将引起难以忍受的哼声和嗡嗡声。对于消除非平衡连接中由接地引起的噪声，最有效的解决方案是在互联的输入端使用一个法拉第屏蔽输入变压器。

对于平衡式连接，只要产品制造商在互联的端口遵循 AES48 标准的设计原则，线缆采用双线绕组或编织屏蔽层，接地回路在绝大多数环境下都不会引起任何问题。由设计合理的设备组成的系统可能具有许多接地回路，但是这些回路不会在听觉上引起任何问题。

在使用设计不合理的设备时，有时有必要确保线缆的屏蔽层确实不是回路的一个部分。如图 8.23 所示，通常传声器线缆在连接传声器的一端不接地，在连接调音台输入的一端接地，从而确保传声器与静电（RF）干扰相隔离，同时作为幻象供电的通路，所以传声器线缆的屏蔽层必须是连通的。调音台连接下一级设备，在一端断开线缆屏蔽层是很有好处的，如图 8.23 所示，此时将屏蔽层与调音台输出端连接。以这种方式，线缆的屏蔽层将不会产生接地回路。

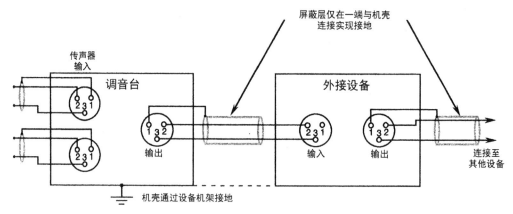

图 8.23　接地回路的避免

8.6.2　增益结构

许多音频传输的问题从信号源端——传声器一端就开始出现了，初始输入增益是在调音台上设置的。现代化调音台都是被精心设计的，而且基本上所有的操作人员都将输入和输出推子置于标称零点校准位置，然后通过输入控制旋钮在每个输入通道将输入增益设置为正常的工作电平。这听起来可能很简单，但它需要一些经验。

如果操作人员将传声器的输入增益设置得过低，那么调音台的输入噪声可能较大，甚至有可能掩蔽了传声器的本底噪声；如果将传声器的输入增益设置得过高，那么信号在调音台输入级就可能因为信号过大而过载。由于调音台比传声器具有更加广阔的整体工作动态范围，因此我们需要做的仅仅是调整调音台的输入增益，以确保在录音棚的传声器输出节目的环节就能很好地适应调音台的总体动态范围。

图 8.24 展示了一张典型调音台的一个输入通道的电平变化曲线图。

让我们假设：我们有一支传声器，在 94 dB L_p 声源作用下灵敏度为 21 mV，其本底噪声为 10 dB（A 计权）。进一步假设，传声器的最大输出电平（0.5% THD）是 135 dB L_p。

传声器的输出为 -31dBu，其 dBu 的定义是：

$$dBu=20log（信号电平 /0.775）\tag{8.1}$$

在流行 / 摇滚录音棚中，很多乐器以正常水平演奏，传声器近距离拾音的典型声压级是 94 dB L_p，所以录音师需要设置输入增益控制旋钮，从而使调音台的输出表在正常范围内工作。

还请注意，在这样的输入设置下传声器的本底噪声为 10dB（A 计权），也可以说是 -115dBu，相比于 -31dBu 要低 84dB。由于调音台的本底噪声为 -128dB，-115dBu 比调音台的本底噪声要高 13dB。因此，很显然，音频通道的本底噪声基本上取决于传声器，调音台输入电路对本底噪声的影响不大。随着信号传输至调音台的其他环节，本底噪声并不随着工作电平的变化而改变。

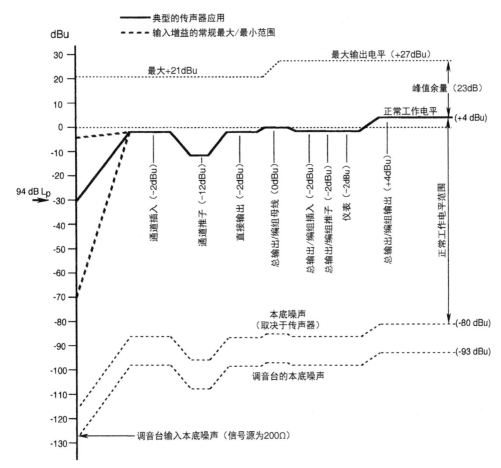

图 8.24　一张典型调音台增益结构与电平图

　　为了保证调音台输出不失真，传声器输入通道具有比 94dB 高 23dB 的峰值余量，即可支持 117dB 的输入信号。如果传声器的输入信号持续超过这一数值，录音师则需调整输入增益来适应输入信号。如果信号仅仅是偶尔大于这一数值，那么录音师可能需要在输入推子上做出必要的调整。

　　传声器的不失真输出电平可以向上延伸至 135dB L_p，它比调音台的最大输出电平要高 18dB。因此传声器可以被广泛用于各种声学环境中，唯一需要做的调整是按下传声器的输入垫整开关（对于非常高电平的信号而言）或者根据需要重新调整输入增益旋钮。

8.6.3　多通道输入混合并发送到一条输出通道上

　　在混音时，通常多个传声器信号都被发送到一个指定的输出总线上。将一个新的传声器输入信号发送到一个指定的总线上，显然要调整所有的输入电平，以确保送到下一级信号电平的一致性。如图 8.25 所示，不管使用一个还是多个传声器输入，每个输入电平都应调整，由此母线上的总电平不超过调音台的最大限度。

不管是现场扩声工程师还是录音师都应当注意现在讨论的这一点。

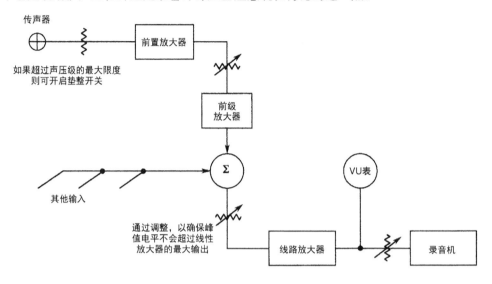

图 8.25 多通道输入的叠加

8.7 利用射频（RF）传输原理的传声器

在第 3 章中我们讨论的电容传声器的工作原理是带有固定电荷的可变电容器产生一个可变的电压信号输出。这里我们将介绍一种根据可变电容量传输信号的方法，只有极个别传声器制造厂商应用了这个原理，也就是 RF 射频传输原理。如今，只有德国制造商 Sennheiser 公司大规模生产这一类传声器。

RF 射频（Radio Frequency）电容传声器与物理结构相同、采用直流极化电压的传声器具有完全相同的声学特性。唯一的区别是采用了将电容变化转换为信号输出的方法。

Hibbing（1994 年）给出了一套"RF 射频传声器"完整的历史和分析数据。他介绍了两种常用的方法并给出了它们的简化电路，如图 8.26 所示。

图 8.26A 中的电路是相位调制（PM）原理，它的原理类似于一个小型的 FM 发射 / 接收机组合在一个独立的传声器中。其可变电容可改变谐振电路的调谐；与调谐电路相邻的是一个鉴别器部分和在 8 MHz 范围内工作的固定振荡器。这 3 个部分通过 RF 变压器相互耦合。由于声压变化引起调谐变化，因此也会引起鉴别器上端区域和下端区域的平衡，输出端则输出音频信号。

AM 桥接设计的电路如图 8.26B 所示。在此，双背板推挽式振膜作为推挽式分压器，当处于静止位置时，将 RF 信号等量地分配给桥接电路的两端。受到音频的激励时，桥接输出与振膜的偏移量成正比，提供了一个较高的线性度。Sennheiser 演播室传声器 MKH-20 系列正是运用了这样的调制原理。

早期的 RF 传声器内部设计不稳定，有时会受到当地无线电传输的干扰。经过多年的研制，这项技术进行了很好的改进，现代化 Sennheiser MKH 系列传声器在各个方面都表现出色。

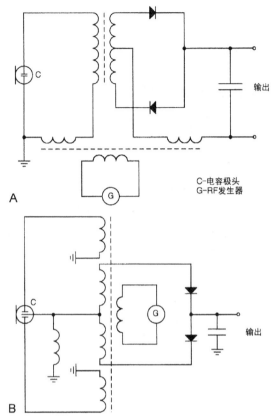

C-电容极头
G-RF发生器

图 8.26　RF 射频传声器：相位调制系统的简化电路（A）；平衡式桥接的简化电路（B）
（图片由 Sennheiser 提供）

8.8　传声器的并联使用

　　虽然一般不推荐将两个传声器并联起来一起使用，但是在无须进行幻象供电的前提下，用一个调音台的输入控制两个传声器的方式也是可行的。为此付出的代价是每个传声器的电平将降低 6dB，当然也存在无法对单个传声器进行独立控制的问题。并联电路如图 8.27 所示。

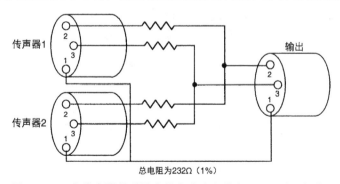

总电阻为232Ω（1%）

图 8.27　两个传声器并联输出的电路（图片由 Shure 公司提供）

8.9 数字传声器

所谓的数字传声器大约在过去 6 年多的时间里进入市场。严格地说，以是否在振膜端直接输出数字信号的角度看，这些传声器并没有做到真正意义上的"数字化"。相反，他们利用了传统的直流偏压和对振膜端模拟信号进行前置放大的原理，仅仅是在后面的阶段进行模数转换而已。

这类传声器的优点是能够尽早解决某些数字处理方面的问题，而不会出现在后级的音频链路上。例如，设计优良的 25mm 电容振膜的信噪比在 125 ～ 135dB 的范围内。一个理想的 24 位系统的信噪比理论上约为 144dB，而真实环境中的系统仅能提供略微大于 120dB 的信噪比。在传统的录音系统中，我们需要减少大约 10dB 的传声器可用动态范围。就其本身来说，它或许是个问题也可能不是问题，这取决于真实录音棚环境中的电气和声学设计。

对于 beyerdynamic MCD100 系列，当信号电平较高时（大于 124dB L_p），它的极头直接输出至一个 22bit 转换系统。对于正常的录音棚电平（小于 100dB L_p），可以在进行数字转换阶段前插入 -10 或 -20dB 的垫整开关，从而优化量化精度。先进的电平控制可以防止系统的数字削波。传声器和相关信号流程如图 8.28A 和图 8.28B 所示。

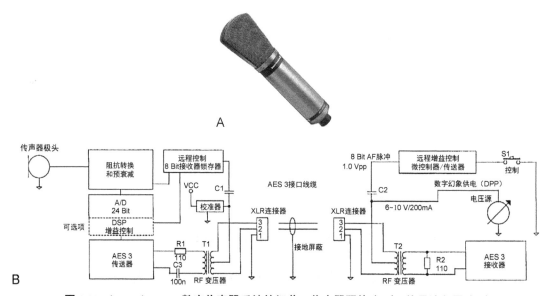

图 8.28 beyerdynamic 数字传声器系统的细节：传声器照片（A）；信号流程图（B）
（数据由 beyerdynamic 公司提供）

Neumann Solution-D 使用两个并联的 24bit 模数转换器，两模数转换器信号的转换电平相差 24dB。这两个数字信号在数字域被无缝重新组合，以产生一个量化精度为 28bit 的数字输出信号（Monforte, 2001 年）。图 8.29A 展示了 Solution-D 传声器的照片，图 8.29B 则是信号流程图。

这两个传声器系统均有其他数字特性，包括：可变采样率，各种接口格式，一定程度的内置数字信号处理，可通过数字总线对某些用户指令做出响应。连接这一类传声器需要使用 Audio Engineering Society (AES) 推出的 AES42 标准数字接口。

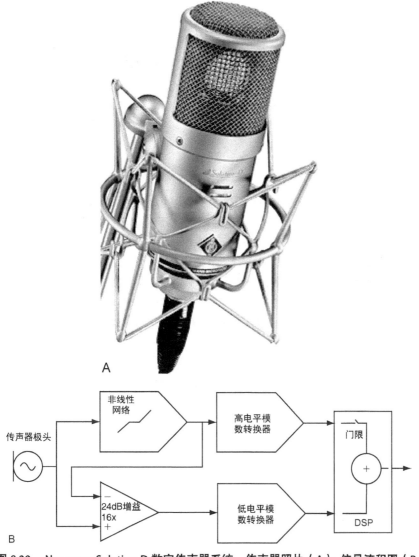

图 8.29　Neumann Solution-D 数字传声器系统：传声器照片（A）；信号流程图（B）
（数据由 Neumann/USA 公司提供）

无线传声器技术概览

9.1　引言

在录音室和演播室之外，无线传声器是必不可少的。无线传声器自 20 世纪 60 年代开始出现，从那之后至今，其传输质量与整体稳定性一直在不断进步。电视、舞台音乐和戏剧表演、宗教服务和公共聚会中广泛应用了无线传声器；同时，由此技术所带来的自由移动使每个人都能参与到现场演出中。

最早的无线传声器使用了商业 FM（频率调制）频段，输出功率很低，同时使用民用 FM 接收机接收信号。联邦通信委员会（FCC）及时为无线传声器规定了位于 VHF 和 UHF 电视频段的频率范围，也为其他短波通信需求规定了频率范围。今天，实际上大部分传声器制造商都有基于无线系统的产品，用户有很多选择。大部分制造商出版了详尽的用户指南，包含了各种技术问题和使用推荐。

在第 9 章我们将会详细讨论无线传声器设计所涉及的技术以及在不同使用场合的应用。

9.2　目前的技术

9.2.1　频率分配

在美国，官方许可的无线传声器频率（RF）范围如下：

1．VHF（超高频）频段：

移动频率：169 ～ 172 MHz

高频段：174 ～ 216 MHz

2．UHF（极高频）频段：

核心电视频段：470 ～ 608MHz，614 ～ 698 MHz

STL 和 ICR 频率：944 ～ 952 MHz

每个美国电视频道都分配了 6MHz 的频带宽度。14 ～ 51 UHF 电视频道占用了 470 ～ 698 MHz，其中 37 频道（608 ～ 614 MHz）是为射电天文学预留的。近期出现了 52 ～ 69 电视频道（698 ～ 806 MHz），但这些频道已被改为商用或为公众安全预留。在这些"700 MHz"频段使用无线传声器已不再合法。

在核心电视频段，无线传声器可以在电视台或公共安全用户没有占用的"白色区域"频段（译者注：空白电视信号频段）使用。最近联邦通讯委员会改变了规则，位于白色区域的没有许可的无线传声器只要遵守一些限制，其中包括发射功率小于 50mW，就都是合法的。这是对大量存在的、已经使用空白电视信号频段但未经许可的无线传声器的法律认可。

空白电视信号频段还有其他的使用者，例如新的电视频段设备（TVBD）使用该频率进行数据传输。为了防止无线传声器信号受来自 TVBD 的潜在干扰，FCC 预留了 37 频道左右第一个未被电视占用的频道，加上 14 ～ 20 电视频道临近的所有空白电视信号频段，作为无线传声器的专用频段。

不需要许可的频段有 49 MHz 频段、72 MHz 辅助监听系统（ALS）频段，901 ～ 928 MHz，1.92 ～ 1.93 GHz DECT 频段，还有 2.4 GHz 频段。这些频段不需要许可，对所有人免费开放，所以这些频段的使用者相互干扰的潜在可能性很大。

无线传声器可用频率与其他使用规则的限定一直在迅速变化，建议使用者查阅 FCC 和制造商的最新规定。

FCC 为包括电视、广播以及商用通讯在内的主要用户提供优先权，例如移动电话、传真、双向广播应用等都属于主要应用的范畴。无线传声器应用被认为是次要应用，所以不允许次要应用对主要应用有信号干扰。换句话说，无线传声器的使用者常常遭受主要应用的信号干扰，所以他们不得不寻找更合适的、不受干扰的使用频率。

在美国，无线传声器系统的制造商或分销商必须得到 FCC 颁发的销售许可证，同时用户有责任认真阅读并遵守所有的使用规则。在全球范围内，不同国家的无线传声器频段划分与许可差别迥异，所以用户要听从制造商与销售商的建议，针对不同使用地区与使用场合购买适用的设备。图 9.1 列出了世界各地一些典型的无线传声器使用频段（Vear，2003 年）。

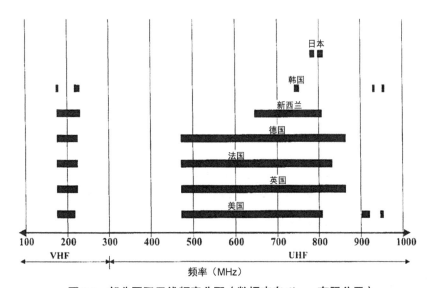

图 9.1　部分国际无线频率分配（数据来自 Shure 有限公司）

从综合性能来说，在一个有固定边界的建筑内部，UHF 频段可以在最小的辐射功率下获得最大的接收范围。

9.2.2 传输原理

模拟无线传声器以 FM 传输原理为基础，如图 9.2A 所示。VHF 或 UHF 的载波被音频信号调制，发送至传声器内置或"腰包式"RF 放大器。RF 信号由发射机发出并在空中传播，发射强度为 5 ~ 250 mW。发射机与天线可以被安装在传声器壳的下半部分。"腰包式"的天线通常是一段很短的外置线缆。

信号接收原理如图 9.2B 所示。这里，RF 信号被放大并限幅；恢复出的载波信号通过解调还原出音频信号并输出。

图 9.2 所示的简易系统有两个主要问题：一是演员在舞台上的移动会导致信号在发射机至接收机之间的多重反射，这可能会造成信号丢失。二是系统对于噪声的敏感度，取决于 FCC 强制标准所规定的较低的发射机辐射功率和调制指数以及相邻通道需要满足的最低干扰值。

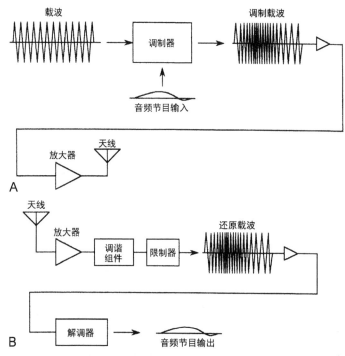

图 9.2 FM 发送与接收原理：发射机简易流程图（A）；接收机简易流程图（B）

分集接收技术可以克服多重反射问题，信号压扩（互补压缩与扩展）和预均衡和去均衡技术可以用来降低噪声。

9.2.3 分集接收

对单独接收天线来说，存在主要信号与反射载波信号同时到达天线并反相的可能性，这就可能造成短暂的信号丢失，如图 9.3A 所示。这个问题可以通过分集接收技术得到解决。分集接收技术中包含两只接收天线，它们之间的距离为 1/4 ~ 1 载波波长之间，这就有效地降低了同相信号相抵消的可能性。辐射波长与频率的关系如下公式：

$$wavelength(\lambda)=c/f \tag{9.1}$$

其中：λ（希腊字母）代表波长，*c* 代表波速（300,000,000m/s），*f* 代表频率（Hz）。

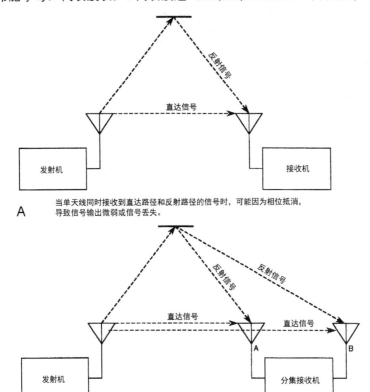

图 9.3　分集接收：单天线接收（A）；双天线（分集）接收（B）

在 900 MHz，载波波长范围在 $3\times10^8 \sim 9\times10^8$m（大约 13 in），所以距离 8 ～ 35 cm（3 ～ 13 in）的两只天线可以最大程度上降低相位抵消。如图 9.3B 所示，有两只接收天线分别为 A 和 B。最先进的现代分集接收技术使用了可变比率处理，两只天线接收到的信号分别同时经过两台接收机的处理，然后将两信号合并输出，通过不断变换两信号的比例从而达到稳定的最大音频输出。当然，市面上还有一些其他的分集接收技术可达到不同的效用。

不过，不要看到接收机上有两只天线就想当然地认为使用了分集接收技术，有些制造商也会在没有使用分集接收技术的机器上安装两只天线。

9.2.4　信号压缩与扩展

为了降低无线传声器使用的 FM 传输系统地本底噪声，信号压缩和扩展（压扩）作为补充手段常被使用。图 9.4 显示了压扩技术的实际应用。输入信号动态范围达到了 80 dB，而经过压缩的传输信号的动态范围仅为 40 dB。解调后的信号经过扩展还原出了压缩前的动态范围。

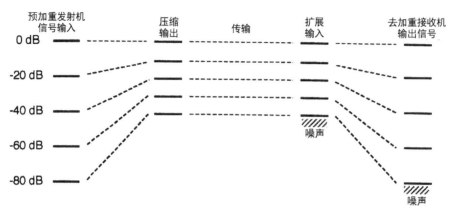

图 9.4 信号压扩原理（压缩 - 扩展）

压扩技术对声音的处理是具有破坏性的，所以经过压扩处理的声音只是"听起来一样"。没有一种压扩器对于所有信号都适用，不同品牌与型号的无线传声器对于给定的人声或乐器的还原度都不一样。大部分无线传声器是针对人声做优化的，所以当我们用无线传声器拾取低音吉他或吊镲时，可能会听到一些失真的痕迹。

压扩通常连带着互补的信号预加重和去加重（均衡量相同但在发送与接收端是反向的），这是为了尽量减小由压扩带来的互补增益变化而产生的可闻底噪调制。典型的固定的预加重和去加重曲线如图 9.5 所示。

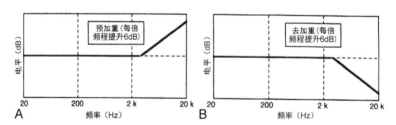

图 9.5 典型的用于无线传声器的预加重（A）和去加重（B）曲线

通过分集接收、压扩、互补的预加重和去加重等技术手段，我们可以将无线传声器的主观动态范围增至 100 dB（在无信号状态下测量，本底噪声采用 A 计权）。

9.2.5 数字无线技术

很多制造商推出了数字无线传声器系统。一些早期的产品并不是真正意义上的数字信号传输，而只是在发射机和（或）接收机端使用了数字信号处理（DSP），其他方面仍然是模拟 FM 无线系统。近期的数字无线传声器开始传输真正的数字信号。在已面市的数字无线传声器系统中，尚没有传输全码率的数字音频信号，因为这需要更大的 RF 带宽。

所有数字无线系统为了使数字信号在限定的带宽内传输，都采用了使码率降低的技术，有时我们称之为数据压缩。请注意这里的数据压缩与模拟信号的压缩是完全不同的概念。数据压缩技术是"有损耗的"，也就是说接收机所接受到的数据并不是对原始数据的完全拷贝。随着数字无线系统的发展，这种损失越来越小了。

数字无线系统带来了一些模拟无线传声器无法实现的优点。最值得一提的是信号传输可以加密。所有的广播信号可以被多个接收机收到，没有办法限制信号只能被一台接收机接收。而加密就可以确保未经授权的接收机无法从接收到的信号中提取出有用信息。这种安全级别使得一些保密场合的应用成为可能，例如公司会议室。

数字处理与传输需要时间。系统需要的这类时间被称为系统延时，系统延时通常在 0.5 ～ 3 毫秒（ms）。而模拟无线传声器系统几乎没有延时。数字无线系统的轻微延时如果单独来看并不是问题，但当我们把由整个音响系统的其他数字部分的延时加起来的时候，总的延时就足以使演出受到影响，这其中包括数字调音台、数字扬声器处理器、数字网络以及由扬声器与听者之间的距离产生的声学延时。

一般来说，数字无线传声器系统的传输距离比最好的模拟无线系统要短。模拟无线系统的性能是随着发射机与接收机的距离增大而逐渐降低的，用户可以根据需要在距离与音质间作出选择。而数字无线系统的宽容度要差很多，当发射机与接收机的距离接近临界值时，信号是突然中断的，只是有些数字系统的信号衰减比其他要平滑一些而已。

9.2.6　混合数字无线技术

Lectrosonics 推出了使用混合数字无线技术专利的产品。从它的名字来看，这种混合了模拟与数字的技术试图通过模拟与数字技术的优势互补做出最好的无线传声器系统。

混合数字技术与模拟技术最大的不同在于它没有使用压扩技术，所以不会产生压扩失真。这套系统对于人声或乐器具有同样的音质，尤其是低音乐器也可以得到高保真的音色。同时，这套系统与最好的模拟系统相似，随着距离的增大，传输性能与音质逐渐下降。

诚然，混合数字无线技术或更好的数字无线系统的性能仍然不能与有线传声器相比，但是对于声学和声音系统的精密测量已经足够用了。目前已经很难听出同一个传声器通过混合数字无线系统传输与通过线缆传输的区别。

9.3　发射机

有两种基本的发射机形式：手持传声器式和腰包式发射机，如图 9.6 所示（包含接收机）。手持传声器式发射机对于大部分场合都是很方便的，一些制造商推出了可选配并更换不同传声器极头的型号。

在有些情况下，我们需要把传声器藏起来（例如戏剧或音乐秀），或者演员需要解放双手，就需要使用腰包式发射机。使用者通常将腰包式发射机放在口袋里或别在腰带上。由细线连接的微型传声器直接插在腰包式发射机上。

腰包式发射机最常见的配套传声器有"耳夹式"、头戴式和领夹式传声器。"耳夹式"传声器如图 9.7A 所示，Countryman E6 型为该类传声器的代表，图 9.7B 为使用中的 E6 型传声器。这款传声器的重量只有 1/10 ounce（盎司），大部分使用者长时间佩戴都不会有负担。它有多种颜色可供选择，对于不同肤色的使用者来说都很隐蔽，加之超小的体积，即使在很近的地方都很难察觉。最为重要的是，传声器可以距离嘴非常近，但是不可置于呼吸的方向上。由此具有较高的反馈前增益，同时可以规避房间声。

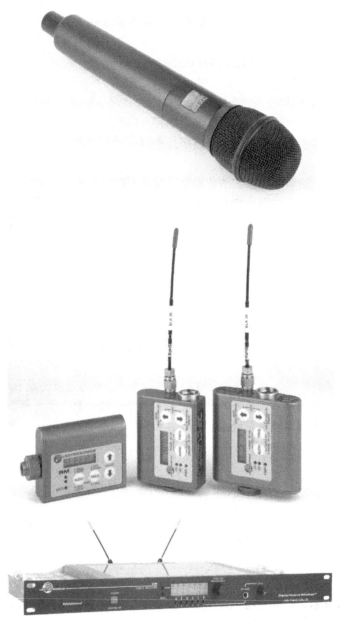

图 9.6 照片为标准的无线手持传声器，腰包式发射机和接收机（图片由 Lectrosonics 提供）

图 9.7C 是一个超轻质头戴式传声器，通过可靠的双耳夹固定，传声器几乎是隐形的。动作幅度大的演员很喜欢这种传声器。

图 9.7D 是一个小型会议领夹式传声器。领夹式传声器最大的缺点是：相对于耳夹式或头戴式传声器，它与嘴的距离比较远，电平较低，所以相比于耳夹式或头戴式传声器反馈阈值低约 14dB。

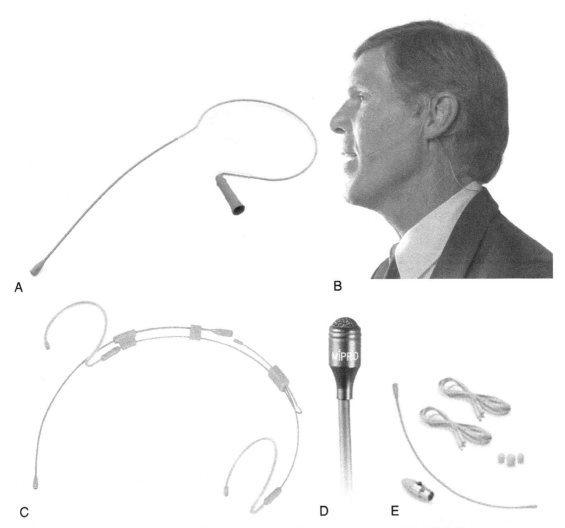

图 9.7　图中为 Countryman E6 型耳夹式传声器（A，B），Avlex HS-60BGC 头戴式传声器（C），Mipro MU-
　　　　55 L 领夹式传声器（D），Avlex HS-50BGC 发夹式传声器（E）（E6 型传声器图片由
　　　　Countryman Associates 公司提供；Avlex 和 Mipro 图片由 Avlex 公司提供）

　　领夹式传声器的另一个缺点是传声器头指向不同方向，声音的大小和音质会改变，常常发生的移动就会产生可闻的音质变化。

　　图 9.7E 是一种专门设计的隐藏在演员的头发或假发中的传声器。将这种传声器头适当地装在发际线附近是完全隐形的，同时它可以得到与耳夹式或头戴式传声器相类似的声音效果。

　　大部分腰包式发射机也可通过线性输入，接入舞台上移动的电声乐器。为保证发射机正常运行，发射机天线必须自然下垂，而不能缠绕在腰包上。此系统若工作在 UHF 频段只需要 8cm（3 in）长的天线，这就使腰包式发射机的天线可以直立在腰包顶端。手持式发射机的天线通常隐藏在传声器手柄内部。

9.4 操作控制

9.4.1 发射机

两种发射机通常有以下可调参量（以下术语不同制造商说法略有不同）：

1. 频率选择：一些产品的频率是固定的，但是更多的情况是允许用户通过发射机或接收机来调整，接收机可通过光学链接来设置发射机的频率。一些无线发射机上配备了可显示频率的显示器。

2. 灵敏度控制：这个参数是一种音量参数，决定了传声器输入发射机的信号电平，每台发射机可分别调整。

3. 电源开关：在传声器不用的时候，关闭电源可以延长电池寿命。在实际的使用过程中，无线传声器的使用者一般都会被告知不要随意碰电源开关，以防意外发生。

4. 传声器哑音：在一些无线传声器系统中，当发射机开关的时候，接收机的输出会产生很大的噪声，这类系统通常会设计哑音开关来消除噪声。大部分现代无线传声器使用先进的噪声控制系统来隔绝开关噪声，哑音开关就被取消了。

5. 状态指示器：传声器开 / 关电池状况。一些无线传声器发射机可以显示电池电量状态，也有一些简单的只显示电池电量低的产品。

9.4.2 接收机

今天，接收机的尺寸相当小巧，通常不会高于一个标准机架、宽于半个机架，所以每台接收机可以容纳一对小型天线。更为方便的做法是，通过分配器将所有接收机的天线接在一对中央分集天线上。

每个手持或腰包式发射机与接收机一般来说是一一对应的关系。多台发射机分配给一台接收机也是可以的，但多台发射机不可同时使用。

接收机的复杂程度不同，其中一些有更多的控制和指示功能。下面是一些基础的参数：

1. 频率选择：可调整的频率组可以使频率间的互调失真降到最低。通常接收机可以扫描频率波段，自动找到干净的可用频率。

2. 噪声控制阈值：这个参数通过设置接收机的 RF 灵敏度，确保拾取到有效信号，而没有信号时关闭输出。

3. 电平：设置接收机的输出信号大小。通常设置为标准的线路输出电平。

4. 状态指示灯：

RF 电平指示：指示输入的 RF 信号电平，长时间的低电平表明信号可能哑音。

AF（声音频率）电平指示：指示接收到的音频信号电平，可以被用来调节发射机的声音增益。

分集接收状态：正常状态下，发射机在移动的过程中会有两个分别代表两个接收天线的指示灯交替闪烁，指示了实时的分集接收状态。

9.5 电源管理

所有无线手持传声器和腰包接收机都是由电池驱动的，所以良好的电池保障是必需的。长期使用可充电电池相对于不可充电的电池可节省开支。但是，可充电电池必须不断充电，比较费时费力。使用者在不知情的状况下，把可充电电池丢弃而换上一次性的电池，损失就比较大了。

　　9V 电池和 AA 电池（每节 1.5V）是无线传声器最常用的两种电池。在美国以外的地区，AA 电池比 9V 电池普遍。同样体积的标准 AA 电池相比于 9V 电池更便宜，存储的电量大，所以越来越多的无线传声器使用 AA 电池。一些无线传声器使用单节 AA 电池，还有一些使用两节 AA 电池，通过并联提高电流或通过串联提高电压。

　　一些无线传声器无论电池放电状况如何，保持恒定电流；另外一些则保持恒定功率，也就是说当电流消耗增大，电池放电，则输出电压降低。几乎所有无线传声器在电池电压过低的时候都会自动关闭。

　　电池可以分为两个基本的类型：原电池主要通过化学反应产生电能，二次电池或可充电电池通过化学反应存储电能。两种类型的电池都包含多种化学成分，每节电池的电压由它所包含的化学成分决定。一些无线传声器使用某些电池不能正常工作，通常是因为电压过高或过低。9V 电池和 AA 电池都有锂原电池和碱性电池可选；二次类型的 9V 电池包含锂离子聚合物电池（LiPo）和镍氢电池（NiMH），而二次类型的 AA 电池包括镍氢电池和镍锌电池（NiZn）。在使用无线传声器之前，最好咨询制造商的推荐电池类型。

　　图 9.8A 是一些不同的无线传声器型号使用过程中随着电池电压下降的电流值曲线。请注意，不同型号的无线传声器停止工作的电压值各不相同。图 9.8B 显示了对于同一无线传声器系统，不同类型的 9V 电池的持续工作时间。可以看到锂离子聚合物电池的使用时间最长，碱性原电池次之，而镍氢电池排第 3。图 9.8C 显示了对于同一无线传声器系统，不同类型 AA 电池的持续工作时间。锂原电池的最为长久，镍氢电池次之，碱性原电池最短。（数据由 William"Chip"Sams 提供）

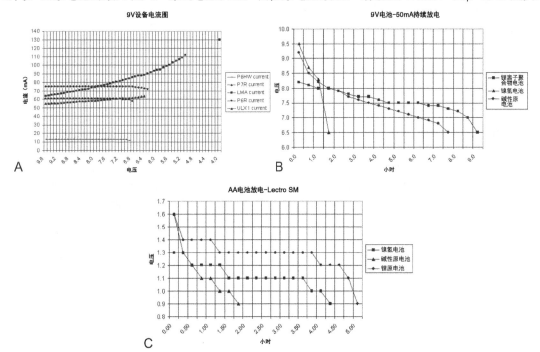

图 9.8　电流随着电池电压降低而下降（A）；不同类型的 9V 电池随时间变化的电压值（B）；
不同类型的 AA 电池随时间变化的电压值（C）（数据源自 William"Chip"Sams）

最后要强调的是，当你在某次活动中被任命为整个无线传声器系统的负责人时，你最大的责任就是确保不间断的电池供应，同时要制定合理的、包含所有无线传声器使用者在内的严密的电池替换时间表。

9.6 使用环境

一般说来，无线传声器发射机和接收机之间要求视线可见。RF 信号可以轻易地穿过帷幔和没有金属网的薄墙。通常无线传声器不要在近于接收机 3m（10ft）的范围内使用，因为这有可能使接收机的第一 RF 放大级过载。如果一个人需要使用两台发射机，那么尽量将两台发射机放在身体的两侧，尽量隔绝信号。如果发射机可以调整发射信号的强度，那么将发射机设置为最低的发射功率就可降低互调失真的干扰。在 RF 输出级中采用环形隔离器的无线发射机，互调失真的敏感度会低很多。

如果演出场所基本没有 RF 干扰和反射，则无线传声器的使用距离可扩展至 300m（1000ft）。虽然可以远距离使用，但为保证可靠性，需要尽量缩短发射机与接收机的距离。同样，需要测试并确认所有无线传声器在预期活动范围内的信号正常。当出现发射机频率问题的时候，需要不厌其烦地修改频率。当很多通道出现问题的时候，将接收天线略微移动有时也能解决问题。使用顶级质量的无线传声器系统与合理的频率设置，在一个演出场地内可同时使用 90 支甚至更多通道的无线传声器。没有任何一个无线系统比有线系统可靠，所以只有必须使用无线传声器的场合才建议使用，所有固定设置的传声器的场合，例如讲道台、领奖台、诵经台等，都应该使用有线传声器。

作为一名无线传声器系统专家，必须确认并规划在路演的所有演出场地中哪些通道是可以使用的。同时，还必须清楚附近的教堂、演出或体育设施的无线系统规划。并不是所有的问题都可以在下午的带妆彩排期间被发现并解决。射频干扰通常在晚上发生变化，必须提前做好应对措施。

9.7 最后的提醒

别把无线传声器的规格和使用放在最后考虑或敷衍了事；事实证明这种想法导致了很多失误！千万不要因为工程简单而自我感觉所有的问题都已经照顾周全了。我们强烈推荐阅读无线系统制造商出品的使用手册，特别推荐 Tim Vear（2003 年）为 Shure 公司写的综合使用指南。

第10章

传声器配件

10.1　引言

　　除了手持传声器之外，其他传声器几乎都需要使用一种或几种配件。大多数配件的用途是把传声器固定在安稳的地方，从台式支架、嵌入式支架到大型传声器支架或者吊杆，作用都如此。通常落地式支架不适用的时候可以选择悬挂式支架。在室外风大或者机械不稳定的环境下，防风罩和减震支架是必备品。还有许多电子应急手段，例如垫整开关（电子衰减器）、反相开关以及类似的一些设备都便于连接直插式适配器。而且对于电容式传声器来说，单独的幻象供电是非常有用的。本章我们将系统地介绍一系列配件产品。

10.2　台式支架

　　图 10.1A 所示的是以前常用的台式支架，如今嵌入式传声器被广泛应用于会议室中，而且电话听筒作为现代通讯终端已经普及，这些产品很大程度上取代了台式支架。现在看来，许多台式支架都显得比较突兀，取而代之的是轻便的鹅颈支架和小振膜传声器。这种传声器（如图 10.1B 所示）可以被安装在重型底座上，或者可以被永久地固定在讲台的台面上。无论哪种方式，对于演讲者来说传声器更易于定位了。

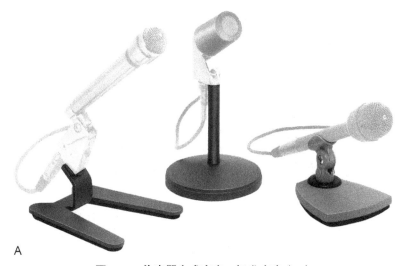

图 10.1　传声器台式底座：标准底座（A）；

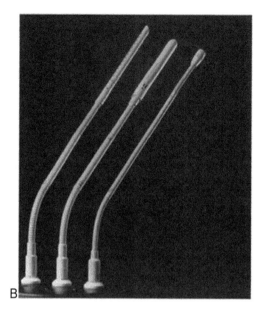

图 10.1 细长的鹅颈式传声器专用底座（B）
（图片 A 来自 Elector-Voice；图片 B 来自 AKG Acoustics）（续）

一些午夜脱口秀的电视节目主持人会使用一些比较古老的传声器，他们这样只是单纯为了怀旧。请仔细观察，你会发现主持人的身上通常会别着一支领夹式传声器！

10.3 嵌入式传声器

图 10.2 所示是"老鼠传声器"，它是由带孔泡沫制成的，能够使小型传声器非常稳定地贴近表面拾音，常被用于会议室和舞台演出中。这种传声器处于一个比较宽广的界面上，可以将由于传声器拾取到地板表面的反射声而引起的声波叠加和抵消程度降至最低。现在，我们可能经常看到一支不起眼的界面传声器（BL）类似的应用。

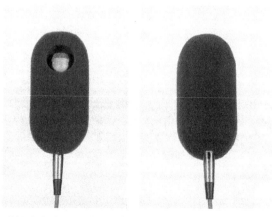

图 10.2 地板式泡沫适配器，俯视图和底视图（图片来自 Elector-Voice）

10.4　传声器的支架和吊杆

如图 10.3A 所示，传声器支架有各种尺寸和配置，并且高度从 0.5 ～ 5m 间（1.5 ～ 15ft）可以随意调节。从安全角度来考虑，为了使用大型传声器，高支架需要较大的底座。这种支架能够在乐队前方和上方的位置充分拾取到整体的声音，是非常有用的。当需要将传声器支架设置在乐队中间时，一支固定于支架上的水平吊杆可将传声器置于演奏者的上方。一个足够大的底座是很有必要的，因为它可以平衡传声器的重量。在录音棚里主要用的就是这种吊杆。

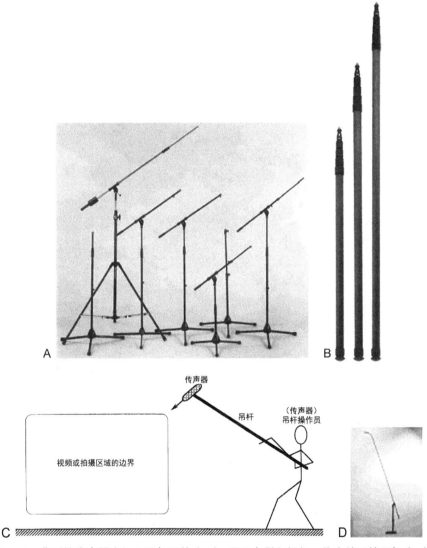

图 10.3　典型的传声器支架和吊杆配件（A）；用于电影和视频工作中的手持吊杆（B）；
吊杆的实际应用（C）；MircoBoom（D）（A 图片来自于 AKG Acoustics；
B 图片来自于 M.Klemme Technology；D 图片来自于 Audix USA）

不要忽视支架的质量。好的支架和吊杆并不便宜，高质量的配件的使用寿命也比较长。许多在现场录音行业里的录音师们已经开始借鉴电影行业了。他们已经联系好制造商（专门为电影行业提供支架、道具、反光板、纱幕等物品），以相对合理的价格为他们定制传声器支架。

图 10.3B 所示的是电影行业中典型的可伸缩式手持吊杆。吊杆的应用方式如图 10.3C 所示。一名优秀的操作员能够巧妙地使传声器吊杆始终处于画面之外，而又尽可能地贴近说话者并保持传声器始终指向他们。

在进行合唱拾音时如需将传声器置于不显眼的位置，图 10.3D 所示的 Audix MicroBoom 就可以比传统传声器和支架更隐蔽一些。现在许多厂家都制造了相似的产品。

10.5 立体声支架

立体声支架是可将两支传声器装在一个支架上的硬件设备，保证传声器能够进行立体声拾音。图 10.4A 演示的模型是可以调节传声器角度和间距的支架。图 10.4B 所示的是为 Schoeps 的心形极头提供 ORTF 拾音制式的支架，而图 10.4C 所示的是电容小振膜传声器采用 XY 或 MS 拾音

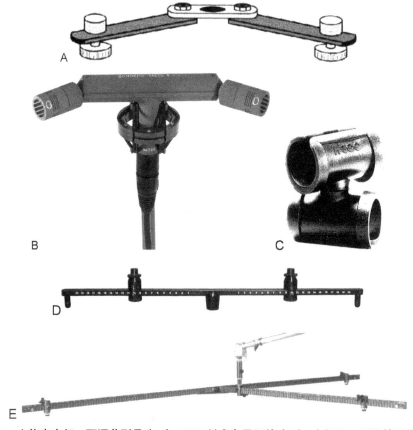

图 10.4 立体声支架；可调节型号（A）；ORTF 制式专用组件（B）；小间距、可旋转组件（C）；宽度可调的立体声支架（D）；Decca tree（E）（B 图片来自 Schoeps GmbH；C 图片来自 AKG Acoustics；D 图片来自 Avlex Corporation；E 图片来自 Audio Engineering Associates）

制式的支架。图10.4D所示的水平杆是为一对间隔比较大的立体声传声器设计的。图10.4E是一种以英国Decca唱片公司所命名的Decca tree拾音方式，它被应用于大型管弦乐团的拾音中。

10.6 固定式传声器的安装

音乐学校和节庆场所需要准备一些准永久性传声器的安装支架，以便能够快速应对舞台上乐队和录音的一些变化。尽管对落地式支架的需求是经常性的，但上方吊装传声器通常需要利用横缆、滑轮系统，将电缆连接到相对固定的传声器插座来实现的。这些系统中的绝大多数都是随着时间不断进行细微调整的。图 10.5A 所示的是一个三路绞车系统，它由德国 EMT 公司在几年前设计完成。这张示意图将给那些钻研进取的设计师们提供一种复杂的思路。这里所演示的系统对远程调节立体声传声器是很有帮助的。它与 Soundfield 公司生产的传声器配合使用效果很理想。

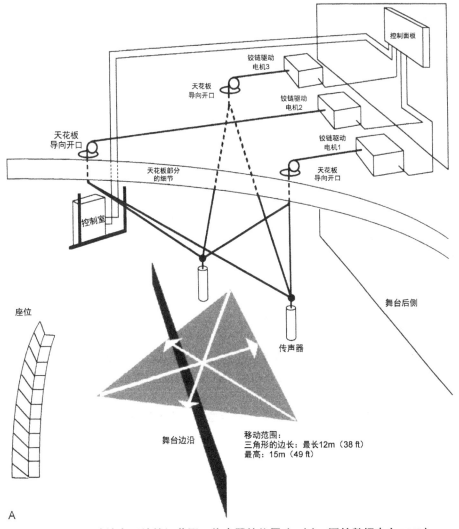

图 10.5 三路绞车系统的细节图，传声器的位置（A）（A 图的数据来自 EMT）

B

图 10.5　ServoReeler 装置（B）（B 照片来自 Xedit）（续）

图 10.5B 所示的是一个 ServoReeler 装置，它只能用于垂直方向，并且不能涵盖三维空间。ServoReeler 的主要优势是可以消除音频链路中所有的滑动触点或"滑环"。传声器的电缆通过 ServoReeler 装置无间断地移动，因此可以消除噪声和来自音频链路中的一些不可靠的移动触点。

10.7　线缆的安装

在许多演出中，悬挂一支或更多的单支传声器可能会用到图 10.6A 的装置。这个支架是在线缆上装夹子，使线缆弯曲成一个弧度，所以传声器可以根据需要调整角度。水平的横缆被绑在线缆环上，可以增强定位能力并减少线缆长时间地缠绕。

这个方法如图 10.6B 所示，依靠一条软线来定位一支小的驻极体式传声器，以达到所需要的角度。这样悬挂的小型传声器在教堂合唱中被应用得非常广泛。

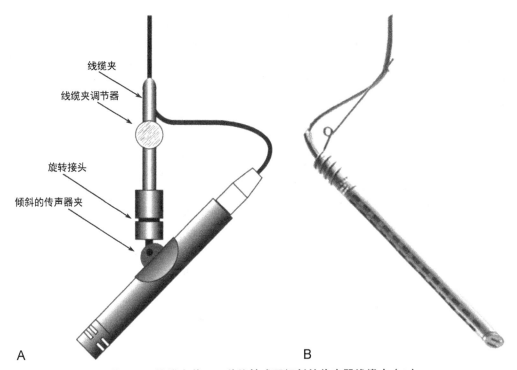

图 10.6　线缆安装：一种旋转式可倾斜的传声器线缆夹（A）
柔韧的小型传声器专用软线（B）（B 图片来自 Crown International）

10.8　防风罩和防喷网

风噪声的性质如图 10.7 所示。口风的传播速度大概是 1.5m/s（5 ft/s），而声音的传播速度是 344 m/s（1130 ft/s）。此外，风会在讲话者的正前方沿着一条狭窄的路径运动，而讲话者在前方半球区域的辐射相对比较均匀。

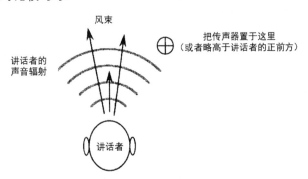

图 10.7　口风和讲话者对传声器的作用；风动噪声的特性

大多数不熟悉传声器性能的用户认为他们必须直接对着传声器讲话；其实，重要的是传声器指向他们的嘴，将传声器置于一侧或稍微高于讲话者，且轴向对准他们的嘴是最好的。

图 10.8 所示的是风动噪声的一些频谱细节。对于一个固定的风速，图 10.8A 表明锐心形指向性传声器相比于全指向性传声器风动噪声要高出约 20dB。图 10.8B 中显示的数据是心形指向性传声器带防风罩和不带防风罩时的风动噪声频谱。从图中可以看出，防风罩对低频噪声的抑制作用有所减弱，为了均衡风噪声对高中频的影响，可以适当增大防风罩的尺寸。

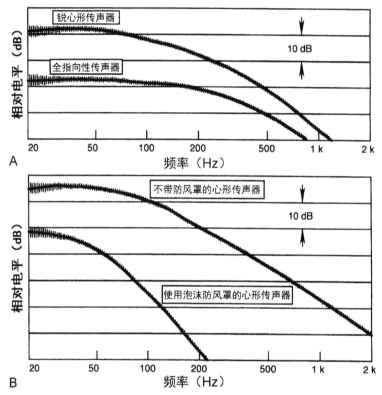

图 10.8　全指向性传声器和锐心形指向性传声器的风动噪声对比图（A）；心形指向性传声器带防风罩和不带防风罩的风动噪声频谱（B）（数据来自 Wuttke，于 1992 年）

防风罩可能存在一些问题。防风罩几乎总是会影响到频率响应，并且如果太过密集也会对指向性产生影响。Wuttke（于 1992 年）指出，任何与压差式传声器配套使用的防风罩都应当在传声器组件区域设有一个明确的内部开放式腔体，以确保传声器换能器件上产生压差效果。

不只是室外才会受到风的影响。笔者就曾遇到过几个音乐厅，装有体积速度极高和质点速度极低的通风系统，给距地板 3～4m（10～13ft）高的压差传声器带来了风动噪声。

图 10.9A 所示的是典型的手持泡沫防风罩。图 10.9B 所示的是一个椭圆形的移动式防风罩，图 10.9C 所示的也被称为"毛衣"。这些配件用于拍摄电视、电影等现场的录音环节，一般与被安装在吊杆或长杆上的强指向性传声器配合使用。

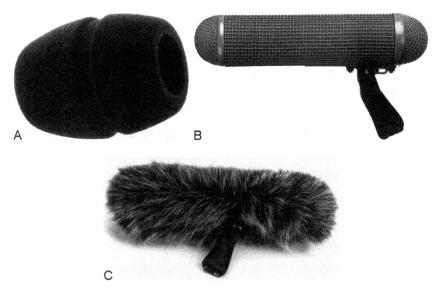

图 10.9　防风罩：手持式或录音棚中使用的标准泡沫防风罩（A）；在室外现场使用的手持式防风罩（B）；
现场使用的毛茸茸的"毛衣"（C）（A 图片来自 AKG Acoustic；B 和 C 图片来自 beyerdymamic）

防喷网

图 10.10 所示的是尼龙防喷网在录音棚里的典型应用。在演播室里，它对于消除演唱家和播音员 b 和 p 发音所产生的"噗"声有完美的处理效果。它是半透明的，所以歌手能够轻松地看到传声器，而且它对高频几乎没有衰减，同样它可以有效地分散传声器方向的风。如图 10.10 所示，它通常是由一个小夹子或者弹性细线连接到传声器支架上的。

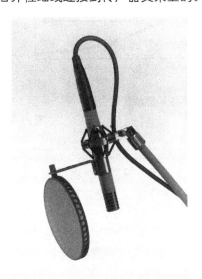

图 10.10　正常使用中的尼龙防喷网（图片来自 Shure）

10.9 减震支架

地板的震动通过传声器支架传递上来通常不是什么问题，但支架很可能被录音棚里的演员们在不经意间撞到。当这种情况发生时，减震装置就成为必不可少的工具了。图 10.11 所示的是一个经典的振动隔离系统的传动曲线。注意，当振动频率低于系统共振频率 f_n 时，振动传递系数是恒定不变的；高于共振频率，振动传递系数持续不断地下降到一个较低值。在实际应用中，我们希望 f_n 足够低，以便于传递到传声器上的可闻振动可以忽略不计。为此我们需要一个隔离振动的装置，通常称之为减震支架。

图 10.12 所示的是一个典型的减震支架。针对大振膜传声器的隔离调谐频率通常大概是 $8 \sim 12Hz$，远低于人耳的可听范围。

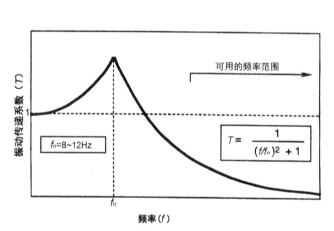

图 10.11　通过减震支架系统的振动传递曲线

图 10.12　典型的大振膜电容式传声器和它的减震支架（图片来自 Neumann/USA）

注意：整个传声器是由松紧带悬空起来的，而且不直接与支架接触。还要注意到传声器线缆是挂在传声器底部的。不论什么原因，只要传声器线缆被拉紧并固定到支架上，那么整个减震装置就没有效果了。应该始终都保持线缆回路的松弛，并且线缆回路应该被固定在传声器支架或吊杆上，以避免由于线缆过长导致传声器有任何向下的重力负荷。

传声器与减震支架是作为一个整体来设计的。在一定程度上可以混用并和其他型号匹配使用，但如果共振差异很明显的话，减震支架的效果可能会打折扣。

泡沫橡胶隔离圈经常与传声器的减震支架一起随传声器出售。因为它的机械顺性相对较低，所以在有效隔离振动方面的贡献很小。

10.10　电子插接件

　　图 10.13 所示的是一些无源插接件，他们可以被用在传声器线路中。图 10.13A 所示的是最常见的转接头，不论是焊接错误还是设计错误，在 XLR 线缆不匹配的情况下都能使用。图 10.13B 示意的情况是把极性对调了，常用于纠正极性焊接错误的情况。一些线路比较老旧的电子设备，他们的输出反相了，这时就需要用这个插接件把它纠正过来。通过幻象电源供电的传声器也可以使用反相转接头，但 T-powering 却不适用。

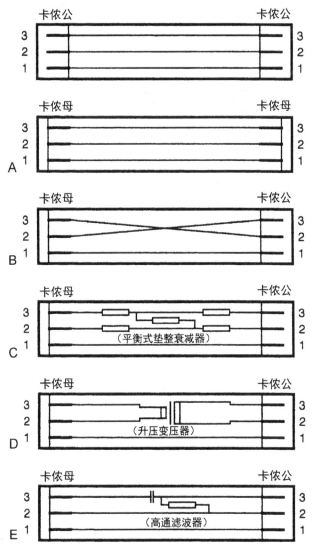

图 10.13　各式各样的电子插接件：公 - 母的转接（A）；反相（B）；垫整衰减器（C）；
低阻抗转换成高阻抗变压器（D）；高通滤波器（E）

　　如图 10.13C 所示的是一个平衡插入式垫整衰减器。损耗值大概在 20dB 或者更大。它可以被用在动圈传声器上，但不能为电容传声器提供远程供电。图 10.13D 是一个插入式变压器，在一些非专业场合中，它可以使低阻抗的动圈传声器与高阻抗的输入通路相匹配。图 10.13E 是一个插入式低切均衡器，同样在非专业应用中可以用它消除动圈式心形指向性传声器带来的近讲效应。传声器分配器曾在第 8 章"传声器分配器"中被讨论过。

10.11 传声器的辅助供电

图 10.14 是幻象电源的细节图。它可以使一支 P-48 标准的传声器在无内置幻象供电的小型调音台上被使用。

A

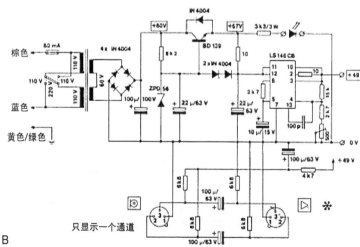

B

图 10.14 AKG Acoustics N62E 辅助幻象电源的照片（A）和电路图（B）（照片由 AKG Acoustics 提供）

立体声录音技术基础

11.1　引言

　　现代立体声录音，或者是我们常说的立体声，通常使用各种不同的传声器阵列和制式。所有这些都是建立在由两支或三支传声器组成的传声器阵列来拾取立体声声场，再由一对扬声器重放出来的基础之上。在重放立体声时，听音者可以在立体声声场中感知声像，立体声声场铺满了扬声器阵列之间的空间，有时甚至更宽。在未设置扬声器的空间中感知到的声源被叫作"幻象声源"，这是因为没有实体上的真正声源存在。

11.2　立体声是什么：幻象声源的简单分析

　　读者对于幻象声源是如何形成的需要有一个清晰的认识，哪怕只是直观的感受。在图 11.1

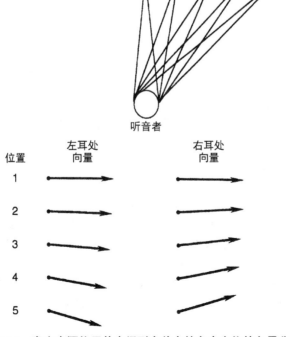

图 11.1　真实声源位于从中间到右前方的各个方位的向量分析

中，我们看到一系列真实声源位于从中间到右前方的各个方位，从而对人耳造成的时间差信号（向量）。对于700Hz以下的频率，每个声源（从S1～S5）到达右耳的时间略短于到左耳的时间，在低频段，人耳将这种时间差判定为相位差。在高频段（高于2kHz），人耳主要通过振幅差来判断，因为头部的遮蔽作用，右耳听到的声音较大。这两方面的因素叠加起来，人耳—大脑综合双耳接收声音的不同，从而做出了声源位于右前方的判断。

S1声源位于听音者的正前方，双耳低频向量大小相等，高频遮蔽效果也相同。这些因素使听者判断声源在正前方。

如图11.2所示，对于两个摆放角度不超过60°的扬声器，我们可以通过制造低频向量，使声源铺满两只扬声器间的所有方向。在这里，两只扬声器播放的信号是相同的，双耳分别收到一个声音信号，其中一只耳朵的信号略微延时于另一只耳朵的信号，它们的向量叠加形成新的向量，如图中L_T和R_T所示。由于两向量相等（也就是说，它们具有相同的振幅与相位关系），人耳—大脑综合判断声源来自听者的正面前方。

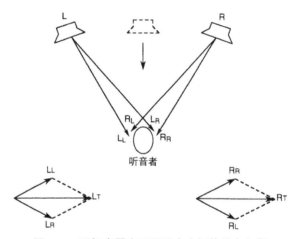

图 11.2 两扬声器在双耳处产生相等的净向量

来自左右的声音信号不断变化，不同的向量会模拟来自左右扬声器间的各个位置的声源。我们很快就会发现，一对传声器拾取的声音通过一对扬声器播放可以轻易地获得这种效果。

延时信号对高频的作用

在低频向量的基础上，两只传声器间高频的离散小信号延时，同样会影响到幻象声源的定位。在通常的录音过程中，振幅与延时共同作用，他们共同作用于幻象声源定位的效果可通过图11.3中的数据粗略估计。这组数据由Frassen与1963年提出，它可以精确地测算宽频信号（例如语音）的立体声声像定位。后附计算范例。

在第11章后面的讨论中，我们将会用到这种Franssen的计算方法来进行声像定位的近似分析，并且会在平面图上标注出左、左中、中、右中、右的声像定位。

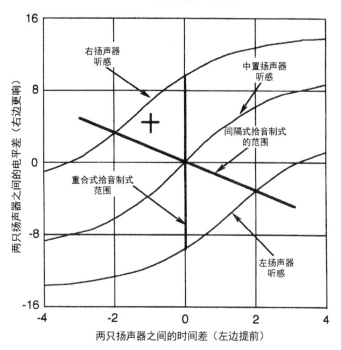

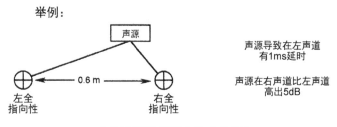

立体声声像出现在什么位置？

1. 在水平轴方向上，—1个单位（左声道滞后）。
2. 在垂直轴方向上，+5个单位。
3. 交叉点如图所示。

图 11.3 Frassen 给出的数据，说明在振幅与延时的共同作用下，宽频信号如何进行立体声声像定位

11.3 重合传声器拾音制式

重合传声器拾音制式由一对指向性传声器组成，这对传声器上下重叠，可调节各自的指向角度。这种传声器制式几乎杜绝了时间差因素，完全由强度差因素来决定定位。

11.3.1 交叉双 8 字形：Blumlein 拾音制式

最著名的重合制式是由一对 8 字形传声器 90° 正交上下重叠组成的，如图 11.4A 所示。此

制式由 Blumlein 在 1931 年发明（1958 年再版），两只传声器拾取到的任一角度的声功率之和为恒定值，符合下列正弦与余弦角度的关系表达式。

$$(\sin\theta)^2+(\cos\theta)^2=1 \tag{11.1}$$

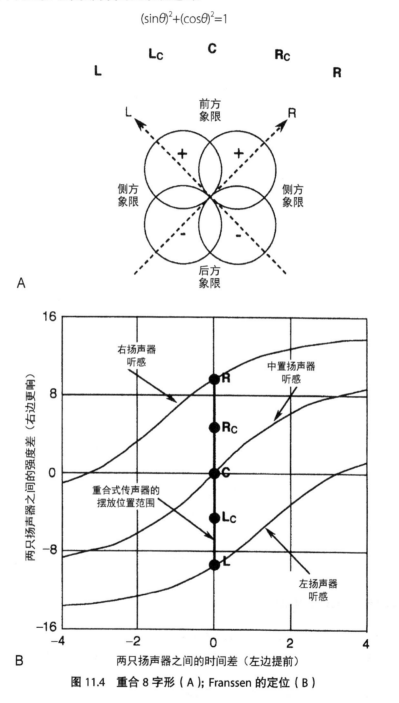

图 11.4　重合 8 字形（A）; Franssen 的定位（B）

这确保了用此制式拾音，前方 1/4 圆的范围之内任意一点发出声音的声能量总和是不变的。

例如，当声源位于正前方时，正弦 45° 与余弦 45° 的值均为 0.707，左右扬声器的电平均下降 3dB。这两个半功率的量值在听觉空间相加，共同构成总的声音能量。Blumlein 制式的声像定位如图 11.4B 的 Franssen 图表所示。因为声音到达两只传声器无时间差，所以单声道的兼容性非常好，但是正因为无时间差，从而降低了立体声的宽广度。

任何有关于 Blumlein 制式的讨论都会谈到声像电位器。使用双联电位器，用一个输入信号产生两个输出信号。细节电路图如图 11.5A 所示，两个输出信号的电压关系如图 11.5B 所示。在所有调音台的传声器输入部分几乎都能找到声像电位器，使用它可以将任意输入信号，放置在双声道立体声声场中的任意位置。双联旋转电位器用旋钮设置，一个输出正弦值，另一个输出余弦值，确保均匀的声功率，不论声像如何设置，都有相等的功率总和。此处的声像电位器操作类似于 Blumlein 交叉双"8"字形制式中前方或后方象限中的声源移动。

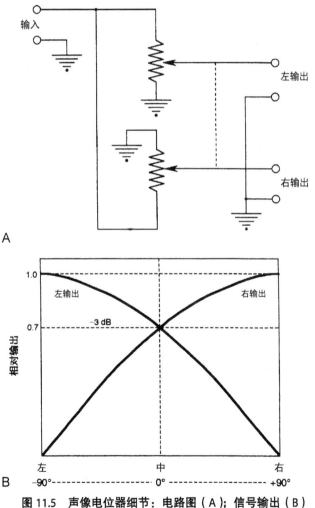

图 11.5 声像电位器细节：电路图（A）；信号输出（B）

不幸的是，不是所有的声像电位器都有这个特征，有些声像电位器在中间位置时，每个通道会衰减 6dB。这有利于加强单声道的兼容性，却牺牲了立体声声像的均匀度。

交叉双 8 字形制式精准地覆盖了其前方和后方的拾音范围，但是传声器前后部分声像相反。左右两侧的拾音使用了其反极性（通常会被称作 out of phase 或 anti-phase），这造成了空间感的模糊。只要两侧和后方的拾音被归结为"房间后方"的混响，那么则不会因为极性相反而造成不良影响。

交叉双"8"字形形式的又名 Stereosonic（Clark et al., 1958 年），在英国立体声唱片发展的早年间，它就被 Electrical and Musical Industries (EMI) 公司改进并应用。他们将 Blumlein 用于商业化录音，EMI 的录音师通常会在 700Hz 以上加入立体声声道间同向串扰。这项技术，非专业的叫法叫"shuffling"，我们习惯于使用该技术将高频声像位置和通常情况下低频声像在人耳重塑的向量相匹配。（Clark et al., 1958 年）。

关于 Blumlein 的总结：

1．是否能呈现一个完美的立体声横向声场，取决于传声器前方入射角的正弦和余弦拾取曲线。根据 Franssen 的声像分析数据，声源会充满从左到右的整个立体声声场。

2．由于增强了录音空间的反射和混响信号的拾取能力，所以其展现的声学空间较好。

3．在传声器的摆位上有些困难；特别是当乐手的宽度过宽时，要求传声器的摆位距离乐手很远，以此达到合理的拾音角度。

11.3.2　交叉心形拾音制式

图 11.6A 是一对交叉心形传声器，其夹角可在 90°～ 135°之间。当两支传声器夹角在 90°左右时，其声像表现为"不完全定位"，定位在左右两侧的声源表现出向内集中的现象。这不是一个常用的制式，大多数录音师选择将夹角扩展到 135°，这有助于调整声像的中间部分和两侧的平衡。但是即使如此，整体的声像也显得有些太过拥挤。

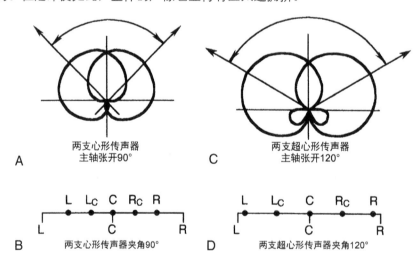

图 11.6　可变的交叉心形制式（A）；心形传声器主轴张开 90°的声像定位（B）；可变交叉超心形制式（C）；超心形传声器主轴张开角度 120°的声像定位（D）

更好的拾音方案如图 11.6C 所示，将一对超心形传声器张开 120°。在此，相对较窄的前方覆盖会自然地拾取左中右信号，较小的后方覆盖则会拾取到一些房间反射和混响声。通常情况下，交叉的超心形或锐心形传声器在现场录音中是双 8 字形拾音制式的替代，因为后方覆盖会拾取较少的房间声和伴随噪声。图 11.6B 和图 11.6D 是 Franssen 的声像定位分析图。总结：

1．交叉心形传声器会带来中间集中的声像效果，可用作辅助传声器。

2．当张开角度增加时，它可以塑造更宽的声像。

3．它有很好的单声道兼容性（左加右），因为两个声道内的信号没有反相。

4．张开的超心形和锐心形传声器的实用性更强，在声像宽度和拾取混响声两者之间的平衡上，效果最佳。

11.4　X-Y 拾音制式的变形：M-S 拾音制式

图 11.7A 是一个典型的 M-S 拾音制式。一个心形指向传声器（M 的部分）正对前方，8 字形指向传声器（S 的部分）朝向侧方。M 和 S 部分通常分开录制，然后通过一个矩阵（和差运算）产生左右声道。图 11.7B 是使用和差变压器做加减器的电路图。

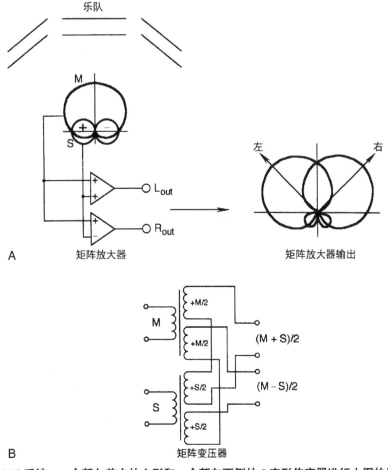

图 11.7　M-S 系统：一个朝向前方的心形和一个朝向两侧的 8 字形传声器进行上图的信号混合，相当于一对有夹角的心形传声器（A）；另一种方法通过变压器做和差运算（B）

该制式有很好的单声道兼容性并且在后期制作中非常灵活。例如，减少 S 的部分可以产生一个较窄的空间。增加 S 部分也可以增加宽度。

在增加后期灵活度方面，M-S 拾音受到广播录音师的喜爱，他们需要解决调频广播和电视的大量单声道与立体声相互兼容的问题。

M-S 和 X-Y 的等效性

任意一对 X-Y 制式都可以转换成一个等效的 M-S 制式，反之亦然。图 11.8 是两者之间相互转换的例子。图 11.8B 和图 11.8C 可以由任意已知的 X-Y 制式转换为 M-S 制式。

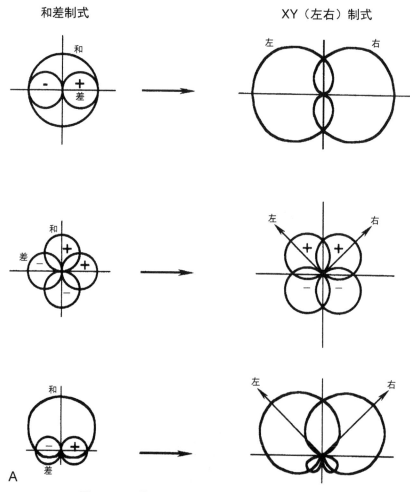

图 11.8　一些 M-S 制式和与其等效的 X-Y 制式（A）

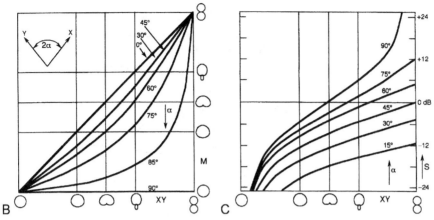

图 11.8　从 X-Y 转换到 M-S（B 和 C）。例如，用两支超心形传声器主轴张开 120° 组成 X-Y 制式（2α）；
图 B 中，在右侧纵轴上找到超心形，平移向左侧直到与 60° 的曲线相交；接着，向下读取横轴，
找到 M 的指向性介于超心形和 8 字形之间；接着，到和（C）相同的横轴位置上，
向上移动直到与 60° 曲线相交；最后，移动到右侧纵轴，定位 S 的声压级
将比 M 的声压级提高约 2dB（数据 B and C 由 Sennheiser 提供）（续）

　　然而，M 传声器并不一定是心形指向传声器。全指向或锐心形指向也可以被用在 M-S 之中，只要合成后左、右模式以及他们的角度方向符合录音师的需要即可。希望学习 M-S 制式录音细节的读者可关注 Hibbing（1989 年），Streicher 和 Dooley（1982 年，2002 年）的著作。

　　总的来说，M-S 拾音制式：

1．有最好的立体声 / 单声首兼容性。

2．在后期制作合成中灵活性很强。

3．在现场录音中方便使用。

11.5　间隔传声器拾音制式

　　在开始谈间隔传声器之前，我们需要先回到 20 世纪 30 年代贝尔的电话试验室（Steinberg 和 Snow, 1934 年）。Snow（1953 年）描述了由大量传声器组成的传声器墙，每一个都在不同空间内和一个扬声器相匹配，如图 11.9A 所示。为了解决实际性问题，这个装置减少到如图 11.9B 所示的 3 支传声器和 3 只扬声器制式。之后，该 3 通道的阵列被设置为中间传声器（定位在中央）桥接左右声道的形式。

　　使用间隔传声器录制立体声由来已久，特别是对于小型的音乐形式，例如室内乐或钢琴独奏。在图 11.3 中，我们可以看到立体声声场只通过一对间距 0.6m（2 英尺）的全指向传声器进行塑造。当这样一对传声器接近乐手时，振幅信号和时间信号可以帮助重现立体声声像。这样的声像可能不会像重合传声器制式那样具有精确的定位信息，但许多工程师甚至乐手都喜欢这种录音中所谓"较柔软的边界"感受。用模糊的光学影像进行类比相当贴切。

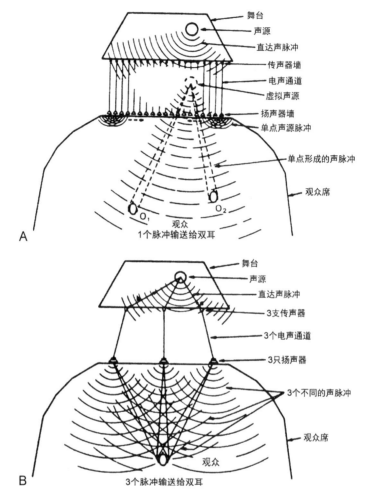

图 11.9　间隔传声器；传声器墙和扬声器墙（A）；3 支传声器和 3 只扬声器（B）
（图片由 the Society of Motion Picture and Television Engineers 提供）

　　事实上，没有理由不使用间隔心形传声器——因为在有较多混响的厅堂使用全指向传声器会拾取过多环境声。然而，通常大多数追求间隔制式声像质量的录音师会选择全指向传声器或宽心形传声器。

　　如果两支全指向传声器的间距超过 1m，就会在声像上造成中空的感觉。出现这一问题的原因在于减少了两支传声器传输通道中的信号间的相关性，因此，人耳很难定位声像的中间位置。图 11.10A 是一个常见的使用两支传声器拾音的例子，弦乐四重奏中的乐手由左到右分布在声场中，传声器间距 0.67m 时，Franssen 关于立体声声像定位的分析如图 11.10B 所示。若传声器间距增加，例如 1m 左右，Franssen 的声像定位分析则如图 11.10C 所示。在此可见，中空现象非常明显。当录制一个大型声源例如三角钢琴时，在现场听也不会有太多明确的定位信息，这时候中空现象使得乐器听上去体积比实际大。

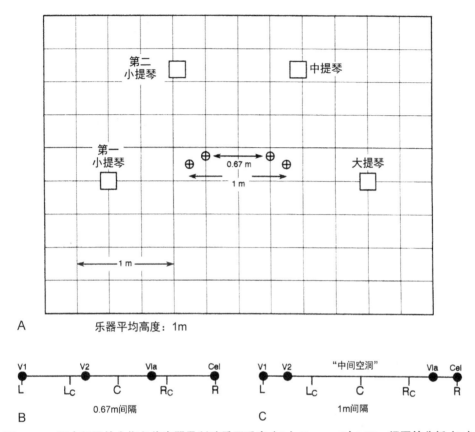

图 11.10　两支间隔的全指向传声器录制弦乐四重奏（A）；Frassen 对 0.67m 间隔的分析（B）；
Franssen 对 1m 间隔的分析（C）

对于大型的交响乐，最好在两支立体声传声器中间增加一支传声器。这样，中空现象能得到明显缓解。并且听音者能够感受到从左到右的连续的声音信号，但是一些声像特征会因此消失。间距较宽的传声器具有的另一个重要特征是引入了类似早期反射声的效应。例如，有一个左中右制式传声器，其总体的跨度达到 8m，最靠近左侧的信号将先从左侧扬声器被重放出来，中间声道的信号大约会有 12ms 的延时，之后右扬声器的信号再延迟 12ms。这两个延时信号的声压逐级递减，并且会在录音空间造成类似早期声学反射的效果，如图 11.11A 所示。图 11.11B 是对音乐主观感受的影响（Barron, 1971 年），会影响到对于声染色的感知。

图 11.12 是一个常见的大型合奏录音。其比例是笔者在大多数情况下总结出来的。在正常的声学空间中，全指向传声器的性能很好，但若在环境感较强的空间中，宽心形传声器可能更好，因为它们有 3dB 的后侧声抑制。中间传声器的电平设定常有争议；一般情况下要比左右传声器小 4dB，这样足以避免中空效应。中间信号电平过高会使得立体声声像趋于单声道。

值得一提的是，大多数的美国交响乐录音在五六十年代使用这种方法。此类录音常常被用于商业唱片库，直到今天，相比于其全盛时期，这些录音仍受到极高的认同。

总的来说，使用两支全指向传声器的间隔拾音方法有以下特点：

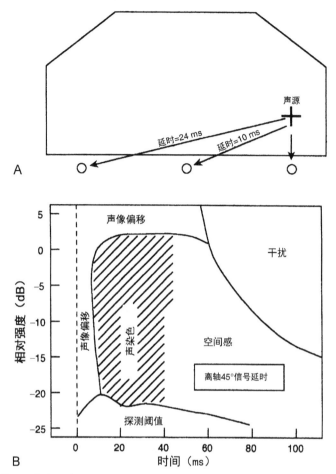

图 11.11 间距较宽的间隔传声器会模拟出早期反射声（A）；Barron 关于厅堂中声反射的主观作用的数据（B）

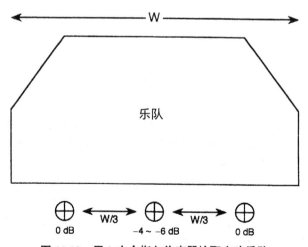

图 11.12 用 3 支全指向传声器拾取交响乐队

1．传声器之间的间距通常不超过 1m。

2．它们可以被用于近距离拾取乐器组，具有较好的亲切感，同时可以较好地保留一些房间环境感。

3．该技术常用于不需要特别精准的乐器声像定位的情况下。

用 3 支全指向传声器拾音：

1．较大的传声器间距引入了早期反射声，因此增加了空间感。

2．中间传声器"锁定"乐队的中间部分，相对而言不能较好地精确定位。

3．拾取丰富的反射声和混响声，在保留一个较好的声学环境的同时兼顾来自乐队的直达声。

11.6　近似重合传声器拾音制式

近似重合传声器拾音制式是使用一对指向性传声器，两支传声器靠近且张开一定角度，这样的拾音方法结合了间隔和重合两种拾音制式的特征，其中一些制式如图 11.13 所示。近似重合传声器对可以带来振幅和延时效果的结合。它适用于较宽的声场，并且根据需求选择传声器的间距和主轴张开角度。事实上，有数不清的可能存在的配置方式，图 11.13 中的 4 种仅仅是一些范例。

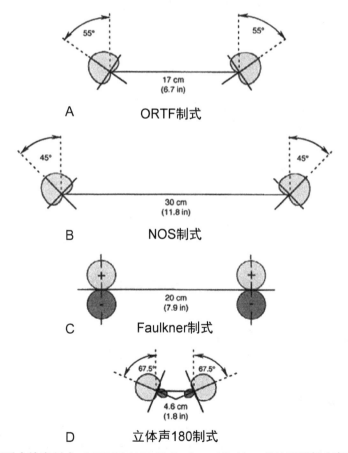

图 11.13　近似重合拾音制式：ORTF (A); NOS (B); Faulkner (C); Olson (D)（阴影部分表示与正面反相）

ORTF(Office de Radio-Television Diffusion Francaise) 制式由法国广播公司发明，NOS（Nederlandsch Omroep Stichting）制式由荷兰广播公司发明。Faulkner 和 Olson（1979 年）制式是独立的录音工程师开发的制式。许多录音室和音乐家比较喜爱 ORTF 制式，并且用它代替比较传统的重合心形制式（Ceoen, 1970 年）。图 11.14 是 Franssen 对 ORTF 和 NOS 制式的声像定位分析图。

图 11.14　Franssen 对 ORTF 和 NOS 制式的声像定位分析图

Williams 关于有间距和有夹角的心形传声器对的总结

自从 30 多年前出现了 ORTF 这种近似重合拾音制式以来，许多录音师用他们自己喜好的夹角和传声器间距做试验，以此创建出属于自己的独特的立体声拾音制式。Williams 分析了许多不同夹角和间距的传声器制式，目的是为了在演出中定义合理的传声器摆放临界值。图 11.15 的数据是一些可用的心形传声器的夹角和间距（Williams, 1987 年）。不同主轴张开角度的有效拾音角度如图 11.15 所示。一般不推荐使用阴影部分的数值组合，因为此时扬声器间的立体声声像定位会出现过窄或过宽的问题。

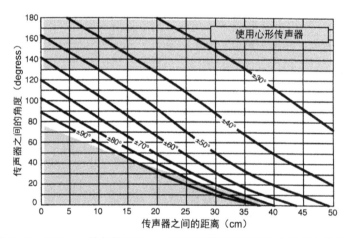

图 11.15　Williams 的数据显示：一对心形传声器间隔和夹角的有效组合

近似重合拾音制式的总结：
1．结合了重合拾音制式和间隔拾音制式在声像上的特征。
2．在主轴张开角度和传声器间距上留出余地，以便调整录音的不同听感。

11.7　混合拾音制式

大多数做商业录音的录音师使用混合的制式，通常使用一个居中的重合或近似重合制式，再结合一对全指向侧展传声器。这样的结合带来完美的灵活度并且允许录音师在不改动传声器本身位置的前提下，改变乐队的整体听感。

例如，将较近的听感变成一个相对较远的听感，只需在混音过程中调整间隔传声器对的比例即可。必须注意电平不要超过正负 1.5 ～ 2dB，不然变化则会显得太过明显。毋庸置疑，从整体作品的角度考虑，还是要把音乐性放在优先考虑的位置。

更常使用的设置如图 11.16 所示。ORTF 加全指向侧展传声器的设置如图 11.16A 所示。根据个人的喜好，一些录音师将 ORFT 换成一对夹角更宽（120°）的超心形传声器，并且在较活跃的房间内，将两个全指向传声器替换为宽心形传声器。

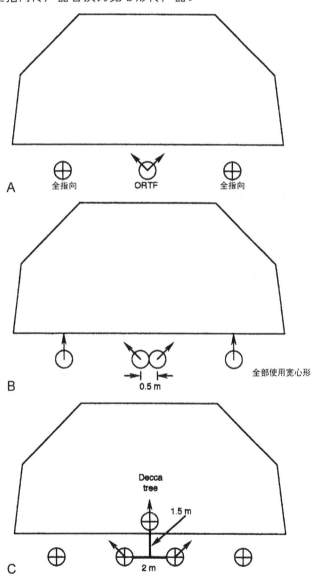

图 11.16　混合制式：ORTF 加全指向侧展传声器（A）；4 支宽心形指向性传声器（B）；Decca tree 制式（C）

图 11.16B 是使用 4 支宽心形的变化制式。中间的传声器对间距为 0.5m（20in），主轴张开角

度大约为 120°。这一混合的制式带来足够的灵活度，但是它也会拾取到相当大的房间环境声和混响声。

所谓的"Decca tree"制式如图 11.16C 所示。由英国 Decca 录音公司在 20 世纪 50 年代发明，该制式使用 3 支完全相同的传声器以"树"为中心，中间的传声器增益稍稍低于左右两支传声器增益。侧展传声器也使用同样的型号。这里使用的传声器是 Neumann M-50，我们在第 3 章中曾讨论过。M-50 本质上是低频全指向，在 1kHz 以上的中高频处，电平比低频高出 6dB。此外，M-50 随着频率的增高，指向性增强。该制式拾取的声音在空间感上很丰富，并且高频细节也很丰富。唯一的问题是在使用 Decca tree 时，要将 3 支传声器悬吊得非常平稳。需要提醒，设置传声器时最好选择一个结实的支架。

11.8　立体声听音条件

听音的角度也对立体声的宽度起到重要作用。通常来说，扬声器的监听角度适中，立体声定位才比较稳定。然而同时，张开角度需要足够大才能还原出一个真实的舞台声场。有一些专家认为听音角度不要超过 45° 或 50° 为最佳。

听音环境应该以扬声器阵列的中心线呈左右对称，并且听音空间没有明显的颤动回声和强驻波。听音环境中的早期反射会影响声像定位的精确程度，应当尽量避免。在 160Hz ～ 4kHz 之间的频率响应应当保持均匀一致。在 160Hz 以下可适当提升 2 ～ 2.5dB 来增强临场感，特别是在适中的听音声压级之下。很多听音者在 4kHz 以上希望在频率响应上有些衰减（不超过 2 或 3dB）。平滑的频响曲线，即使不是完全平直的，也会比参差不齐的频响曲线带来更好的听感。最后，要使用预算范围内最好的扬声器来保证良好的重放音质。

第12章

立体声传声器

12.1 引言

使用重合传声器拾音制式，或 MS 制式，或近似重合制式，立体声传声器可能是立体声录音中的最佳选择。立体声传声器的外形通常是两个距离相近的传声器极头相互交叠在一起，两个极头都可做独立的指向性调整，并可以旋转到不同方向，很少有特别轻巧的立体声传声器。这种电子和机械的灵活度可适用于各种重合拾音制式的状况。

近些年来，一些拥有精良设计的双传声器装置开始被用于立体声录音。这些装置大多数是球形的，有一些会被设计成人头的形状，而另一些则仅仅使用一块挡板将两只传声器放在两侧进行拾音。虽然大多数这类产品直接用于立体声拾音一直运作良好，而有一些却更加符合人头录音的需求。

此外，还有一些复合型传声器专门为拾取环绕声所设计，由 4 支或更多支传声器组成，这些在后续章节中会有所讨论。在本章中，我们将介绍常规的立体声传声器，并详细阐述几种产品的实际应用。

12.2 Blumlein 的早期试验

图 12.1 是 Blumlein 在 1931 年仅利用一对全指向传声器合成了一对在 700Hz 以下呈心型指向性的拾音模式，两支传声器沿主轴展开角度为 ±90°，两者被吸声挡板隔离开来。这样处理过后的全指向传声器只在 1500Hz 以上的频率有效。事实上，这就是早期的重合式传声器制式，这与用 8 字形和全指向合成心形指向的概念非常相似。

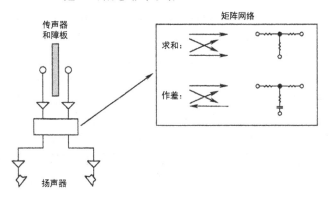

图 12.1　1931 年 Blumlein 的立体声录音技术

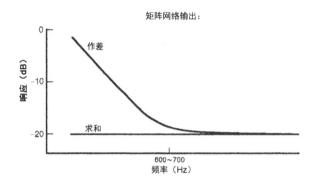

矩阵网络输出：

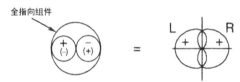

低频段的拾音模式：

图 12.1　1931 年 Blumlein 的立体声录音技术（续）

12.3　立体声传声器实例剖析

最早投入使用的立体声传声器出现在 50 年代，德国的 Neumann 和 Schoeps 以及奥地利的 AKG 公司都有产品问世。图 12.2 是两个知名的产品。图 12.2A 为 Neumann SM-69 的剖面细节图，它展示了 Braunmühl-Weber 双振膜的垂直构造，上面的一个极头可以自由转动。图 12.2B 为 AKG Acoustics C-426，配备有一组指示灯帮助调整振膜的角度。

图 12.3 是 Royer SF-12 铝带传声器。该传声器基于 Blumlein 交叉 8 字形传声器制式，由一对铝带极头组成，张开角度固定在 90°。它使用 XLR 5 针输出接口，并分出一对 XLR 3 针接口输出连接普通的调音台输入。

Josephson C700S 是一个不太常规的产品，它包含一个全指向和被固定在 0° 和 90° 的两个 8 字形指向极头。因此，该传声器既可以作为立体声传声器，也可以作为一阶环绕声传声器使用。3 个极头的输出组合在一个灵活的控制单元内，同时输出 5 个信号。它提供的选择都是从全指向到八字形指向的一阶指向性模式。图 12.4A 是传声器图，图 12.4B 为其控制单元中的信号流程图。

在立体声拾音模式中，该传声器可以使用 X-Y 制式输出，通过控制单元，传声器可以由全指向变为 8 字形指向，并且展开角度可以在 0° ～ 180° 间调整。它也可以构成 M-S 拾音模式，用户可选择一种前向的指向性与侧面的 8 字形指向性组成 M-S 制式。

该传声器还可被用于环绕声录音，或作为大型录音棚录音的辅助方案，拥有多至 5 个输出。它还有另一种有趣的应用：将 5 个输出相互间的角度设置为 72°，将所有的制式设置为锐心形，这可以用来拾取水平方向环境声。

图 12.2　基于 Braunmühl-Weber 的双振膜极头的立体声传声器；
Neumann SM-69 型（A）；AKG Acoustics 426 型（B）（图片来自
Neumann/USA 及 AKG Acoustics)

图 12.3　Royer SF-12 铝
带传声器（图片来自 Royer
实验室）

这种情况下，Josephson C700S 就类似于一个水平方向的 Soundfield 传声器（在第 15 章 Soundfield 传声器中会有所提及）。

图 12.4

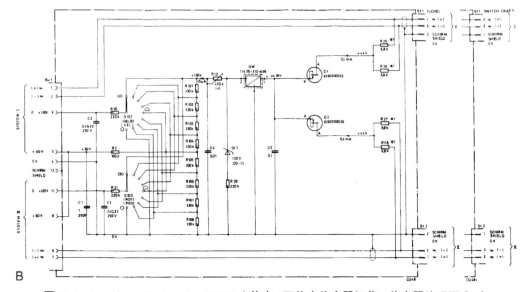

图 12.4　Josephson Engineering C700S 立体声 / 环绕声传声器细节；传声器外观图（A）；
信号流程图（B）（数据来源于 Josephson Engineering）（续）

12.4　遥控立体声传声器

　　许多双极头的立体声传声器可以通过遥控电子单元进行供电和制式转换。在大多数这类产品中，传声器的极头是依靠手动旋转的。而遥控单元中会提供左 / 右输出或中间 / 两侧输出供用户选择。图 12.5A 是 Neumann CU 48i 控制单元的面板和背板，图 12.5B 为其电路图。

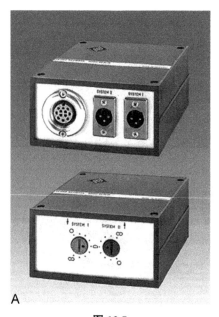

图 12.5

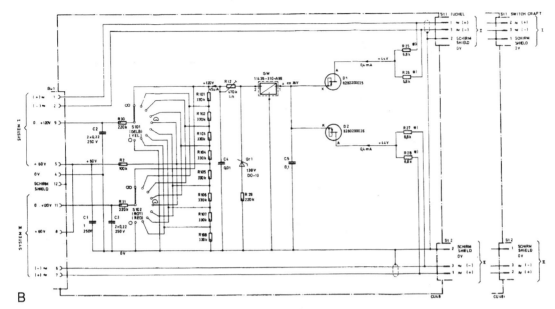

图 12.5　立体声传声器遥控控制单元：Neumann CU 48i 遥控指向性选择器（A）；
CU 48i 的信号流程图（B）（数据来自于 Neumann/USA）（续）

它的接口极其便利，该控制单元有两路传统的 XLR-M 接口输出，可从终端的调音台取到 48V 幻象供电。该传声器自身配备的是 10 芯屏蔽线缆，可选择不同的线览长度以此适用于各种安装需求。

12.5　人工头、球体和障板

有一段时间，只有在提起双耳录音时才能想到人工头，它以精准的设计比例，在两侧耳朵的位置装置两个传声器以此进行双耳录音。人工头技术的基本原理如图 12.6A 所示，图 12.6B 中是一个常见的人工头装置外观。在这样的录音装置中，三维的声场空间感可以准确地出现在听音者的听觉域中，它通过准确的时间信息和头部周围的频率响应塑造，并使用均衡来补偿耳机和鼓膜之间的二次信号路径带来的变化。外耳或耳郭形成包括垂直方向在内的各个方向的声音信息。如果人工头的耳郭和听音者的耳郭相似，那么在听音时的感受将非常真实。基于这一原因，在制造时，厂家设计可更换的耳郭模型。生产人工头的厂家包括 Georg Neumann GmbH、Knowles Electronics、Brüel & Kjær 和 Head Acoustics GmbH。除了录音之外，人工头还被大量地运用于心理声学和演出空间测评中。

人头录音大多是针对耳机重放，它在转化成直接立体声重放时效果并不太好，主要是因为在使用扬声器听音时，低频段的通道隔离度有限。但是可以通过使用如图 12.6C 所示的串扰消除方法，将人头录音转化为立体声。因为人头相对频率 700Hz 以下的波长来说体积比较小，该频段经过人头几乎没有衰减。因此，由于两只传声器之间的间距，会形成显著的相位差，通过带有和差网络的均衡器，相位差会转化为振幅差。此技术与图 12.1 所示的 Blumlein 的基本设置相类似。

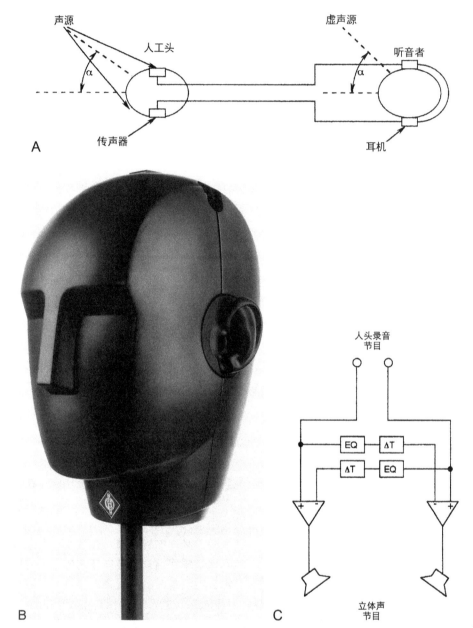

图 12.6 人头录音的基本信号流程图（A）；KU 100 人工头外观图（B）；
人头录音转换为立体声（C）（图片来自 Neumann/USA）

　　另有一些产品利用了球形障板。这与人工头原理相似，但通常直接被用于没有低频串扰消除器的立体声录音中。1991 年，Günther Theile 对这种录音方式进行进一步开发。与双耳录音相比，两者更主要的区别在于将两只传声器直接放在球体的两侧表面上，这样容易产生相对平滑的频率响应曲线。Neumann KFM-100 是该录音方式中较典型的一个型号，如图 12.7A 所示。频率响应和水平极坐标响应如图 12.7B 和图 12.7C 所示。

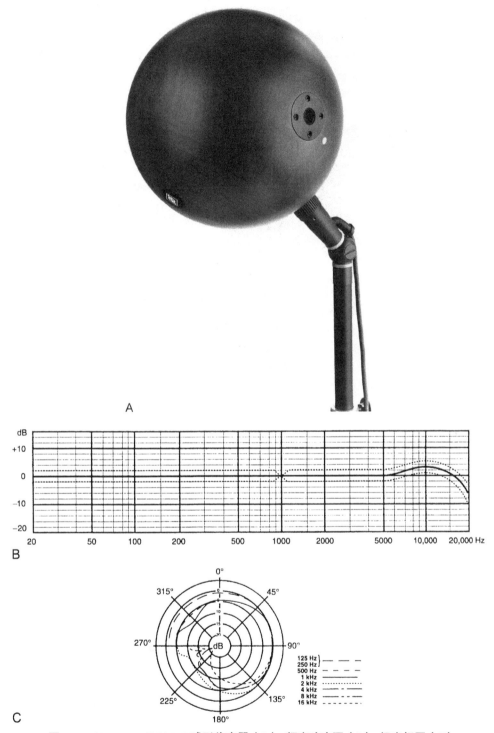

图 12.7　Neumann KFM 100 球形传声器（A）；频率响应图（B）；极坐标图（C）
（数据来自 Neumann/USA）

图 12.8A 是 Crown International Stereo Ambient Sampling System (SASS) 的外观图。小型全指向传声器被安装在两侧泡沫结构的尖端，间距大约为双耳之间的距离。这一特殊结构形成了如图 12.8B 所示的极坐标图，从图中可以看出从 500Hz 几乎全指向，到 3kHz 或 4kHz 处清晰的 ±45° 指向性的逐渐过渡。

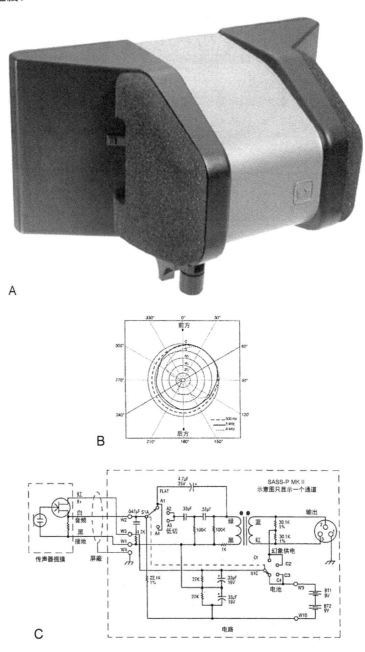

图 12.8　Crown Internal SASS 系统：结构图（A）；标准极性响应（B）；系统电路图（C）
（数据来自 Crown International）

多年来，各种形式的障板被用来增加两只近似重合拾音制式传声器在高频段的隔离度。在现代的立体声技术中，Madsen (1957 年) 首先使用了类似的障板，如图 12.9A 所示。较近的例子是 Jecklin disc (1981 年)，如图 12.9B 所示。在该产品中，他使用了一个直径为 250mm（10in）的声学阻尼盘，用来隔离两只全指向传声器。对于从 90° 方向入射的声源，两只传声器之间的延时大约在 0.7ms，这只是略长于人头的等效延时。截然相反，由于衍射效应在平面上复杂的性质与球体或其他光滑三维表面距离声源较远的传声器的遮蔽效应比人工头或球体的遮蔽效应稍微复杂一些。

有许多立体声系统使用球体或其他的障板，这些产品之间存在一定竞争。它们之间的差异是相当细微的，基本上差异都在于尺寸（大多数不会脱离正常人头的尺寸）、材质（吸声与否）和传声器通道的均衡等方面。

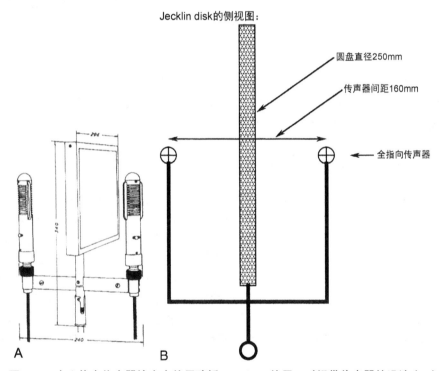

图 12.9　在立体声传声器拾音中使用障板：Madsen 使用一对铝带传声器的设计（A）；
Jecklin/OSS disc 的细节图（B）（图片来自 AES 刊场）

第13章

经典立体声录音技术及实践

13.1　引言

本章中的内容涵盖了前两章中大多数基本问题。我们从一件乐器的物理特性入手，逐渐将目光转移到有参考价值的 John Eargle 的录音案例。我们的研究从独奏乐器开始，到室内乐，再到大型管弦乐队，并将重点放在每一次录音的实际操作上。最后一部分将会探究如何根据不同的录音内容调整房间声学状况。

我们在本章中会提出有关传声器摆位的建议，不论你选择直接合成立体声或是多轨录音，这些传声器的摆位都是相同的。当然，两种拾音方法的基本不同之处在于多轨录音有很多修复错误的机会，而对于直接合成立体声，只能选择从头再来。

13.2　古典音乐录音：艺术还是科学？

一个踌躇满志的录音初学者需要学会的第一件事情是，在音乐厅中，最好的听音位置未必是摆放传声器的最佳位置。因为，毕竟那些好的听音位置是很多人达成共识可以使乐队平衡达到最佳的点。我们很多人在摆放传声器时，至少尝试过一次，将传声器摆放在所谓的最佳听音位置上，却发现录制出的声音混响过大，高频暗淡，声像宽度不足，在较安静的乐章能听到噪声。

为什么会有这样的现象？在音乐厅里，我们可以分辨直达声信号（那些从舞台发出直接到达人耳的信号）、早期反射（帮助明确定义舞台的宽度）、全方位的混响信号（反映演出场地大小）。我们可以将头从一侧转向另一侧，从而进一步加强这些信息，即使处于在反射声声功率几倍于直达声的混响声场，最终注意力也能集中于舞台演出，去除了真实环境的干扰，构建出一个熟悉的听音环境。

两通道立体声很难完全还原声场效果，因为仅使用两只扬声器重放时，不可能还原出非常宽的理型空间环境。重放环境也是一种约束，人们有可能在客厅、汽车里或是使用 iPod 播放音乐。

因此，在现代的古典音乐录音实践中的通常做法是：用放在第一排的主传声器拾取近场声音，最终的重放效果是，让听众在家听唱片时，感觉坐在音乐厅的第 10 排，具体的操作会在本章中慢慢揭示。首先，我们要了解一些乐器的声学特性，包括它们的声辐射指向和动态范围。

13.3　一些乐器和乐器组的声学特性

在一般情况下，乐器的辐射方向在乐手的前部上方；然而，所有的乐手都喜欢在没有铺地毯的反射强烈的区域中演出。在低频段，所有乐器基本上都是无指向性的。随着频率不断提高，铜管乐器沿着管口轴向的方向，声辐射越来越强，而木管乐器的方向性变得越来越复杂。图 13.1 和图 13.2 是声辐射方向的说明。

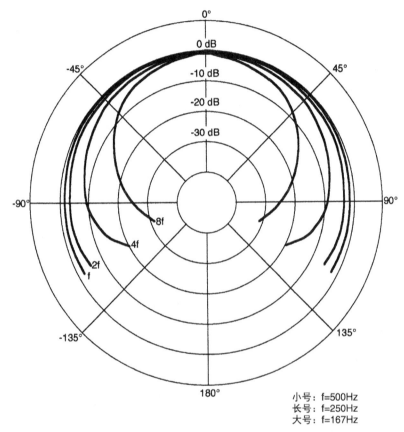

图 13.1　铜管乐器沿管口轴向极坐标图；为 3 个铜管乐器指定 f 的值
（Benade 的数据，1985 年）

　　弦乐器的声辐射比较复杂。在低频段它们的声辐射几乎是全指向的，在中频段其声辐射方向会偏向垂直于面板。在最高的频段，由于大部分声音来自较小的琴桥，致使辐射范围再次变宽。这种声辐射变化趋势如图 13.3 所示。

　　键盘乐器和打击乐器的声辐射特性比较复杂，通常取决于它们的形状、尺寸，并且常常受到环境的影响。

　　图 13.4 是一些主要乐器组的动态范围特性。在一个特定的频率范围内，动态范围最多不会超过 35 或 40dB；然而，在大的频率范围内，总体的动态范围也是相当大的。圆号在这一方面的体现可能最为显著，从最低到最高频率，动态范围大约在 65dB，但是在特定的频段内，动态一般控制在 35dB。在所有的管弦乐中，单簧管在特定频率内的动态范围最大，在乐器的中频段大约能达到 50dB。

　　接下来的内容大多来自于 John Eargle 在录音方面的经验，他曾录制超过 280 张 CD。这里所提供的录音方法并不唯一，我们鼓励有心的录音师用其他方法进行更多试验。如前面章节中所讨论的，用重合拾音方法做参考的案例同样适用于近似重合拾音和人工头技术。

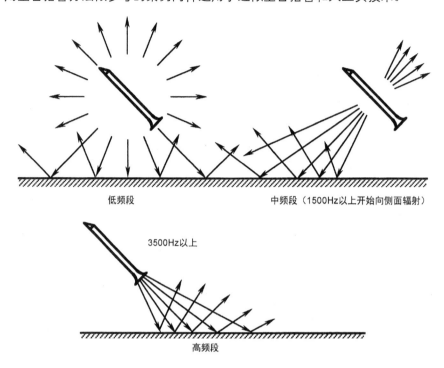

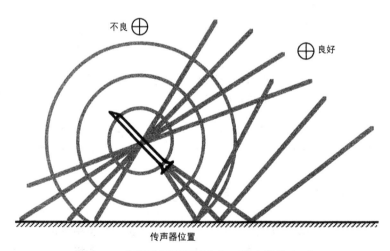

图 13.2　木管乐器声辐射方向：基本特性（A）

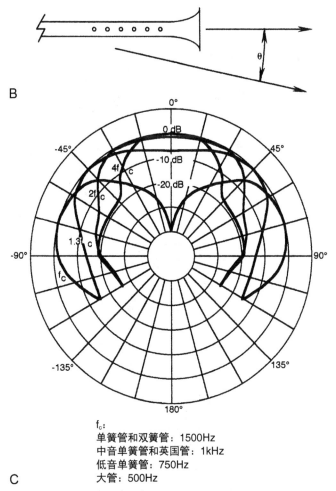

B

C

f_c:
单簧管和双簧管：1500Hz
中音单簧管和英国管：1kHz
低音单簧管：750Hz
大管：500Hz

图 13.2　离轴测量图（B 和 C）（Benade 的数据，1985 年）（续）

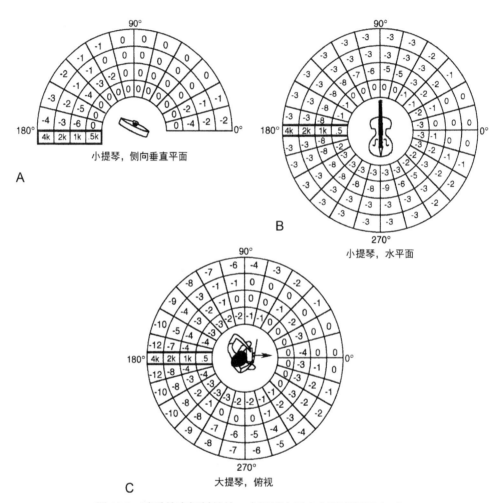

图 13.3 弦乐的声辐射特性：小提琴水平方向垂直视图（A）；
小提琴平面视图（B）；大提琴俯视方向图（C）

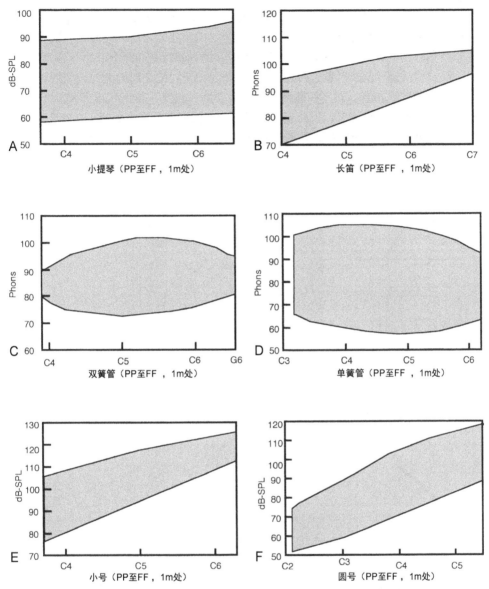

图 13.4　动态范围随频率的变化：小提琴（A）; 长笛（B）; 双簧管（C）;
单簧管（D）; 小号（E）; 圆号（F）

13.4　独奏乐器的录制

13.4.1　键盘乐器

录制钢琴中遇到的最大困难可能是钢琴本身。大多数良好的演奏会三角钢琴属于演出场所或音乐学校，这样就可以直接被用在独奏会或演奏会上。这意味着钢琴听起来会有些压迫感。如果这种情况出现，可能会要求乐器降低音量。通常，只有上部 3 个八度需要被调整。

相比于音乐厅，钢琴通常更适合在中等混响时间的独奏厅堂中录制。常见传声器摆位如图 13.5 所示；图 13.5A 和图 13.5B 是重合传声器拾音制式，而图 13.5C 和图 13.5D 是使用全指向性传声器的间隔传声器制式拾音。对于间隔传声器，重要的一点是不要使间距过大，并且要注意几支传声器与音板之间的距离相等，以此确保连贯拾取音板较低频率的振动。在确定录音方案前，听不同传声器间距带来的音响效果，最终选择最佳的一种。

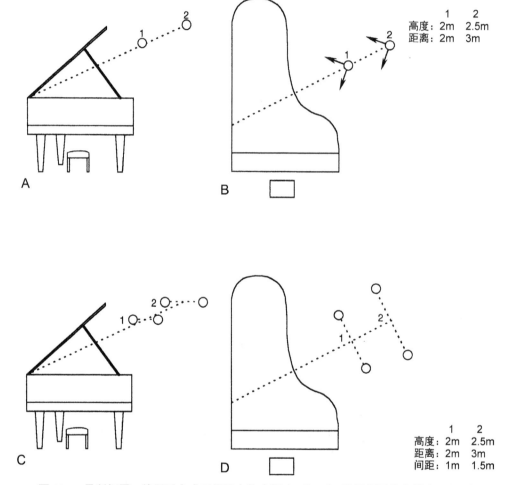

图 13.5　录制钢琴：使用重合或近似重合传声器（A 和 B）；使用间隔传声器（C 和 D）

在大多数案例中，存在一个错误：传声器距离乐器比图中要远，这样的拾音方法可能会拾取过多混响。当使用重合拾音制式时，花时间尝试传声器的各种张开角度和制式旨在展现恰当的立体声舞台宽度。

一些制作人和录音师选择录音中卸掉钢琴盖，将传声器放置在其几乎正上方。这会导致低频响应增加，并且并不适用于所有的节目，需谨慎行事。

如果可能，需要一个调琴师随时准备，在录音过程中进行调音或解决任何乐器发出的机械噪声。特别是踏板经常发出噪声，需要多留意。通常，用一小块地毯铺在踏板下可以"驯服"过于活跃的踏板带来的噪声。然而，钢琴下方表面的大部分地面都需要保持坚硬。

羽管键琴会制造较多的高次谐波和相对较少的基频。正因如此，它在混响较大的环境中听起来很清晰，通常被选用在巴洛克风格的古典作品中。它的拾音方法和钢琴相似，可以使用全指向传声器组成间隔制式。羽管键琴的琴键在弹奏时会有一些噪声，可以通过 60 或 80Hz 低切来缓解。

在立体声舞台声像中，钢琴位置应当在约舞台总宽度的 2/3 处，这样混响信息会来自整个舞台的宽度。（详见参考 CD1）

13.4.2　吉他和琉特琴

录音方法还是关于重合和间隔传声器的选择，图 13.6 是两种基本拾音方法。对于重合拾音制式需要注意近讲效应，并且随时准备用均衡调整它。如果主传声器没有拾取到足够的混响，你就可以额外使用一对环境声传声器来增加环境感。只有在环境足够安静的情况下才可以这样设置；或者可以考虑将房间参数输入高质量的数字混响器，从而达到好的效果。（详见参考 CD2）

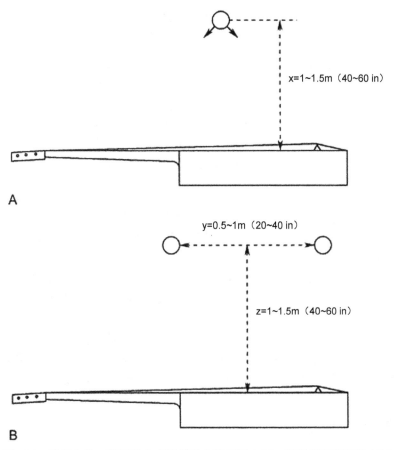

图 13.6　录制吉他：使用重合或近似重合传声器（A）；使用间隔传声器（B）

13.4.3 管风琴

在所有乐器中，管风琴是唯一不能自由移动的乐器，除非是常用于巴洛克音乐伴奏的小型便携式管风琴，其他管风琴都被永久固定在一个很大的空间中。没有完全相同的两台管风琴，所以选择演出地点与选择表演者和演出内容同样重要。聆听管风琴时总在很远之外，需要特定的指向效果例外。听音者听到的管风琴和它的环境声是一个整体，而不是一件独立在整体环境之外的乐器。

在许多案例中，一对全指向传声器足以拾取 6 ～ 10m（20 ～ 33ft）之外的声音。如果乐器的键盘部分在水平方向上，那么一对重合传声器可以用来拾取横向的方向信息。通常情况下，该乐器可能是垂直排列的，那么则会损失横向的声像信息。在一些案例中，乐器被安置在教堂后方的长廊里，由一系列悬挂在长廊栏杆处的管组成。在该案例中，录音中前后方位的声像会很明确。传声器建议摆放位置如图 13.7 所示。

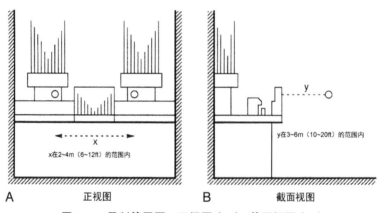

图 13.7 录制管风琴：正视图（A）；截面视图（B）

在一些欧洲大教堂中，管风琴设置在后方非常高的位置，大约在中殿距离地面 15 ～ 20m（50 ～ 65ft）的位置。这样的话，没有适合传声器摆放的位置，我们常用的方法是从天花板悬吊传声器，或是从教堂拱门上面的拱廊两侧悬挂传声器。这样的设置方法比较耗费时间，总共用到的线缆大约在 100 ～ 150m（330 ～ 450ft）。

如果录音师需要在地面上摆放传声器，则可以尝试在高架上架设全指向传声器，同时也使用一对大间距线列传声器对准乐器。这样会增加高频的方向定位，并且能更清晰地呈现出乐器的细节特征。

放在场地中央的一对辅助传声器会丰满空间的混响，这是很必要的。这类传声器需要衰减低频，以此来减少低频带来的房间浑浊感，保持清晰度。在一些很大却没有足够混响的空间中，应当使用人工混响器。然而，可以准确重现出大空间里长混响的混响器不是很多。（详见参考 CD3）

13.5 录制室内乐

室内乐的定义大致上是由 2 ～ 12 人组成的乐队，每个表演者负责一个部分，通常没有指挥。

对于较小型的室内乐队，有两种录音方案：第一种是按音乐会表演座次实况录音；第二种是录音棚录音，乐手位置通常排成一个弧度或者面对面。两种方案各有益处。

音乐会设置是乐手比较熟悉的，所以常作为首选。常规传声器摆位需要一对主传声器，可能还需要一对侧展全指向传声器。这一方法会使得合奏更有"舞台感"，听音者会感到自己坐在第 7 排左右聆听音乐。如果期望声音更加紧密，则可以将乐队安排为一个圆弧或是一个圆形，传声器更贴近乐队。图 13.8 是两种录音方案的图示。

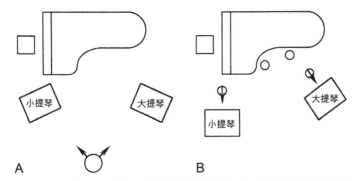

图 13.8　录制钢琴三重奏：音乐会录音设置（A）；录音棚录音设置（B）

图 13.8A 中是钢琴三重奏（钢琴、小提琴和大提琴）在音乐会中的常规位置，使用一对前方主传声器。图 13.8B 是另一种录音方法，在该方案中，所有的乐手都能和其他 3 人直接用眼神交流。（详见参考 CD4）

听音者对于这两种录音方式的感受大致为：在第一种中，听音者感到身处音乐厅（你在那儿），而对于后者的感受则是乐手都在客厅里为你演奏（他们在这儿）。对于乐手来说，一旦被调整到第二种座位，他们可能更加喜欢这一种。混音师和制作人也更加喜欢后者，原因在于这种方法更有利于帮助他们在录音过程中建立和调整平衡。

录制钢琴伴奏的独奏乐器或独唱，与之前谈到的音乐会的拾音方法不同，如图 13.9 所示。在这种情况下，演唱者和钢琴间有一个适当的距离，并且演唱者面对钢琴家，以此确保良好的眼神沟通。钢琴和独唱者或独奏者都单独拾音，后期在控制室进行混音。如果对音响平衡和摆位有很好的判断，那么一切听起来都非常自然。这种方法允许工程师和制作人追求独唱者或独奏者和钢琴之间最佳的平衡。

对于钢琴盖，何时使用它或何时半开琴盖是一个常出现的问题。在演奏会中，半开琴盖可以防止钢琴能量盖过独奏乐器。然而，在录音棚中，通常会选择全开琴盖，通过传声器摆位和演奏技巧使乐器音色达到自然平衡。（详见参考 CD5）

弦乐四重奏是一种历史悠久的演奏形式，以这种演奏形式创造了许多丰富且复杂的经典曲目且流传至今。通常情况下，乐手的座位位置如图 13.10A 所示。图 13.10B 是传统的在乐队前方使用重合拾音制式，而一些录音师则喜欢使用间隔传声器，如图 13.10C 所示，中间传声器的声压级比左右两支小大约 4 ～ 6dB，并且声像稍偏向右侧。这是为了更好地定位声像的中心（主要是大提琴），同时不明显缩小整体的声场宽度。很多录音师使用一支心形传声器拾取中央位置的信息，并使用两支全指向传声器做侧展来维持整个乐队的平衡（详见参考 CD6）。

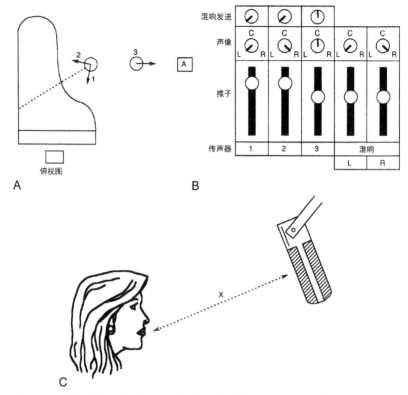

图 13.9　在录音棚内录制人声和钢琴：传声器摆位（A）；调音台设置（B）；
歌手与传声器之间的位置关系（C）；距离 x 通常为 0.5m（20in）～ 1m（40in）（C）

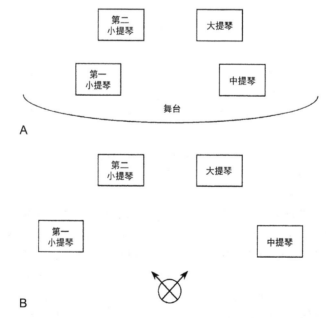

图 13.10　录制弦乐四重奏：常见的音乐会设置（A）；使用重合式或近似重合式拾音制式（B）

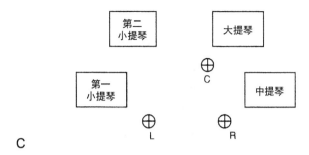

图 13.10　使用全指向间隔传声器并为大提琴加辅助传声器（C）（续）

13.6　室内交响乐：关于辅助传声器的引入

　　室内交响乐团根据不同的演出曲目通常由 25 ～ 40 人组成。主要的演出曲目大多是 19 世纪和 20 世纪初期创作的。最好的方案是使用 4 支传声器摆在乐队前方，并且如前几章所述，应当使用额外的辅助传声器。辅助传声器又叫点传声器，用来增加乐器的表现力，或者使用在没有足够音量的乐器上。在一个反射较短的空间中不太需要辅助传声器，但是在大多数情况下，我们使用除主传声器以外的另一对重合传声器拾取木管组，使用辅助传声器分别拾取前两个谱台的倍大提琴、竖琴和钢片琴。定音鼓虽然足够响亮，但是辅助传声器可以带来鼓的清晰度。常见的座位安排如图 13.11 所示（详见参考 CD7）。

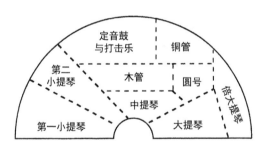

图 13.11　录制室内交响乐：常见的各乐器声部位置

　　辅助传声器通常为心形指向性，混音时根据图 13.12 所示的计算方法，计算辅助传声器如何与主传声器相匹配。很多录音师倾向于单独计算每一个辅助传声器的延时，这样信号可与主传声器拾取的信号时间基本一致，如图 13.12A 所示。如果一支辅助传声器在距离主传声器 8m 处，那么它相对于主传声器将延时 8/344s，大约 23ms。虽然通常要为辅助传声器加延时，但是并不是必需的，因为主传声器拾取的较大音量会对辅助传声器拾取的信号产生掩蔽效应。图 13.12B 的数据说明了延时在什么情况下必不可少，而图 13.12C 则是主传声器和辅助传声器之间的电平关系。

　　请记住：为辅助传声器定位声像非常重要，它需要与主传声器拾取到的乐器的实际摆位基本一致。另一个常见做法是稍稍衰减辅助传声器的低频响应，这有利于在不增加响度的情况下加强定位。

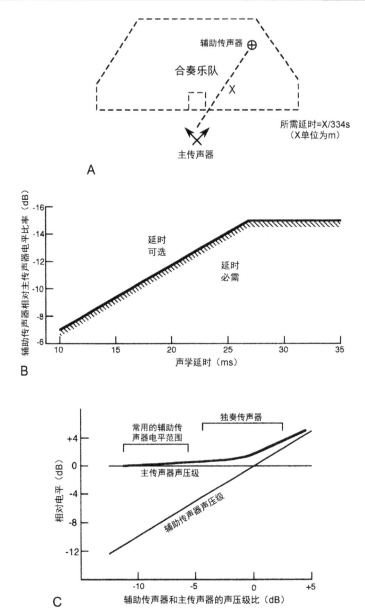

图 13.12 使用辅助传声器：计算传声器延时（A）；确定是否延时（B）；辅助传声器的电平范围（C）

13.7 大型交响乐队

完整的交响乐队大约有弦乐 14-12-10-8-8（分别代表第一小提琴、第二小提琴、中提琴、大提琴和倍大提琴的数量），木管乐器的数量从 8 ～ 16 不等，圆号大约有 4 ～ 12 支不等，根据总谱，铜管组大约有 4 支小号、3 支长号和 1 支大号。打击乐器包括定音鼓等，大约有 4 个乐手。根据要求可能会有 2 个竖琴和 1 个键盘乐手（风琴和 / 或钢琴），人员超过 90 人。交响乐团占据较大的空间，计算占地空间的方法一般是用总人数乘以 2 得出大约的占地平米数，为每一个声部留一些余量。一些现代化的舞台不足以容纳如此庞大的乐队，所以会找一些大型的空间做录音场所，这在英国和欧洲很常见，大型录音常在教堂进行，但是过长的混响时间是这类厅堂的一个问题。

13.7.1 传声器拾音分析

图 13.13 是 Gustave Holst《The Planets》现场录音（有观众）的平面图和侧面图，这是一个可追溯到 1916 年的经典大型交响乐作品。录制该作品使用了 14 支传声器。当然，分布在前方的 4 支是主传声器，用来做整体拾音；其他的传声器都可看作辅助传声器。

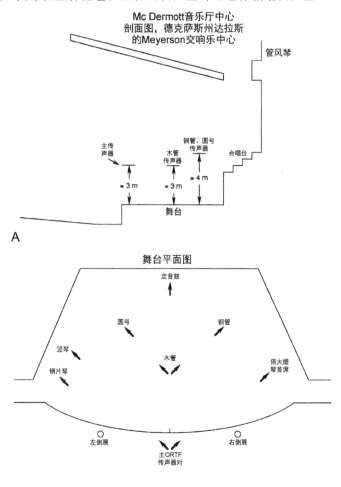

图 13.13　达拉斯交响乐团，录制 Holst 的《The Planets》：侧视图（A）；平面图（B）

4 支主传声器由一对中间的 ORTF 和一对侧展全指向传声器组成。ORTF 向下指着舞台 2/3 深度的位置，依靠心形指向传声器离轴的衰减，防止拾取过多乐队前部的声音，从而平衡乐队前后的距离比。

辅助传声器的设置细节如下：

1．竖琴：两件乐器间摆放一支心形传声器。

2．钢片琴：使用一支心形传声器拾取这一"柔软"的乐器。

3．圆号：使用一支心形传声器摆放在乐器组上方 4m（13ft），主轴向下指向号口边缘。

4．木管：使用一对 ORTF 传声器指向乐器组的第 2 排（后排）。

5．定音鼓：乐队中使用两套鼓，一支心形传声器放在它们之间，高度高于舞台大约 2.5m（8ft）。

6．铜管：一支心形传声器大约高于乐手 4m，振膜向下。

7．低音提琴组：一支心形传声器放在第一排的乐手头顶上方 1.5m（5ft）处。

8．环境声传声器：两支展开的心形传声器从天花板悬挂下来，高度距离观众大约 7m（23ft），距离舞台台唇大约 8m（26ft）。传声器振膜主轴指向厅堂后侧较高的角落。

除了环境声传声器外，所有的辅助传声器都要做 100Hz 以下的低切，它们都需要加入不同量的数字混响，从而适配演奏所在的厅堂。混响器立体声输出合适的混响量，返回到两路立体声主输出——混响量不超过前方 4 支主传声器拾取的信号，以确保辅助传声器与主传声器配合良好。在舞台上还有一个合唱团，他们在乐队后方，声音通过后台大门传入厅堂内，不需要使用额外的传声器拾音。

在为各乐器和声部选择传声器时，都需要经过录音制作人考量整体音乐性的比例要求。当主传声器电平被基本确定，依据音乐需求，辅助传声器通常在不超过 ±2.5dB 的范围内调整。（详见参考 CD8）

13.7.2　大型交响乐队设置上的一些变化

在一些现代化的音乐厅中，会在交响乐团的后方设置合唱用的台阶，这也需要增加一对立体声传声器来拾音。在一些较老的厅堂中，交响乐团会向前移动，为后方的合唱团留出位置。如果是镜框式舞台，那么合唱团的声音将会很干，这需要单独拾音的传声器（2 对或 3 对立体声传声器），同时加入适量的人工混响与整体交响乐团拾音相匹配。

录音中会反复出现的有关合唱和交响乐团之间的问题是乐团后部声部（打击乐和铜管乐器）会串入拾取合唱的传声器中。这一问题可以通过将合唱传声器悬挂到合唱团正上方来解决。

如果现场没有观众，最好的方案是将合唱团安排在指挥的身后，使用它专用的立体声传声器拾音。这样做可以使合唱团与厅堂很好地融合在一起。

13.7.3　关于交响乐团前后覆盖范围的评析

主传声器和木管声部使用 ORTF 传声器对拾音，主轴向下，通过指向性调整乐队前后的平衡。细节分析如图 13.14 所示。

传声器的指向性当然是心形，在这里主要是利用传声器离轴衰减，达到较近的乐器和后方乐器之间的平衡。主传声器 ORTF，设置如图 13.14 所示的下俯角，所以将传声器主轴对准木管、铜管和圆号。当设置完成后，前方的弦乐离轴衰减大约为 -2.5dB。然而同时，乐队前方到传声器的距离大约是木管、铜管和圆号到传声器的距离的 1/3。这样它们之间的声压差为（9.5-2.5）dB，大约 7dB，有利于乐队的前方声音的拾取。

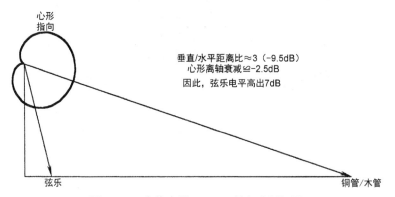

图 13.14　主传声器 ORTF 下俯角度侧视图

　　我们必须记住，木管和铜管乐器基本上都是朝前的，方向性指数在 4 ～ 5dB。它们的直达声几乎对准前方传声器，乐团前后的平衡通常很自然。在一些案例中，录音师和制作人希望强调弦乐，所以减小传声器的下俯角以达到更好的效果。

13.7.4　独奏与交响乐团

　　在演奏会中，有钢琴协奏的部分需要一架钢琴，中前部的乐手向后移位，使钢琴被放置在指挥和台缘之间，如图 13.15A 所示。如果现场有观众，这样位置的移动就会干扰主传声器的摆位。理想情况下，它应当处于钢琴的前方，但是考虑到视线问题，迫使录音师将传声器放置在钢琴的后方。如果传声器是悬挂式安装，则没有这样的问题，主传声器可以被放置在理想的位置。（详见参考 CD9）

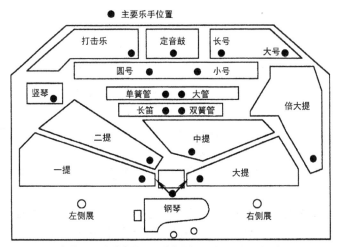

图 13.15　录制独奏乐器与交响乐团协奏：钢琴（A）;

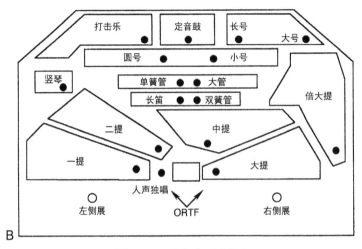

图 13.15　人声（B）（续）

　　人声或弦乐独奏通常在指挥的左侧，这样不会干扰到主传声器的设置。如果需要，独奏演员会使用重合或近似重合立体声传声器对，而不是一支单独的传声器。这是为了拾取较好的自然立体声效果，以备录音师需要在较轻柔的乐章提升独奏传声器的电平。图 13.15B 是一些细节展示。（详见参考 CD10）

13.8　提升或降低表演空间的活跃度

　　一个声场过于活跃的厅堂可以通过在重要的位置安置绒面材料来解决这一问题。绒面材料应当被悬挂在楼座栏杆上或像横幅一样离开墙壁自由悬挂。虽然看似简单，但是强烈建议邀请声学顾问来负责这种临时性的声学改装。

　　加强一个空间的声学活跃程度比较复杂，但图 13.16 显示出科技带来的惊人结果，前后的对比例子在参考 CD11 中。使用 0.004in（0.1mm）厚的乙烯基材料，它可以以较低的入射角反射高频，从而增加高频活跃度。在任何情况下该材料都不需要被拉伸，而是简单地被覆盖在座位区域。（关于乙烯基材料的问题：要在许多品牌下选择合适的供应商，应当选用不小于 0.004in 厚的材料。）

　　如果厅堂的墙面是石膏，则可以增加厅堂的湿度来降低石膏材料的吸声，延长混响时间。这一技巧经常被运用在 Eugene Ormandy 领衔的费城交响乐团的 RCA 录音中。录音前一周就开始使用大型蒸汽加湿机来调整厅堂的声学环境。由于加湿机会产生一定噪声，所以在录音开始的时候需要关闭它们。

　　正如我们提过的，在辅助传声器上运用人工混响，在目前的古典录音实践中是被普遍接受的，然而事实上没什么可以替代主传声器和环境声传声器所拾取的自然混响。

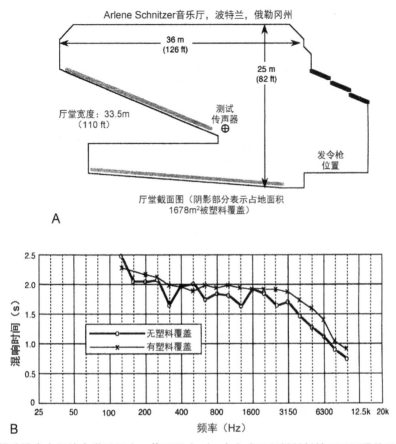

图 13.16　提升录音空间的声学活跃度：截面图（A）；在有或无塑料材料情况下测量的混响时间（B）

13.8.1　录音中需要多少混响？

不同时期的音乐需要不同的混响量，在电平与衰减时间两方面都有所不同。通常关于演出场地的挑选与房间的体积和音乐类型相关，图 13.17 中给出了建议。一般情况下，不论什么年代的交响乐，混响时间超过 2.5s 听起来都不太自然。古典主义和现代派音乐最佳的混响时间大约在 1.5s，而浪漫主义的作品的混响可以达到 2s。教会音乐通常感觉空间很大，混响时间在 4s 或 5s，在录音中，需注意不要因混响影响音乐本身的细节。

Kuhl（1954 年）分析出如图 13.18 所示的数据。该图中，播放单声道录音给评估人员，他们依据对混响时间不同的偏好绘制出该图，其中空心的点代表目标估值。如果将这样的测试放在如今的立体声录音中考量，会发现目标混响时间值略长，因为立体声听音与单声道相比，可获得更准确的直达—混响声细节。不管怎么说，这种趋势与今天的录音实践密不可分。

一旦目标混响时间形成，加入录音中的混响量则会成为定量。将环境声传声器拾取的声音进行混音，确定这一混响比例。在这一环节中，精确的扬声器监听条件和录音师与制作人的经验起到了最为重要的作用。在一些案例中，这一重要的判断直到后期制作中才进行。

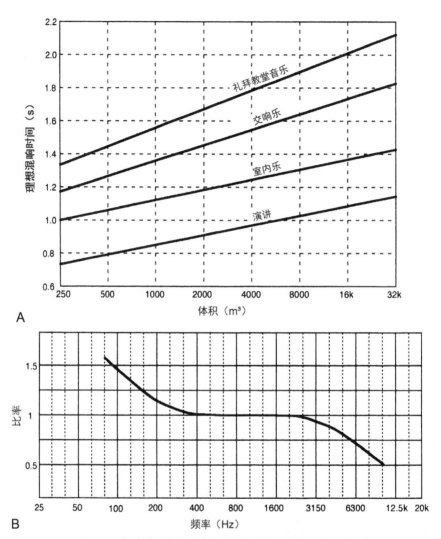

图 13.17 各种类型音乐的混响时间与房间体积的关系（A）；
低频和高频混响时间与中频混响时间的比较（B）

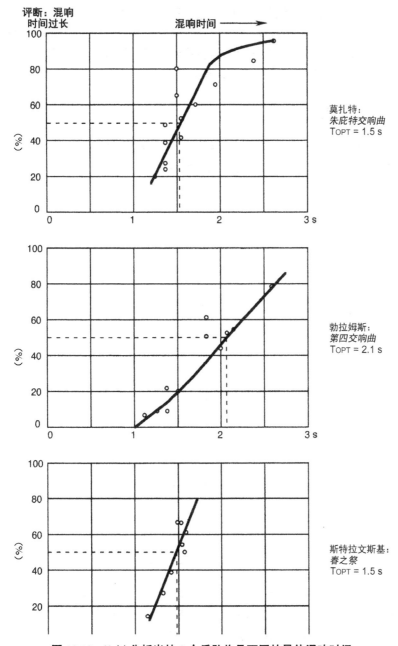

图 13.18　Kuhl 分析出的 3 个乐队作品不同的最佳混响时间

13.8.2　维持一致的前一后听感

录音师和制作人会决定相对于舞台的有效拾音距离，并使其有说服力。相比将传声器放在第 10 排，我们在更近的距离录音，之后再通过引入混响将空间"放大"到我们需要的感觉。稍稍增加环境声传声器的信号会在距离感上带来意想不到的效果，所以应当注意环境声传声器和主传声器之间的比例。由于音乐特性的需要，最好将侧展传声器的声像稍移向中间，这样给舞台拾音一个较狭窄的声像空间，以此与明显增加的前后距离相匹配。如果不这样匹配，我们将面临一种混乱的空间感，听起来既有压迫感又有距离感。

13.9　动态范围问题

如我们在前几章中所谈，如今的电容传声器的动态范围最多可超过 125dB。然而，在古典音乐录音中，最多能达到 90 或 95dB，如图 13.19 所示。

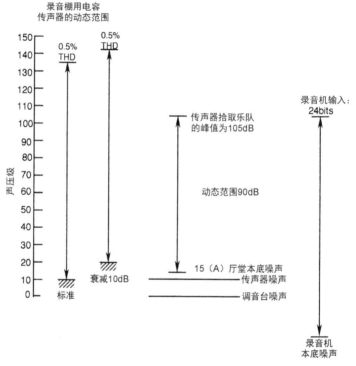

图 13.19　传声器在音乐会现场的动态范围

我们可以看到，一个现代化的演出场馆的本底噪声和传声器自身的本底噪声差不多。当传声器信号被放大进入到数字录音设备时，录音中的本底噪声为传声器和房间的本底噪声。

因此，选择场地和选择传声器同样重要。本底噪声在 7 ～ 13dB（A 计权）之间的传声器，强烈推荐用于所有古典交响乐录音。

13.10　参考 CD 目录

1. *Singing on the Water*，Delos CD DE 3172，钢琴：Carol Rosenberger。两支全指向传声器以间隔方式录制。

2．巴赫：小提琴奏鸣曲组曲，吉他协奏，Delos CD DE 3232，吉他：Paul Galbraith。两支全指向传声器以间隔方式录制。

3．*Things Visible and Invisible*，Delos CD DE 3147，管风琴：Catharine Crozier。两支全指向传声器间距 4m，距离声源 10m。

4．阿连斯基 / 柴可夫斯基钢琴三重奏，Delos CD DE 3056，由 Golabek, Solow, Cardenes 三重奏。录制细节如图 13.8B 所示。

5．*Love Songs*，Delos CD DE 3029，女高音：Arleen Augér。录制细节图如图 13.9 所示，加入了一些房间混响。

6．门德尔松 / 格里格弦乐四重奏，Delos CD DE 3153，上海四重奏。录音细节如图 13.10C 所示。

7．海顿交响曲 51 和 100，Delos CD DE 3064，Gerard Schwarz 指挥苏格兰室内乐团。

8．霍尔斯特作品《行星》（The Planets）（还有施特劳斯：查拉图斯特拉如是说），Delos CD DE 3225，Andrew Litton 指挥达拉斯交响乐团。录制细节如图 13.13 所示。

9．肖斯塔科维奇 2 号钢琴协奏曲，Delos CD DE 3246，Andrew Litton 担任钢琴家和指挥家，与达拉斯交响乐团合作。录制细节如图 13.15A 所示，其中主传声器为 ORTF，放在钢琴与观众之间。

10．马勒 2 号交响曲，Delos CD DE 3237，Andrew Litton 和达拉斯交响乐团、合唱团合作。录制细节如图 13.15B 所示，两个独唱在指挥两侧，合唱团在交响乐团的后侧方的合唱台上。

11．*Second Stage*，Delos CD DE 3504，不同的管弦乐来展现不同的录音声场。乐队 2 在俄勒冈州的波特兰录制，音乐厅未经活跃处理；乐队 12 在同一个音乐厅中使用了图 13.16 中讨论的声学空间活跃技术。

第14章

录音棚录音技巧

14.1 引言

　　有很大一部分的商业音乐并不是在传统的演出场地录制的，而是在工作室、家中或专业录音棚中录制的。大多数专业录音棚可以容纳大约 12 ～ 20 人的流行或摇滚乐队，而工作室和家庭录音场所则相对较小，也只有在大城市才能找到足够容纳 50 ～ 70 人的演出场馆。在大多数情况下，传声器摆位比起古典音乐录音来说，距离乐器更近，并且更多地使用辅助传声器。事实上，几乎所有的录音都使用多轨录音，这使得后期制作有更大的灵活性。

　　在本章中，我们将讨论多种录音方案和录音棚所具有的常规功能。同时还有录音棚声学处理、单个乐器或乐器组隔离摆位等问题。

　　我们提出一个观点：录音是一门艺术，而不是一个简单的声学问题。我们在有关平衡和声像部分提出的一些建议看似随意，但它们在双声道立体声重放时足以证明其重要性。

　　现代的录音棚应有一个现代化的控制室，主工作区域内监听音箱对称分布，监听音箱可能是内置在墙内的或是放在音箱架上。最重要的一点是在 6 或 8kHz 之上必须有平直的响应，在该频率之上仅允许有少量滚降。两个声道在 100Hz ～ 8kHz 之间的响应差异应在约 2dB 以内，每个通道在录音师的操作位置均可达到 105dB，从而清晰重现出中频段信号。为了能够听到录音中准确的声像位置，扬声器相对于其他物体的位置摆放（主要是调音台）、房间表面结构都起到重要作用，通过声学处理，一定需要防止在监听位置产生小于 15 ～ 20ms 的早期反射。

14.2 录制鼓组

　　鼓组不论在流行乐或摇滚乐中都是重要元素。然而根据鼓手的不同需求，其构成会有些不同，图 14.1 是最常见的鼓组。其基本构成如下：

　　1．底鼓：右脚踩一个弹簧式击打锤，敲击鼓面。

　　2．军鼓：双手用鼓槌或金属的鼓刷敲打。军鼓（底部有金属或羊肠弦）可以为军鼓制造其特有的"啪啪"声。

　　3．踩镲：由一个固定和一个可移动的镲片组成，乐手的左脚踩动发声。乐手可以用右手的鼓槌敲击镲片，左手固定镲片，以此产生不同的音色。

　　4．吊镲：通常有 3 个吊镲，由单支鼓槌自由敲击。我们通常将 3 个镲片分别称作："ride""crash"和"sizzle"，最后一种由多个小针松散地分布在镲片四周的小洞里，当敲打镲片时，金属之间发生碰撞会自由颤动，产生丰富的高频泛音。

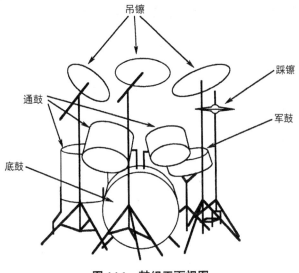

图 14.1　鼓组正面视图

5．通鼓：用鼓槌敲打的小鼓。

只要是见过录制架子鼓的人都会记得，鼓手在录音开始前花很长时间架设并调整鼓组。必须在消除共振和阻尼震荡之后，乐手才能确定在他们演奏时，各种运动机械部分不会发出噪声。

恰当地摆放鼓组中的每一件乐器，并且不论将传声器摆放得离鼓多近，都不能影响到鼓手在演奏时的任何身体移动。

14.2.1　简单的录制方法

一些小型爵士乐队只用最基本的几支传声器拾取鼓组：一对顶置（overhead）立体声传声器对和一支单独的底鼓传声器。overhead 传声器对通常选用响应平直的心形电容传声器。传声器摆位如图 14.2 所示，其主轴应分别对准踩镲和右边的通鼓。传声器的高度应高于乐手头部位于其后方，这样不会分散乐手的注意力。最主要的目的是为了使拾取的声音和乐手自己听到的声音相仿。一些录音师使用近似重合制式作为 overhead 传声器，传声器间距增大可以使得声像更宽。

底鼓传声器通常贴近鼓皮，被摆放在离乐手较远的那一侧鼓皮。如果后侧鼓皮有开洞，则可使用较小的传声器支架使传声器伸进鼓腔内拾音，若鼓腔内部有吸声物，通常会将传声器安置在吸声物之上。传声器的选择很多，一些录音师会选择动圈传声器来获得更好的低频余量储备，也有人会选择电容传声器。这都取决于录音师的个人喜好，但必须保证传声器可以拾取底鼓产生的最强音。

通常情况下，底鼓拾音比较干（不进行任何效果处理），每支传声器对应一个声轨。在立体声制作中，根据音乐需求和空间考量，底鼓声像通常被放在声场中央，overhead 传声器声像放在左右两侧。

时刻关注录音中的声压级，全力演奏时，鼓组附近的声压级可以轻松达到 135dB，所以我们必须确保传声器和前置放大器可以很好地适配如此高的声压级。

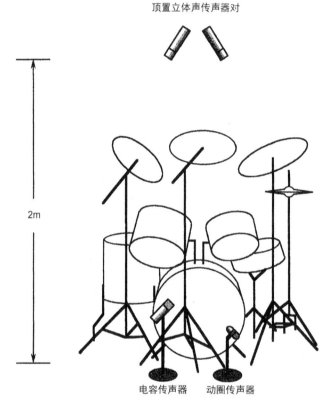

图 14.2　鼓组简易拾音方法

14.2.2　相对复杂的录音方案

如果录音中音轨数量不受限制并且音乐有需要，可以单独拾取鼓组中的每一件乐器，如图 14.3 所示。应遵守以下原则：

1. 通鼓和军鼓：可使用小型电容夹式传声器，如图 14.4 所示，或者使用小振膜电容传声器稍稍高过鼓面置于鼓后侧。不论你选择哪一种方式，都要确保传声器不会与鼓槌有接触。

2. 吊镲和踩镲：这类乐器在敲击时会以其中心点为轴不断晃动，所以传声器设置时必须与乐手保持一定的距离，从而不影响乐手演奏。传声器摆位不能与镲片边缘在同一水平线上，而是应当高于镲片。之所以提出这一建议是因为镲片的声辐射方向沿着其边缘以小角度快速变化。具体细节如图 14.5 所示。

当我们对一组乐器使用多个辅助传声器时，必须确定这样的设置在音乐制作中是否具有价值。除了拾取底鼓内鼓皮的传声器以外，其余传声器都应当为心形或超心形指向，将不必要的串音降到最低。如果录制过程中音轨数量受限，则可以将多轨素材分组预混以节省通道。录音师和制作人必须在录音开始时为后期制作提前做好充分准备。

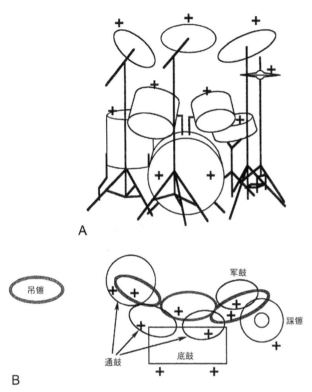

图 14.3　更多鼓组拾音的细节图：正面
视图（A）；俯视图（B）

图 14.4　夹式鼓组传声器细节图
（图片由 AKG Acoustics 提供）

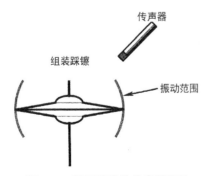

图 14.5　拾取镲片的传声器摆位

14.2.3 一些声学的考量

鼓是一种非常有力的乐器，乐手并不需要用特别大的力气就可以在录音棚中制造高声压级。常规来说，鼓组和鼓手需要与其他乐手相分离，以此减少鼓信号串入其他传声器的可能性。图 14.6 是鼓房的细节图。鼓房可以有效减少鼓组的中频段最多 15dB。值得注意的是，不能将鼓手完全隔离，必要的眼神交流和与其他乐手的直接交谈非常必要。虽然我们尽可能减少串音，但是也必须记住鼓手依旧是乐队中不可分离的一部分。

在录音棚中使用障板可以根据需求有效隔离各个乐器。一个大障板在一个录音棚中的效用如图 14.7 所示。从图中可以看出，在中频和高频段的隔离度在 15 ～ 22dB。

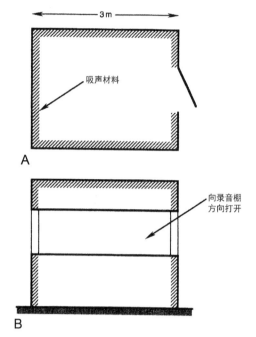

图 14.6 鼓房的细节图：平面图（A）；正视图（B）

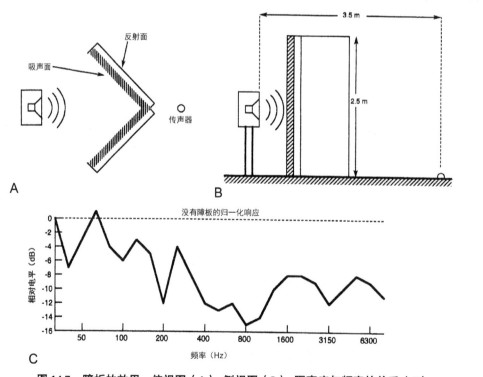

图 14.7 障板的效用：俯视图（A）；侧视图（B）；隔离度与频率的关系（C）

在录音过程中，习惯性地给每一个乐手一副耳机，使得"每个人都能听到别人"。通常，每个乐手可以有不同比例的监听信号，而在一些大型录音棚中，助理录音师在录音棚中使用监听控制台为所有乐手调节监听。为每一个乐手提供一个单独 16 路输入的个人调音台也很常见，个人调音台通常将录音控制台的辅助混合信号和来自传声器的直达信号同时发送给乐手。

14.3 录制其他打击乐器

还有很多打击乐我们不能一一作细节呈现，但是我们可以根据它们的发声原理将它们分类：
无音调的打击乐包括：

* 金属击鸣乐器（金属谐振器）：
  三角铁（Triangle，用小金属棒敲击）
  锣和铜锣（Gongs & tam-tams，用软锤敲击）
  指钹（Finger symbds，相互敲击）
  音树（Bell tree，由嵌套的钟组成，通常用金属棒连续敲击）
  Cocolo（小金属链条松散地被固定在一个金属芯周围，演奏员旋转演奏）
* 非金属击鸣乐器（非金属谐振器）：
  沙锤（Maracas，干的容器中装满颗粒物摇动出声）
  响板（Castanets，小的木板相互敲击，一起摇动）
  音棒（Claves，硬木棍相互撞击）
  锯琴（Guiro，有锯齿的干葫芦，用刮刀演奏）
* 膜鸣乐器（有可拉伸膜片的乐器）：
  邦哥鼓（Bango Drums，一组音调由低到高的拉丁鼓）
  铃鼓（Tambourine，由金属击鸣乐器和膜鸣乐器组成）
  其他民族鼓

有音调的打击乐器包括：

* 金属击鸣乐器：
  钟琴（Orchestra bells，将金属条按键盘顺序排列）
  编钟（Chimes，将悬浮管钟按键盘顺序排列）
  钢片琴（Celesta，用键盘演奏有音调的金属条）
  电颤琴（Vibraphone，用木槌敲击的有音调的金属条）
* 木琴（类属）：
  木琴（Xylophone，由有音调的木条按键盘顺序排列）
  马林巴（Marinba，有音调的木条谐振器按键盘顺序排列）

较小的打击乐器通常由 2 名或 3 名乐手演奏，他们根据乐谱游走在各乐器之间。通常使用左右延展度较好的立体声录音制式，为各乐器分配一对或更多对立体声轨。例如，拉丁风格的音乐需要在声场中突出马林巴声部，则使用一对立体声传声器拾音，而另一对立体声传声器则被分配给无音调打击乐器。传声器距离乐器大约 0.5 ～ 1m（20 ～ 40in）。立体声录制电颤琴的细节图如图 14.8 所示。这与拾取马林巴或其他有调敲击乐器的摆位相似。

图 14.8 用一对张开角度较大的心形传声器拾取电颤琴

14.4 录制钢琴

录制钢琴通常使用 2 支或 3 支传声器进行立体声拾音。图 14.9 是最常见的流行 / 摇滚钢琴的传声器摆位。而录制爵士钢琴则会将传声器稍稍远离乐器边缘，与钢琴拉开一定距离。

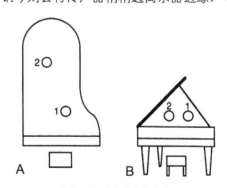

将传声器1声像放在立体声声场中的中间偏左，2放在中间偏右。两支传声器位于钢琴弦上方大约0.3m。

图 14.9 录制钢琴：俯视图（A）；侧视图（B）

当近距离拾取钢琴时，声音听起来非常明亮，且调琴师会使音锤敲击感弱化。任何细小的机械问题都会因传声器近距离拾音而变得明显，所以调琴师需要随时准备修复这些问题。注意：任何对于音锤的调整都不能很简单或快速地复原。调琴师和乐手需要对乐器的任何调整及时达成一致。

大多数录音师喜欢使用心形传声器做近距离拾音，这会使得乐器的低频有所提升。放在钢琴外侧边缘的传声器可以选用全指向或心形指向的。一些录音师会使用界面传声器，用双面胶固定在钢琴盖的底部。这样最大程度地减少了钢琴内部的反射效应。

为了最大程度减少钢琴传声器拾取到串音，许多录音师在选择琴盖打开的钢琴位置时，将琴盖背面朝向其他乐手，这样屏蔽来自录音棚中其他乐器的直达声。如果需要更好的隔离度，则让琴盖半开，并用一条毯子覆盖在琴盖开口上，如图 14.10 所示。

用毯子盖在半开的琴盖上

前期拾音时通常拾取钢琴干声，混响在后期制作中加入。声场一般来说是立体声展开的；然而，如果是一个比较难且复杂的混音，钢琴混成单声道并被放在合适的位置听起来应当更加清晰。

图 14.10　录制隔离度更好的钢琴

14.5　录制声学贝斯

以下是录制贝斯的几个方法：

1．传声器支在地板上

2．将传声器安放在系弦板后侧

3．将传声器放在贝斯放大器 / 音箱单元处

4．直接从乐器输出到调音台

使用传声器架，如图 14.11 所示，使用一个心形传声器精确的摆位拾取乐器的基本声音和乐手手指触弦声。对于爵士乐来说这样拾音非常必要，我们建议这一拾音方法做首选。在传声器后方放置一个约 1m（40in）高的障板可以有效减少来自其他乐器的串音。

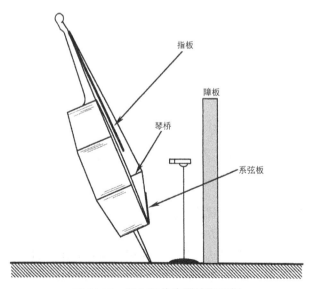

图 14.11　用立架传声器拾取贝斯

一些录音师会使用一个较小的全指向传声器放在系弦板和琴身之间。这种情况下通常在空隙处楔入一小块泡沫橡胶，如图 14.12 所示。这样的好处在于不论乐器怎样移动都不会改变传声器到乐器之间的距离，而坏处则是拾取到的手指的细节很有限。

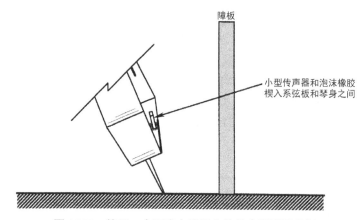

图 14.12　使用一支固定在乐器上的传声器拾取贝斯

在一些不利条件下，录音师不得不将传声器直接指向贝斯放大器 / 音箱单元，如图 14.13 所示。许多情况下，由于舞台搭建或转场时间较短，因此不允许对乐器实施更好的拾音方案。一些贝斯音箱在高电平输出时会有较大底噪并出现失真，这都会给后期制作带来麻烦。但是如果音箱声音干净且无噪声，那么这种方法也是一个较好的录音方案。

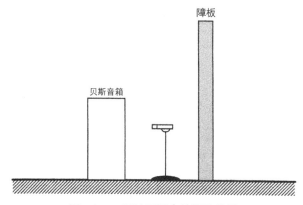

图 14.13　通过贝斯音箱拾取信号

对乐器拾音并直接输入调音台是解决串音的最好拾音方案。一个质量良好的 DI 盒可确保你录到从贝斯直接输出的信号，同时发送一个不间断的信号到贝斯音箱。细节如图 14.14A 所示。大多数的贝斯拾音器是无源的，例如 14.14B 中的琴桥拾音器。无源拾音器要求非常高的输入阻抗。因此需要使用有源的 DI，如图 14.14C 所示。如果拾音器是有源的，那么则需要一个配备 Jensen 变压器的高质量无源 DI，如图 14.4D 所示。

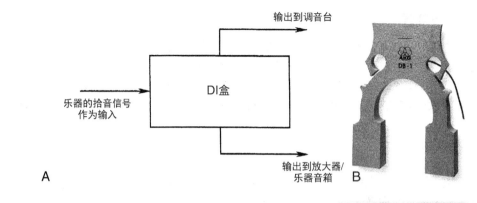

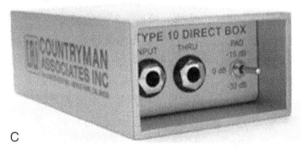

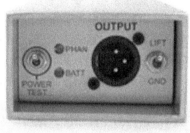

图 14.14　录制贝斯：使用直接信号输出（A）；琴桥拾音器（B）；有源式 DI 盒（C）；无源式 DI 盒（D）
（图片 B 由 AKG Acoustics 提供；图片 C 由 Countryman Associates 提供；图片 D 由 LBP Inc. 提供）

　　许多录音师希望至少拾取两路贝斯信号，一路线路直接输入，另一路通过传声器拾取。在后期制作中将两者相结合使用。（结合使用时，需要随时注意反相信号抵消问题）

贝斯传声器的选择

　　贝斯的后期制作中基本都会进行均衡和压缩处理。虽然均衡可以在后期制作中处理，但是最好在现场就得到理想的声音。有很多非常好的动圈传声器适用于拾取贝斯，在设计它们时就在低频段做提升，同时在低频段留出足够的动态余量。很多录音师选择使用 Braunmühl-Weber 类型的大振膜电容传声器，因为这一系列传声器的高频特色明显，是录音师和乐手中意的声音。

14.6　人声和人声组

　　在演出中，大多数歌手使用手持式"人声传声器"，这些传声器的特色在于距离较近拾音时可以保持平直的频响。在录音棚中，可以使用 Braunmühl-Weber 大型双振膜电容传声器拾取人声。多年的经验"说服"了很多录音师及歌手：这是一个最佳的拾取人声的方案。

　　在传声器类型方面还有几点：不同的型号在响应上稍有不同，录音师通常选择一款能够提升演唱者高频的传声器。人声作为一个声部是非常强大的，很容易达到一个较高的声压级。老款电子管传声器曾经受到推崇，其历史可追溯到 1960 年代早期。（详见第 21 章关于经典传声器的讨论）。关于其他种类的传声器，包括动圈传声器、小振膜电容传声器、铝带传声器等，它们不应被淘汰，因为与典型的大振膜电容传声器相比，它们可能更适用于一些特别的人声。

　　最常见的录音棚人声录制如图 14.15 所示。选择心形指向传声器设置在演唱者前上方，为谱架留出空间。人与传声器之间距离大约 0.6m（24in）。通常在传声器前方会加上一个防风罩，以此控制歌手产生的口风。请务必倾斜乐谱架，这样能有效预防一些直接声反射。不论歌手是否需要，为他们准备一张凳子也很必要。在录音中，歌手常被障板从 3 面包围起来，在特殊的防止串音的案例中，也有可能将人声设置在单独的人声小室中。然而，这一种封闭而受限制的环境通常仅仅是我们最后的选择。

图 14.15

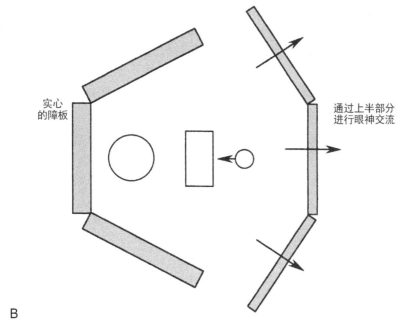

实心
的障板

通过上半部分
进行眼神交流

B

图 14.15　录制人声：侧视图（A）；俯视图（B）（续）

不论歌手在何处演唱，重要的一点是要根据歌手喜好配备耳机监听。通常，歌手希望听到监听中自己的声音比较大，并且带立体声混响。少数情况下，你可能给人声轨使用带前压缩，但注意不要将压缩过后的信号发送给歌手监听。

我强烈建议，在歌手到达录制现场之前，尽可能多地进行一些细节设置。你一定能找到愿意帮助你一同设置的工作人员。此刻，抓住歌手的心理是关键，没什么比在第一时间从耳机里听见自己干净清晰的声音来得愉悦。

14.6.1　在先期录音完成后

歌手通常希望在乐器轨录制完成后录制基本的人声轨。这种情况下，录音棚中可能不会有其他乐手，那么我们之前谈到的隔离歌手也就不必要了。

如果有需要，可以高效且平滑地做插入式人声录音。确保你有一个经验丰富的剪辑师，可以准确地在剪辑单上找到剪辑点。

当人声录制完成之后，歌手会希望到控制室中听刚刚录音的成果。在歌手或其他音乐家到达控制室时，确保你已经有一个可听的粗混小样。

虽然以上提到的很多内容和传声器的技术并不相关，但是它们对于保障流行音乐录音顺利进行有很大帮助——这直接反映在你的基本能力和对传声器的选择上。

14.6.2　录制人声伴唱

你可以使用尽可能多的音轨录制伴唱，但是最节省的方式是使用两支传声器，如图 14.16 所示。由于每支传声器拾取超过一名歌手，因此在调整过程中，不要犹豫为每个歌手的位置做细微调整以达到良好的平衡。经验丰富的伴唱歌手会乐意配合并听从你的指挥。如果你觉得有必要压缩立体声信号，那么需要确保你使用两个压缩器同时压缩立体声对，这样才能维持整体平衡。如果需要合唱团进行伴唱，最好选用第 13 章中古典音乐录音谈到的技巧。

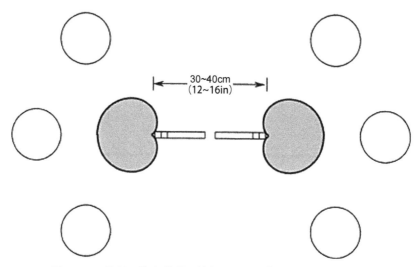

图 14.16　录制立体声伴唱，俯视图；圆圈表示歌手的大致位置

14.7　录制吉他

声学吉他在古典音乐和各种流行音乐中都很常见。虽然与西班牙密切相关，但它已成为真正的世界乐器。对大多数吉他来说，它是一种声学乐器；然而，在过去的 60 年中，出现了声学吉他和电吉他两种类型。对于摇滚乐而言，电吉他是其中最主要的音乐元素。由于电吉他的琴体是实心的，主要共振位置在弦上，因此我们听到的声音几乎完全来自放大器和经过处理的琴弦声音。

在录音棚中，吉他通常既使用传声器拾音也采用直接电信号输出，在很多混音案例中会同时使用这两者的信号。所以在这一部分里，两种拾音方式都要提及。

图 14.17 是传统的立体声吉他的拾音方法。大多数录音师会选择图中的间隔传声器制式，但是一对心形传声器组成的重合式拾音也是一种选择。

当使用间隔传声器制式时，如果吉他以单声道形式出现，那么在后期制作中，最好只选取其中一个通道，并对其做均衡调整以达到理想的频谱平衡。或者，选择强度差拾音方法可以直接混音成为单声道，因为这一拾音方法不会带来相位抵消的问题。

如果有第 3 个通过直接输出录制的吉他信号，则会为后期制作带来更多灵活性。我们需要考虑到直接输出和传声器拾取的信号音色不同，这可以用来构造一个较宽的立体声声像。

一些现代的吉他音箱有立体声输出，若你录制这样的电吉他，却没有录制两路输出为后期制作提供更多灵活度，无疑，这是一个失误。

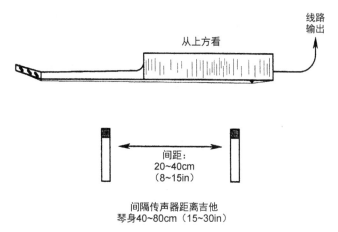

图 14.17　用传声器和线路输出为吉他录音

14.8　合成器

　　类似电吉他，合成器只能通过一对直接输出进行录制。一些合成器乐手想要进行额外声轨的叠录（overdubbing），请分配好你的音轨。

14.9　木管乐器和铜管乐器

　　在第 13 章中提过，木管乐器的声辐射特性比较复杂，这要求传声器不能离乐器过近，否则声音平衡不理想。在电视演出中，我们常会看到小型传声器被夹在单簧管管口，可这只能作为权宜之计。如图 13.2 所示，这样得到的声音会有很重的低频，这时则需要使用均衡造就更好的音色。铜管乐器在这样近距离拾音时会相对较好，因为声辐射都是从乐器口而来。图 14.18 和图 14.19 是拾取单件木管或铜管乐器获得最佳平衡的方法。这两幅图中所展示的是最极限的摆放位置，实际摆放中可以适当远离，但同时注意串音问题。如图 14.19A 所示，铝带传声器常常被用于拾取铜管乐器，因为它可以稍稍抑制明亮感，带来令人愉悦的音色平衡。参考 Meyer（1978 年）、Dickreiter（1989 年）和 Eargle（1995 年）获取更多关于乐器指向性特征的信息。

　　圆号是一个特例，通常听到的圆号是通过房间反射之后的声音，因为号口朝向乐手的身后。因此最好能够将传声器放在乐手头部，以 90° 对准号口轴心。将传声器摆在该位置会拾取到一些具有圆号特色的"嗡嗡声"，为录音增色。不论何时只要条件允许，最好在圆号后方放置一个反射声音的障板。

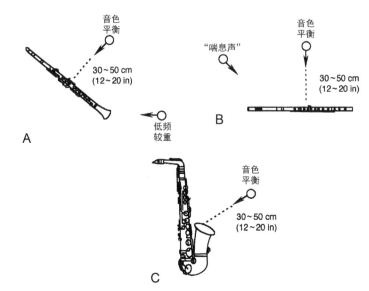

图 14.18 录制木管乐器：双簧管／单簧管（A）；长笛（B）；萨克斯（C）

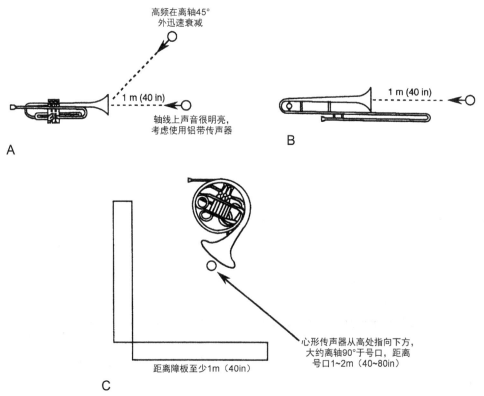

图 14.19 录制铜管乐器：小号（A）；长号（B）；圆号（C）

14.10 弦乐器

图 13.3 是弦乐器复杂的自然声辐射特性，这表明要在近距离拾音中获得自然的平衡绝非易事。然而，夹式传声器多被用于舞台上，在弦乐和其他音量更大的乐器合奏时使用。由于弦乐器通常以合奏形式出现，我们将在之后的"大型录音棚交响乐"拾音中探讨。

竖琴的录制方法可参照图 14.20。用一对全指向间隔传声器对可拾取最佳音色，但是在拥挤的录音棚中则需要使用心形指向传声器来增加隔离度。

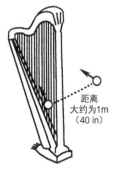

图 14.20 立体声录制竖琴

14.11 录音棚中的合奏

在这里，我们的讨论局限于 3 个规模从小到大的爵士乐队合奏以及一个大型录音棚交响乐，它们常为电影配乐。

14.11.1 爵士乐三重奏

基本摆位和声像

图 14.21A 是这个乐队钢琴、鼓组和贝斯 3 者在棚内的基本摆位。这样简易的乐队有利于我们探索立体声录音中钢琴和鼓组的问题。

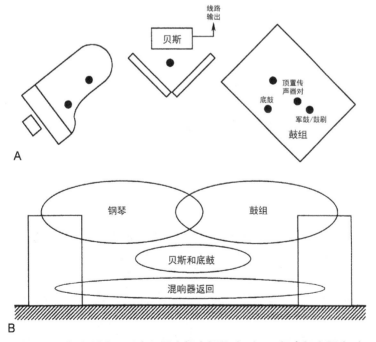

图 14.21 录制爵士三重奏：录音棚内摆位（A）；理想声场空间（B）

不论何时，在条件允许的情况下，录音师和制作人为乐手在棚内安排的从左到右的位置应和最终混音时的声像位置相同。原因在于任何一个录音棚内的串音都是在相邻的乐器之间产生的，因此不能制造任何与之相矛盾的空间信息。串音并不全然是坏事，它可以在乐器紧密聚集的时候，有效地丰富空间效果。

钢琴可以被放在左侧，这样打开的琴盖会将声音传给贝斯手和鼓手。贝斯手的位置在中间，既使用传声器拾音，也通过直接线路输出拾音。鼓组在右侧，使用一对顶置（overhead）传声器，并在军鼓和底鼓上加辅助传声器。为军鼓设置传声器的目的是拾取柔和的鼓刷敲击带来的声音效果。

建立监听混音

制作人和录音师必须在立体声声像布局上达成一致。在此，目的是为了将钢琴信号还原在声场的左半侧，这需要将拾取钢琴高音部分的传声器定位在左侧，拾取钢琴低音部分的传声器定位在中间。由于这两支传声器之间的串音，声音会从声场的左半侧产生，高频部分偏向左侧，中频段和低频段倾向于声场中央。

拾取贝斯的传声器和直接线路输出的贝斯信号，不论两者的最佳比例如何，声像都被定位在中间。事实上，这两种信号之间的平衡可以根据曲目的不同，在录音过程中随时改变。

在胶木唱片的时代，由于唱片纹路切割深度的局限，底鼓通常被定位在声场中央。在现代数字录音工艺中，整个鼓组可以定位在中间偏右的位置，两个 overhead 传声器声像分别在中间和右侧。军鼓可以被巧妙定位在中间偏右的位置上。

在普通的录音棚环境中，钢琴和贝斯都采用立体声输出到外接混响器，该混响器分别返回到左右声道。关于是否给鼓传声器加入人工混响并无定论，通常情况下不使用。

此类录音的混响参数通常在低频段（500Hz 以下）混响时间为 1s 左右，而混响时间在该频率以上稍长。

理想声场空间

图 14.21B 是录音师和制作人理想中的声场构成。立体声声像较宽，同时保留了良好的贝斯中央定位和钢琴与鼓组之间的比例。混响返回信号应被放在极左极右，以此模拟出最宽的空间分离度。像这样较小的乐队，且乐器之间听觉上相对平衡，那么则没有必要提供耳机返送监听。

14.11.2   爵士人声和小型乐队

基本布局和声像

图 14.22A 是录音棚内基本布局和声像定位分布，该乐队由人声、两个萨克斯和一个完整的节奏声部组成。和之前一样，录音棚内的布局应按照预想的声像位置进行摆放。

Hammond 电子风琴替代了钢琴，并且加入了一个起支柱作用的蓝调爵士人声。以立体声制式拾取风琴，两支传声器分别拾取高频段和低频段的扬声器。

Hammond B-3 型电子风琴从来不使用直接线路输出录制方法，因为需要信号预处理，事实上，我们常使用 Leslie 扬声器系统，它的特点是拥有高频旋转式扬声器阵列。声学吉他采用传声器拾取和线路输出两种拾音模式。风琴和吉他都在立体声声场中，分别位于左侧和右侧，凸显两者之间的音乐对话。

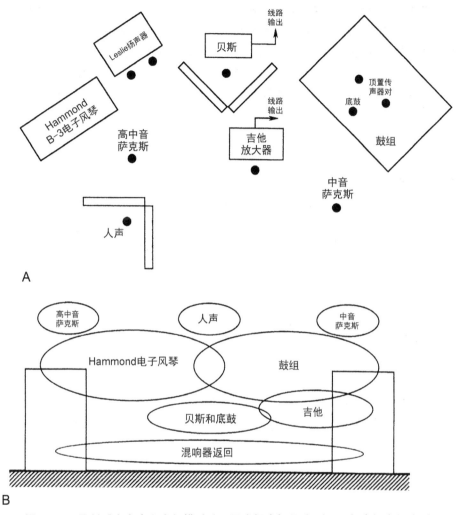

图 14.22 录制爵士人声和小规模乐队：录音棚内摆位（A）；理想声场空间（B）

两只萨克斯的位置在声场的左右两侧，不论两者对位或对话，他们的声像位置始终被固定在左右两侧。当其中一只萨克斯需要独奏时，则将其声像定位到中间位置。这样的做法非常传统且符合人们对音乐的期待。鼓和贝斯的位置和前面例子中相同。

建立监听混音

第一步是建立贝斯、鼓组和风琴之间的基本平衡。从左到右按顺序且细致地听各个乐器。接下来加入吉他进行混音。最后一步是人声和萨克斯独奏之间的平衡。除了鼓组以外，其他所有乐器都需要发送到混响器，同时混响返回通道的声像电位器置于极左极右。

理想声场空间

图 14.22B 是制作人和录音师期望得到的声像布局。其中有 3 个层次的基本空间：最靠前的一层次是 3 个独唱 / 独奏乐器，第二层次是节奏乐器，返回的混响声构成了最后方的一个层次。

通常情况下，节奏乐器占据最重要的地位，我们在操作时应当适当提高他们的声压级以凸显其重要性。这里有一个所有录音师都知道的技巧：不论何时调整一个乐器的声压级，都会影响它在声场中的前后位置。有经验的制作人在这方面能起到很大帮助。

一定要记住一点，所有的乐器在混音时同样重要。它们所占空间和频率都需要被考虑到，不论何时，混音中重要的声部应当出现在不同的方向。同样，混音作为一个整体，需要最终展现出一个从低到高非常均匀的频谱。

14.11.3 爵士大乐队

基本布局和声像

在标准的爵士乐队中，它的铜管和木管组有 4 只长号、4 只小号、5 只萨克斯。节奏乐器包括鼓组、贝斯、钢琴和吉他。铜管和木管乐乐手的数量也可能加倍，分别增加圆号、单簧管和长笛。也有可能增加打击乐乐手。图 14.23A 是一个常见的录音棚布局。小号的位置在长号的稍

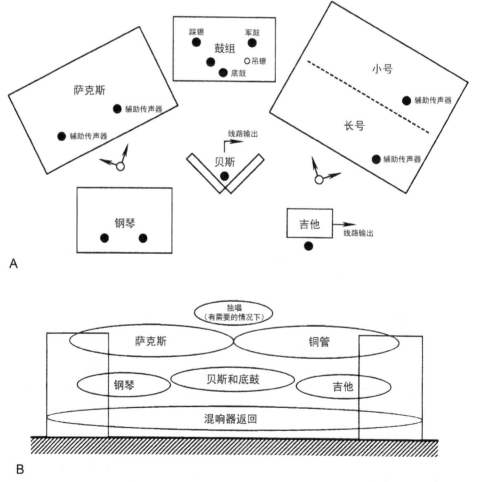

图 14.23 录制大型爵士乐队：录音棚内摆位（A）；理想声场空间（B）

后方，乐队中木管声部在合奏时站着演奏并不少见。通常会用立体声制式拾取萨克斯和铜管乐器，同时为独奏乐手设置辅助传声器。录音师需要制作人的帮助，从而准确地确定独奏乐器的位置。通常，一组立体声混响就可以满足整个乐队的环境感。然而，人声则需要另一个时间较短的混响。

理想声场空间

萨克斯和铜管乐器声像定位覆盖整个声场，制造一种连续感的空间。独奏乐器的位置取决于独奏段落延续的时间，一般被定位在中央位置。节奏乐器是另一个层次，钢琴在该层次中的左侧，鼓位于中间，吉他在右侧。总体的声像位置如图 14.23B 所示。

为了避免设置太过杂乱，大多数录音师会选择立体声传声器作为萨克斯和铜管乐器的主传声器进行拾音。对节奏乐器的拾取建议和章节前部提到的相同。录制如此复杂的乐队时，最安全的方法是分配每个传声器到它自己的声轨，与此同时进行一个两通道立体声监听。有很多录音师对大乐队的现场两轨混音很在行，如果使用的自动化调音台有很多编组输入，混音就会简单一些。

14.12 大型录音棚交响乐

大型录音棚交响乐多为电影的配乐。乐队看起来类似于一个小型交响乐团。主要拾音方法和第 13 章中关于交响乐队的拾音相似。

录音师必须与作曲家或编曲家及制作人商议，确认总谱中提出的要求。任何一件需要独奏的乐器，就算极短暂，也需要准备一支辅助传声器。这样做的原因是在后期混音中，通常需要突出独奏乐器，这样在电影的终混中，才能使得声音清晰可闻。所有的这些准备都需要在录音开始之前就绪。

然而，片头和片尾的配乐应由混音师在录音时就精确平衡。唯一需要再提的一点是，在如今的混音中，影片多为 5.1 声道——3 个前方声道，2 个环绕声道和 1 个低频效果（LFE）声道。

弦乐合奏最好的声音往往是在保证弦乐相对于木管和铜管轮廓明确的前提下，传声器尽量地远离弦乐声部，这与古典音乐录音类似。很多录音因传声器过近会产生刺耳的声音，导致最终效果不佳。图 14.24 是一个常见的录音棚内的交响乐团乐器分布。注意：弦乐主要依靠前方 4 支主传声器拾音，并在弦乐声部中间摆放一对顶置（Overhead）传声器。为独奏乐器设置辅助传声器，在后期制作中来突出独奏乐器。

14.13 现代录音棚声学和串音控制

半个世纪以前，为了迎合动态范围有限的广播和电影声音录制的需求，录音棚都追求较干的声学环境。几十年来，随着录音艺术的发展，各种不同空间的录音棚越来越多。如今的录音棚追求在一个大空间内产生各种环境。例如，录音棚的一端可能比另一端活跃；或者整个录音棚都布满了可移动的墙面，利用它们可以在录音棚内塑造出活跃或是沉寂的区域，如图 14.25 所示。

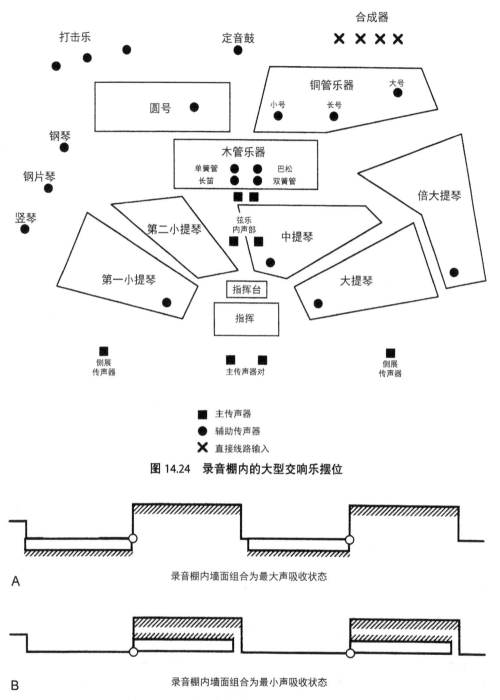

图 14.24 录音棚内的大型交响乐摆位

A 录音棚内墙面组合为最大声吸收状态

B 录音棚内墙面组合为最小声吸收状态

图 14.25 现代录音棚中的活跃区域和吸声区域

现代化的录音棚有多个独立区域。多用于人声和一些较弱的乐器。一些录音棚有一个整体的大空间，事实上是另一个录音棚与主录音棚相连接组成，并且它的空间足够大可以容纳下一个规模较大的弦乐队，使用大型可移动的玻璃门保证了演员和主录音棚中乐手之间的必要交流。

　　录音棚中的离散反射也是一个问题，如图 14.26A 所示。例如，在录制大提琴和倍大提琴时，传声器可能会贴近地面。如果传声器与地面和与声源之间等距，则如图 14.26A 中所示的位置 1，反射路径造成不规则的传声器响应，如图 14.26B 所示。将传声器逐渐接近地面则可以减少响应的不规则问题。

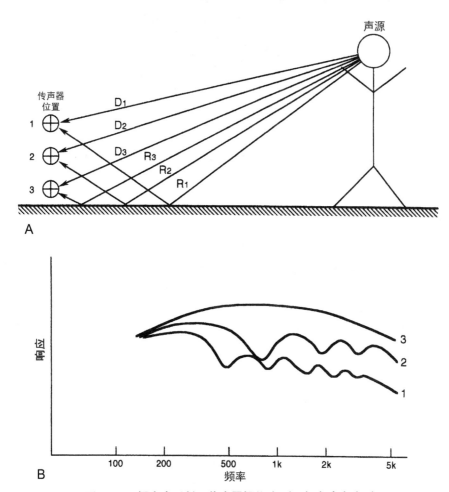

图 14.26　棚内声反射：传声器摆位（A）；频率响应（B）

　　在大多数案例中，最好将传声器直接设置在地上避免干扰。界面传声器就是为此而设计的。最常见的型号如图 14.27 所示。通常选择全指向拾音模式，而指向性界面传声器可以被用在隔离度要求更高的情况下。

图 14.27　指向性界面传声器（图片由 Bartlett Microphones 提供）

14.14　3:1 原则

另一个小型录音棚中存在的问题是乐手座位过于靠近。如图 14.28A 所示的即为所谓的 3:1 原则。该原则表明，当使用一支全指向传声器时，声源和传声器的距离要小于该传声器到临近声源的 1/3。违反该原则会造成一系列频率响应上的梳状滤波效应。3:1 比例会使临近声源被拾取到的声压级平均降低 10dB，这使得梳状滤波的频率凹陷降低到 1dB，通常还是可以接受的。当一件乐器的音量明显大于另一件乐器的音量时，则需要作如图 14.28B 所示的调整。显然，使用心形传声器可以有效减小串扰问题。

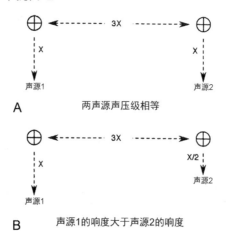

图 14.28　全指向传声器依照 3:1 原则摆位：声源声压级基本相同（A）；声源 1 音量大于声源 2（B）

第15章

环绕声传声器技术

15.1 引言

半个世纪以来，双声道立体声作为重放系统已成为主流。然而，环绕声可以追溯到更早以前，它可谓是电影行业最原始的技术诉求。对消费者而言，在以听音乐为主要需求的家庭式重放系统中，环绕声曾经有一段发展不平衡的历史。四声道最早在 20 世纪 70 年代中期出现但很快夭折，主要原因在于那时的技术还未发展成熟。到了 20 世纪 90 年代中期，环绕声随着家庭影院的革命，重新进入消费者的视野。在五声道扬声器阵列中，3 只置于前方，2 只置于侧后方。五声道环绕声的基本理念是仿照常见的影院扬声器的摆位，它的一个主要的性能优势在于使用了前方中置声道，无论听音者位于何处，都能够较好地定位舞台中心位置。而从后方声道带来的整体氛围感同样令人感官愉悦。

最早的五声道系统专为纯音乐类环绕声服务，包括 DVD 格式（带有 Dolby AC-3 编码系统）和 DTS（Digital Theater Sound 数字化影院系统）CD 格式，它由 5 个全频声道和 1 个 100Hz 以下的超低频声道组成。（5.1 环绕声系统由此得名）。随着新时代慢慢到来，DVD Audio 和 Sony/Philips SACD（超级音频光盘系统）都在环绕声领域有着新的建树。现如今，这些存储媒介都有了市场可接受的价格，但都还未获得预期中的成功。

环绕声技术在 21 世纪的最初 10 年有着卓越的发展，这其中包括传声器设计、拾音技术和重放系统的多种选择。本章中，我们首先探讨与环绕声技术层面相关的内容，而接下来的一章将会涵盖各项技术的案例研究。

为了清晰解释，我们将环绕声录音和重放内容分为 4 个部分：

1. 立体声的衍生：无论是怎样的环绕声系统，它们大多是现有立体声技术的衍生，因为它们利用真实和幻象声像以及无关联性的多声道声源制造环境效果产生环绕声。在这一部分中，主要介绍四声道和现代的电影技术原理，也介绍一些类似 TMH 公司 10.2 系统这样的极为特殊的制式。几乎所有使用传统和现代多轨磁带的环绕声混录都将在这个部分有所呈现。

2. 单点拾音：这项技术被尝试用于还原一个立体三维声场。英国 Soundfield 公司曾推出过一个早期产品，而 Core TetraMic 是较新的产品，它们都使用了一阶指向性模式。Eigenmike 的产品则使用高阶模式。在这两种模式下，都将拾音和重放的方位直接对应，而这样对应的主要目的是为了在重放环境下重现自然环境的空间感。传声器的数量主要取决于拾音制式，但是，在驱动信号正常工作的情况下，重放系统中可以使用比传声器数量更多的扬声器。然而，在所有这些系统中，最基础的要求是听音者要位于扬声器阵列的中心，或者说"最佳听音位置"。

3. 听觉传输或与头部相关的拾音方式：这项空间声音传输技术使用到的扬声器数量很少，在拾音中，它复制了人耳处幅度和时间的关系，由此从物理上重现拾音环境效果。这种方式非常依赖扬声器—听音者的定位，并且主要用在受约束的听音环境下（如利用计算机工作站工作），因为它要求听音者的头部被固定于一个单点上。

4.“视差”系统：我们可以想象一个声学全息图，在该系统中，当幻象声源位置静止时，听音者可以在听音区域内自由移动。通常情况下，很少有录音作品可以达到要求，其中真正的复杂性在于对重放信号的处理，因为位置信息需通过脉冲测量和信号卷积，是多重声源的叠加。这项技术如今还在实验中，但它在特殊场合的应用必定拥有巨大潜力。

对于以上每一个部分，我们都会在下文中阐述录音和最佳重放的通用技术需求。

15.2　立体声衍生系统

15.2.1　什么是环境声？

有 3 个声学要素直接影响环境声的重现：

1．精确地拾取舞台上的直达声；声场声像必须自然且清晰。

2．拾取舞台和录音空间前方足够的早期反射声，以此来展现房间的尺寸和容积。反射声通常在拾取到直达声后的 25 ～ 60ms 出现，一般通过环绕声阵列的所有扬声器展现。

3．拾取不相关的混响声并随后通过整个扬声器阵列重放。混响声通常在拾取到直达声后的 80ms 左右开始出现。

传统的双声道立体声可以为坐在轴线上的听音者传递准确的前方声场信息，但是一旦涉及早期反射声和混响声，在重放角度相对较小的情况下就很难真实展现。我们首先需要确认环绕声需要多少个通道。Tohyama 等人（1995 年）提出的一组数据表明，在日常消费及听音环境中，最少需要四通道准确重放整个声场的包络。该研究的基础如图 15.1 所示，在该图中，将人工头安置在一个声能可完全扩散的混响室中，这类似于普通音乐厅的声学构造，可表现正常的包围感。测试信号是范围在 100Hz ～ 10kHz 的扫频信号。该信号到达位于人工头双耳处的传声器并进行比较，精确测量双耳处拾音信号的互相关系数，并通过图表表示出来。在低频段，相关性较强，因为传声器的间距相对于所接收的波长来说较小。

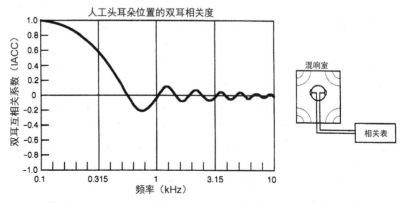

图 15.1　被放置在混响空间中的人工头的双耳互相关系数（IACC）

随着信号频率的提高，相关性系数的平均值达到 0，这表明人工头接受的信号基本不相关，这是为听者的双耳传达空间感的基本条件。

如图 15.2 所示，我们在与之前的图 15.1 相同的扩散声场中录制一段不相关的双声道立体声，并在普通的家庭听音环境中重放。

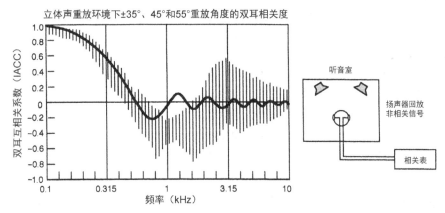

图 15.2　在普通的听音环境下用立体声重放不相关的混响信号时得到的 IACC 值

人工头再次拾取扫频信号，平均了 3 组立体声扬声器的重放角度，再次计算并绘制出双耳相关性数据。绘制出的数据表明，双耳测量信号的相关性并不一致，事实上不同重放角度的包围感的差别较大，特别是在重要的 800Hz ～ 3150Hz 中频段。正如我们平日里的感受，立体声并不能为听音者创造一种环绕的空间感。

图 15.3 使用了相同的测量方法，这一次使用 4 个不相关的重放声道，在测量系统中，将它们平均放置在 6 组不同的方位角度上。可明确的一点是，这个四声道系统与图 15.1 中塑造的参考空间感很相似，表明 4 个（或更多）声道的环境声信息可以在家庭听音环境下重现，并可以准确塑造出一个具有包围感的声场。目前，大量多声道混响系统都能塑造这样的去相关声场。

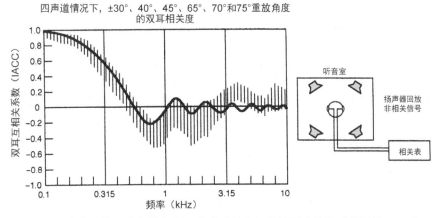

图 15.3　在普通的听音环境下用四声道重放不相关的混响信号时得到的 IACC 值

15.2.2 重放设置的细节问题

图 15.4 中所展示的是一个有参考价值的典型四声道重放设置。该系统可以重放出一个较好的环境声。然而前方扬声器对的间距较大（90°）会对较多听众产生干扰，主要因为它不能准确地在前方中央位置定位幻象声源。正因如此，许多人将前部的扬声器夹角减小到 60°，而后方的一对夹角仍保持为 90°。

电影中的环绕声在过去许多年内逐步成型，成为图 15.5 中所展现的布局。其中有的包括两组环绕声通道，有的包括三组环绕声通道，这两者的选择取决于安装方式和 Dolby EX-Plus 中后方中置声道的搭建。在电影院中，多声道环绕扬声器通常被用于重放高度不相关的信号，即使行家也不能很容易地识别出具体的声源位置。这通常适合于通过环绕声道展现特殊环境感，例如特殊电影中大型的场景效果。

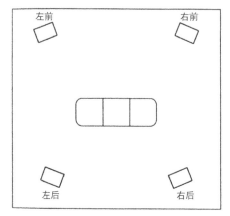

图 15.4　一个典型的四声道家庭环境重放系统设置

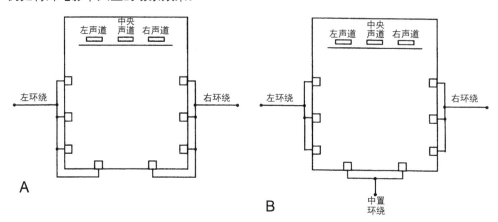

图 15.5　电影院中的扬声器：使用 2 个环绕声道（A）；使用 3 个环绕声道（B）

在家庭环境中，通常只会使用一对扬声器来配合屏幕上的效果展现环绕感，所以要展现复杂的声音场景是非常困难的。图 15.6 是一个典型的家庭影院扬声器阵列，环绕声通道采用了偶极子扬声器。在与前后方主轴呈 90°的方向上，偶极子扬声器的输出达到最小值，并将此方向对准主要听音区域。这样带来的结果是听音者听到的环绕声信息主要来自房间反射，这样不会使人过多地关注左右声源的具体方位。

当后方环绕声通道主要为混响声时，偶极子扬声器表现优异。对于更多普通音乐来说，图 15.7 中的重放制式更加受到推崇。图中画出了 ITU（国际电信联盟，1994 年）推广的标准扬声器配置，这一配置可以为专业场合的环绕声节目混音建立一个听音环境。然而随着这种环绕声制式得到大力推广，许多业内人士都表示，在家里利用环绕声系统中的左前方和右前方扬声器重放普通立体声节目时，60°的展开角度显得过宽。

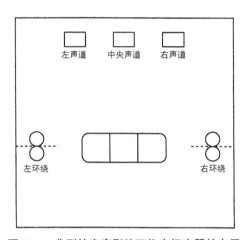

图 15.6　典型的家庭影院环绕声扬声器的布局

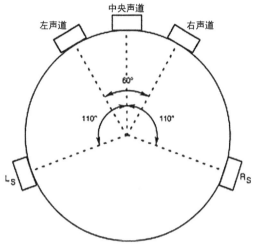

图 15.7　ITU 推荐的环绕声监听扬声器的参考摆放位置；后方环绕声标称 110° 重放角度也可能处于 100° ~ 120° 之间

在环绕声混音中，前方 3 个声道在定位音乐中关键乐器的方位起到关键性作用。人耳的听觉系统可以锁定前方舞台上的各个乐器，也可以在一定的角度范围内定位它们的横向位置。采用前方三声道重放，听觉定位的敏感度明显比仅依靠幻象声源定位的双声道立体声要更加稳定，并且前方三声道大幅扩展了有效听音区域。

当我们意识到有些声源来自侧方和后方时，对我们而言最大的难题是如何定位这些声源的真实位置。通常，来自侧方的声源在双耳呈无相关性，旨在帮助重现录音中的临场感。由于耳朵在定位侧方声源具体位置上有难度，所以我们可以使用一对独立的声道来塑造更好的临场感，尤其适用于电影院这类采用大量扬声器的场合，以及适用于有较多扩散性偶极子扬声器的场合。因此，在使用环绕声系统重放古典音乐时，环绕声道主要用于展现录音环境中的早期反射声和混响声。值得注意的是，在 ITU 配置中，后方扬声器摆位更偏向侧面而不是向后部摆放，这样的摆位可以更好地展现早期反射声和混响声。

流行音乐的混音方式依旧循规蹈矩：将次要的音乐元素放在环绕声道上，包括伴唱或节奏类元素。现场音乐会通常将观众效果声和次要的音乐元素结合在一起，放置在后方声道中。

Holman（2000 年）扩展了 5.1 声道的概念，提出了如图 15.8 所示的 10.2 声道。前方增宽声道（wide-front channels）主要用于加强早期侧向反射声，有助于展现录音厅堂良好的声学特性；中央后方声道（center back channel）确保空间的连续性并展现清晰的后部声像。前部头顶声道（front overhead channels）用于展现高度信息，和前方增宽声道一样，增加重放时的空间感和真实感。两个超低频声道的作用是还原低频段的空间细节，这是由长波的横向压力梯度引起的。这样的效果仅通过一个独立的 100Hz 以下的超低频声道是难以实现的。Holman 进一步指出，新增加扬声器的位置，要为重放空间中的实际位置留有余地。在 10.2 配置的实际应用中，"虚拟"传声器（见第 19 章）的概念在产生次级反射声和环境声中起到重要作用。

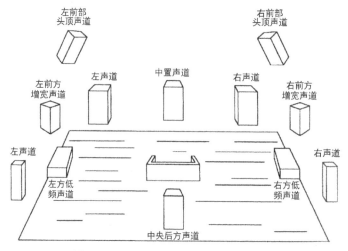

图 15.8　TMH 公司 10.2 环绕声系统布局

15.3　由立体声衍生的环绕声传声器和阵列

大多数环绕声录音都使用了传统的传声器和技术，并将多个信号分配到环绕声阵列的 5 个声道中，但是有一些传声器和阵列是专门针对环绕声录音设计的。以下我们将讨论一些这样的传声器。

15.3.1　重合阵列

回归到四声道年代，一些传声器用单点拾取来自四周的声音，这一概念在环绕声领域依旧受用。1975 年 Yamamoto 设计了单点上由 4 支心形指向性传声器组成的阵列，由一组心形电容器组件如图 15.9A 所示或铝带组件如图 15.9B 所示组成，拾取水平方向的声音。在这两个方案中，机械结构和声学组件设计都有所调整，使每个单元的目标心形指向性围绕成圈，并保证相邻单元指向性的平滑过渡。

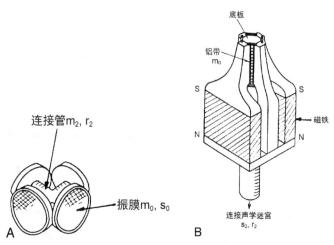

图 15.9　单点四声道：使用心形组件（A）；使用铝带组件（B）（图片来自 Journal of the Audio Engineering Society）

15.3.2　近似重合阵列

Schoeps KFM 360 球形阵列

1997 年 Bruck 发明了 KFM360，它使用了一对 M-S 立体声制式，其中一个朝向正前方，另一个则对准正后方。两个 M-S 制式连接在一个直径为 18cm 的球体两侧，如图 15.10A 所示，图 15.10B 中是其模式选择。使用者可以相互独立地选择朝前和朝后"虚拟传声器"对的指向性，从而改变前 - 后方听感。传声器阵列拾取的信号馈送至 DSP-4 控制单元（如图 15.11A 所示），图 15.11B 展示了控制单元的信号流程图。

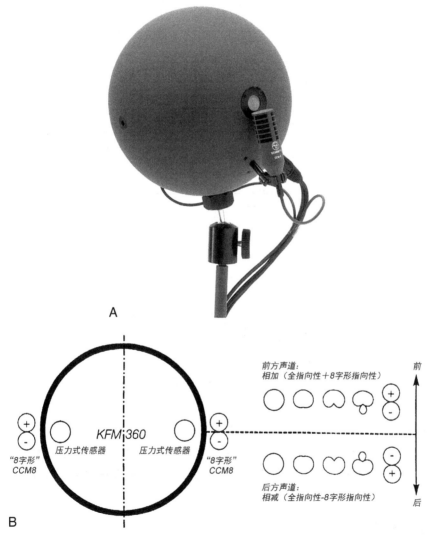

图 15.10　Schoeps KFM 360 四传声器阵列：阵列左侧为压力式传声器和外部压差式传声器（A）；
KFM 360 前后模式选择（B）（图片来自 Schoeps）

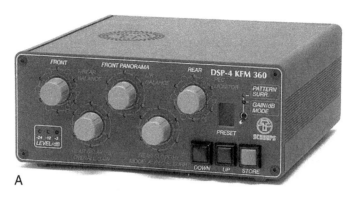

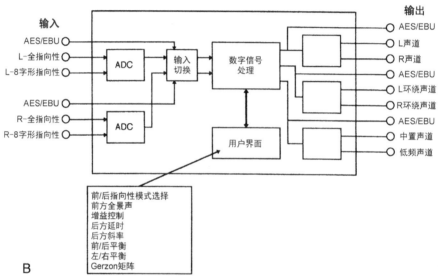

图 15.11 Schoeps KFM 360 的 DSP-4 控制单元：控制单元外观（A）；控制单元信号图（B）
（数据来自 Schoeps）

该压差式传声器使这个小型阵列产生极好的前后空间轮廓，使用后方声道延时功能效果更为明显。值得注意的是，通过控制单元 Gerzon2—3 矩阵电路的处理可以得到中置声道信号（请参看后文的"视差"系统）。

Holophone Global Sound（全息球形）传声器系统

该系统由 5 支压力式传声器单元组成，分别被固定在（双半径）椭圆体表面上。传声器可以从椭圆体表面延展出一小段距离以增强分离度。它的无线型号在拾取整体声场效果上表现优异。

15.3.3 间隔阵列

环绕背景声传声器（SAM）阵列

德国 IRT（Institut für Rundfunktechnik）公司的 Theile 设计了一种由 4 支心形指向性传声

器互相呈 90° 摆放的制式。如图 15.12 所示，这组传声器被放置在一个边长为 21 ～ 25cm（8 ～ 10in）的正方形四角上。这就是我们熟知的 SAM（环绕背景声传声器）阵列。传声器指向性模式会引起强度差，各个传声器之间的距离又引入了时间差。通常使用该阵列拾取现场演出中的背景声，可与传统的辅助传声器拾取的中央声道配合使用（Theile，于 1996 年）。

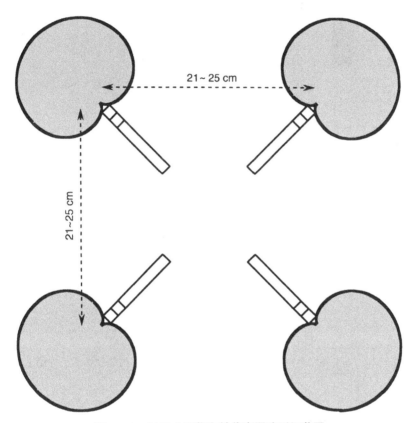

图 15.12　SAM 心形指向性传声器阵列细节图

SPL（Sound performance lab）阵列

图 15.13A 中是德国 SPL 阵列，该阵列由 5 支多指向性传声器组成。该阵列具有较强的灵活性，传声器之间的距离可以做单独调整（利用传声器杆的伸缩），同时每个传声器的水平指向角度也可调整。图 15.13B 展示了 5 支传声器在正常情况下的工作距离。这类阵列可以为录音厅堂塑造基本的空间特征。通常辅助传声器配合主传声器阵列一同使用。处理器单元提供了多项选择，包括传声器指向性模式调节、组合电平控制、超低频输出控制和声像控制。SPL 阵列与第 11 章讨论过的 Decca tree 有着诸多相似之处。

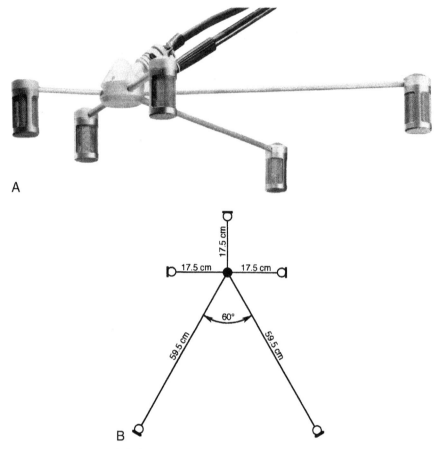

图 15.13 　SPL 环绕声阵列细节图：外观图（A）；阵列的俯视标准尺寸图（B）
（图片来自 SPL, USA）

15.3.4 　Frontal Arrays 前方阵列

　　在这一部分，我们将会谈到前方 3 个声道如何拾取最佳效果和隔离度。这些阵列将会用于拾取一些常见空间的环境声。3 支传声器组成的前方阵列存在一个问题：一支传声器的信号馈送至一只前方扬声器，这样会在两两传声器之间产生 3 个幻象声源：L-C、C-R 和 L-R。如果 3 支传声器的拾音区域重合过多，那么两侧的一对传声器重建的幻象声源则和由中置扬声器重放的真实声源不在同一点上。所以，将左右两支传声器换成锐心形或超心形将会有效减少这一问题的出现。

　　Klepko（1997 年）设计了如图 15.14 所示的传声器阵列。在该阵列中，左右两支传声器为超心形，中间传声器为标准的心形指

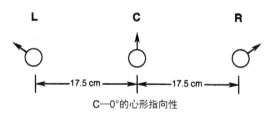

C—0°的心形指向性

L&R— ±60°的超心形指向性

图 15.14 　Klepko 设计的由 3 支传声器组成的前方阵列

向性。左右两侧使用超心形传声器可以减少重放时因宽度过宽带来的左右声道串扰。

　　Schoeps 公司设计的前方阵列如图 15.15 所示，这就是我们熟知的 OCT 阵列（Optimum Cardioid Triangle），该阵列利用更宽的间距并使用超心形指向性传声器指向正左方和正右方，以此来减少左右声道之间的串扰。位于中央的心形指向性传声器被置于两支超心形传声器略前，使中间声道早于左、右侧传声器拾取声源。在左右两侧附加的两支全指向性传声器用以补充超心形传声器拾取不到的低频声。

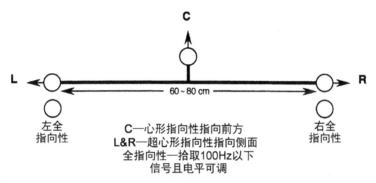

图 15.15　Schoeps 公司设计的三点式前方阵列

　　图 15.16 为一种二阶心形重合式前方阵列的构想（Cohen 和 Eargle，于 1995 年），该阵列在前方 150° 范围内具有均匀一致的拾音特性，由此从根本上消除左右扬声器之间幻象声像的串扰，

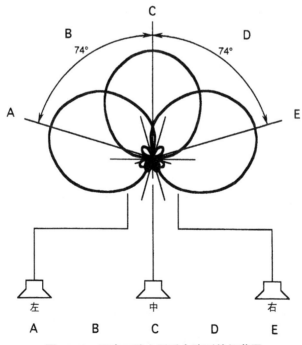

图 15.16　三支二阶心形重合阵列的细节图

但如何实现这一阵列还存在一些工程障碍。左右传声器轴向串扰在-15dB左右，这清楚表明左右声道的相关性达到最小。二阶指向性模式的公式为：

$$\rho=(0.5+0.5\cos\theta)(\cos\theta)$$

至此我们已经讨论了如何尽量减小中置声道串入前方两侧通道的方法，同时传声器阵列的展示也到此为止。然而，在许多流行音乐混音作品中，人们偏爱突出独奏／独唱，一些混音师和制作人有目的地将中置声道的内容分配到前方两侧声道。这种改变使得声压级与之前相比会小 3dB 左右，并且会在前方产生类似"墙面"的声音（wall of sound）。对混音师和制作人而言，这只是一个主观判断，更多是基于对音乐的需求而非技术需求，在遇到类似情况时要特别留心。

15.3.5　从一对 L-R 立体声声道中提取出中置声道

你可能会意识到，到目前为止，在我们讨论过的传声器阵列中，很多都没有特定的中置声道传声器。基于这种情况，在将过去的立体声素材重混为环绕声时，都需要从一对立体声中合成出一个中置声道来。Gerzon（1992 年）设计了一个矩阵网络实现这一想法，虽然在前方三声道扬声器阵列中，L-R 的整体隔离度还不尽完善。图 15.17 显示的电路虽然看上去很复杂，但是可以在线路输入可反转相位的任意调音台上进行简单设置，或利用跳线盘实现。此外，还可以在计算机数字音频工作站的虚拟控制面板上设置。

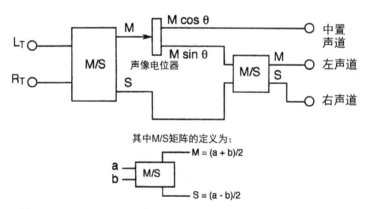

图 15.17　Gerzon 2-3 矩阵：从一对立体声声道中提取出中置声道

以下是该应用实现的案例：假设立体声录音由 3 个主要的信号组成：左、幻象中置、右。该立体声声道可表示为：

$$L_T = L + 0.7C$$
$$R_T = R + 0.7C$$

其中 C 代表被定位在中间的信号，例如人声，L 和 R 代表不相关的左、右信号。L_T 和 R_T 包含左—立体声全信号和右—立体声全信号。该矩阵分离角度 θ 通常被设置为 45°，则 θ 的正弦和余弦值为 0.7。在这个函数中，矩阵的 3 个声道输出信号分别为：

$$Left = \mathbf{0.85L} + 0.5C - 0.15R$$
$$Center = 0.5L + \mathbf{0.7C} + 0.5R$$
$$Right = -0.15L + 0.5C + \mathbf{0.85R}$$

从以上公式可以看出，左、中、右 3 部分（黑体字）分别在其相对应的输出声道中占主要地位，同时相互之间的串扰也明显增加。θ 的函数值越高，左 - 右声道的隔离度越好，代价是降低中间声道的电平。Gerzon 建议频段在 4kHz 以上时，矩阵分离角度改为 55°，频段更低时，可以用角度 35°的函数值代入。这个方法通常需要两个矩阵，并且会造成一些复杂的情况。如果你想使用 Gerzon 的矩阵，我建议一定要仔细建立一个较好的声道间平衡。

15.4　单点拾音的传声器阵列

单点环绕声拾音阵列通常被用于将整个表演的声场重现在扬声器重放环境中。重合立体声传声器对，从某种意义上来说，是该环绕声阵列的基础，但是我们通常认为，用 4 个或更多通道的传声器拾音产生了一个三维的拾音阵列。正如 Gerzon（1975 年）介绍的 Soundfield 传声器，使用 4 支传声器搭建出一个一阶指向性模式的阵列，每一支都对应一个相应方向上的扬声器。Johnston（2000 年）提出使用 7 支枪式传声器组成一个阵列并有相应的重放设置与之对应。Meyer（2003 年）推出了一个三阶传声器阵列——Eigenmike，它可以支持 16 路扬声器重放系统。

当重放声道增加到超过 5 个或 6 个时——至少不是家庭环境所能承受的，实际使用方面的问题逐渐凸显。从另一方面看，在许多特殊的场合和娱乐场所，多声道技术可以被发挥得淋漓尽致。

15.4.1　Soundfield 传声器

我们在第 5 章里曾讨论过，任何一阶心形指向性传声器都是通过全指向性和 8 字形指向性相结合产生的。有一种不太常见的组合：1 个全指向性和 3 个 8 字形指向性相结合，分别指向左右、上下、前后方向上，这很可能组合成指向空间任意方向均为心形指向性的拾音模式。Gerzon（1975 年）设计了一种由 4 个宽心形指向性模式组成的阵列，每一支传声器的指向都平行于正四面体的边，并被安装在图 15.18A 所示的外壳上。图 15.18B 是 4 个极头单元组合为 A 制式的后视图。该阵列的各单元被组装在一个狭小的空间里，在宽广的频率范围内，各个方向都具有均衡一致的解析度。从后方看这个宽心形单元的组合体，其具体工作原理如下：

前方单元	1. 左上方（L_U） 2. 右下方（R_D）
后方单元	1. 右上方（R_U） 2. 左下方（L_D）

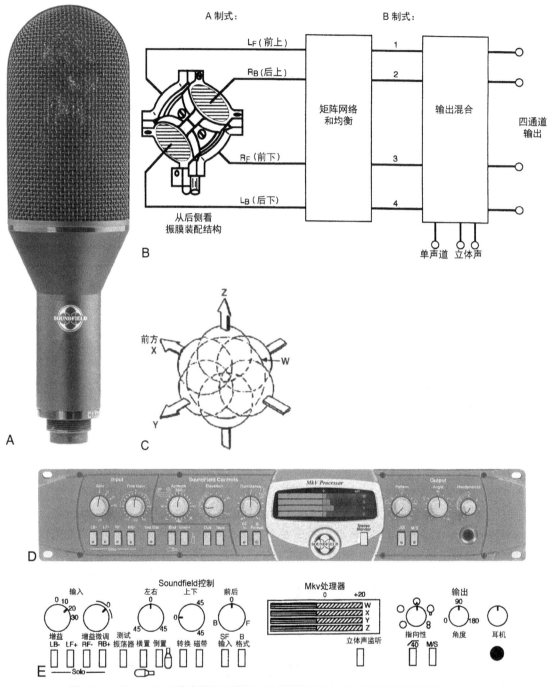

图 15.18 Soundfield 传声器的细节图: 传声器外观 (A); 控制单元信号走向 (B);
B 制式的细节图 (C); 控制单元的外观 (D); 控制面板具体功能 (E)

F

图 15.18　TetraMic 和硬币对比尺寸（F）

（图 A ～ E 来自于 SoundField；图 F 来自于 Core Sound LLC）（续）

将 A 制式拾取的 4 个声道须重新组合成 B 制式，原理如下：

$$W = 压力分量 = (L_U + R_D + R_U + L_D)$$
$$X = 前 - 后速度分量 = (L_U + R_D) - (R_U + L_D)$$
$$Y = 左 - 右速度分量 = (L_U + L_D) - (R_D + R_U)$$
$$Z = 上 - 下速度分量 = (L_U + R_U) - (R_D + L_D)$$

图 15.18C 是 B 制式原理的具体图解，这 4 个拾音单元组合在一起就是在各个方向上都可拾音的一阶心形指向性传声器组合。图 15.18D 是控制单元的前面板，而图 15.18E 则展示了控制单元的更多细节。通常情况下，经过处理生成的 4 个输出被用于环绕声，也可以运用于单声道和立体声输出。

在立体声（双声道）操作模式下，在控制单元上可以遥控进行以下几个操作。

1．在无须物理接触传声器或对传声器组件进行操作的前提下，可旋转改变指向性模式。

2．无须进行物理移动，可通过电子调节，改变传声器向下倾斜的角度以重建立体声拾音面。

3．前后方向由控制器控制，使它只拾取朝前方的立体声（提供更好的独奏效果），或被完全对准后方（拾取更好的混响效果）。

这样看来，Soundfield 传声器应用很广泛，可作为学校礼堂和音乐厅的固定安装设施，或被广泛应用在音乐节中。在这些场合，需要为每个乐器组设置一对独立的立体声传声器，它在每个节目转场中间不会因传声器摆放改变而造成节目中断。为了便于立体声的应用，Soundfield 传声器可以与一个简化的立体声控制单元相连使用。

当它作为环绕传声器被使用时，Soundfield 传声器的 4 个基本输出通过调整，可以指向听音空间中的任意方向，使 4 只（或更多）扬声器可以准确地与指向该方向的一阶传声器相匹配。

Core TetraMic 传声器如图 15.18F 所示，它是基于这一原理的较新产品。较小的体积使得它在运用中能够更好地符合这一原理。所有的控制功能都可以用软件实现，这使得环境声录音的成本较之过去大为降低。

15.4.2　Johnston-Lam 七声道阵列

图 15.19 是 Johnston-Lam（2000 年）传声器阵列的透视图。5 支锐心形指向性传声器在水平面上两两间隔张开 72°。垂直的传声器是一支短的线列传声器，它的响应在 90° 时最小，以尽量减少横向信号的拾取。7 支传声器位于一个直径大约为 290mm（11.5in）的球体上。一般情况下，该阵列被放在表演空间的最佳听音点上，大约高出地面 3m（10ft）。

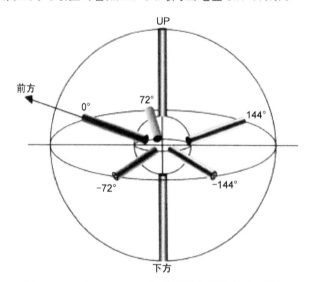

图 15.19　Johnston-Lam 多声道传声器阵列的透视图

据发明人所述，不同的传声器间距、指向和响应模式选择是为了让传声器拾取双耳时间差（ITD）和强度差（ILD），然后再重放给坐在重放扬声器阵列中心或靠近中心的听音者。双耳时间差和强度差是双耳定位的基础，作者表示以这种方式可基本呈现声场整体效果，相比于试图重现实际声场中的每个细节是更加实际的做法。如果高度信息也需要适当地在重放阵列中呈现，则该方法从本质上与采用标准 ISO 环绕声扬声器阵列重放相兼容。理想情况下，扬声器应该以间隔 72° 角环绕在听音者的四周。

15.4.3　Eigenmike™ 概述

Meyer 和 Agnello（2003 年）设计了一种体积相对小的球形阵列，直径大约为 75mm（3in），其中包含 24 个微型的全指向性驻极体传声器，被等间隔地分布在球体表面。这款传声器的输出可以选择性地合并，并且可以调整相对延时，创建三维空间内等间隔排列的一阶、二阶或三阶拾音模式。

最佳球形覆盖阵列对传声器的数量的需求可通过以下公式计算：

$$传声器的数量 =(N+1)^2 \tag{15.1}$$

N 代表传声器的阶数。例如，在一阶 Soundfield 传声器中，传声器需求量为 4 个，所以我们在 B 制式中看到 4 个单元，由此可以延伸出各个指向性模式。在一个二阶系统中有 9 个单元，在三阶系统中有 16 个单元。图 15.20 是 Eigenmike 的外观图。

图 15.20　Eigenmike 的照片（图片来自 mh-acoustics, Summit, NJ）

与 Soundfield 传声器设有 A/B 两种可选制式相类似，在这种方式中多个单元组成二阶。这种灵活的运用造就了 Eigenbeams 或是指向性传声器单元不受实际传感器的数量的限制，连续地分布在球表面。图 15.21A 是一个合成的三阶锐心形指向性传声器的三维图和它沿轴向摆放的位置。图 15.21B 是上述传声器分别与两个主轴呈 20° 夹角（θ 和 Φ）的指向情况。图 15.21C 是 3kHz 时该制式二维指向性图。

将阵列用于声场重建的典型应用中，三阶指向性模式维持在 1.5kHz 以上。伴随着频率的不断降低，指向性模式降至二阶，低于 700Hz 以后成为一阶。此时，需要在空间信息和低频风噪之间做折中，我们在第 6 章中曾有所讨论。通过增大整个阵列的尺寸，可以在指向性控制和低频噪声之间做出折中。

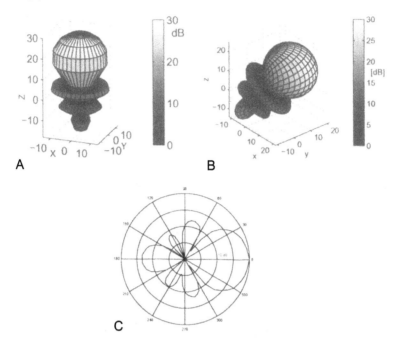

图 15.21　Eigenbeams 的构造：沿轴向摆放的三阶指向性模式（A）；三阶指向性模式与两个主轴呈 20° 夹角（θ 和 Φ）的指向情况（B）；三阶锐心形指向性传声器在 3kHz 的二维指向性图（C）
（数据来自 Meyer 和 Agnello, 2003 年）

除了录音应用之外，Eigenmike 和 TetraMic 也可被应用于建筑声学的测量中，多声道录音设备可以被用来储存多个脉冲数据，为之后的离线指向性分析做准备。

15.5　听觉传输 (Transaural)/ 头部相关技术

Cooper 和 Bauck（1989 年）使用 "Transaural" 一词描述录音和重放系统，其中指向性响应通过听者的双耳独立判断。通过比较，普通的立体声主要依靠扬声器重放，以及人耳听到来自每只扬声器所重放声源来决定所听到的内容。

基于听觉传输技术的录音和重放是双耳信号的直接产物，在第 12 章中曾有过讨论。基本工作原理如图 15.22 所示，其中两个声道的声源由人工头拾取，并将信号通过串音消除器的处理。在此过程中，来自每只扬声器的延时信号交叉反馈给另一侧的耳朵，精确的延时时间可确保正常的立体声串扰信号得到有效消除。

Schroeder-Atal 串音消除电路的细节如图 15.23 所示，双耳信号由两个标为 C 的信号转换而来，在这里 C = − A/S。S 和 A 分别指近侧信号（S）和远侧信号（A）从扬声器到听音者的传输函数，通常可为给定的听音角度（θ）设置一套串音消除电路参数，该系统的串音消除性能可根据扬声器的指向角度得到优化。离轴听音或以轴向其他角度听音都不能感受到最佳效果。

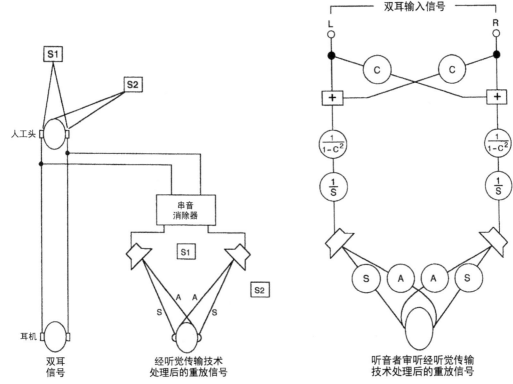

图 15.22　听觉传输技术：双耳信号可以直接通过耳机进行重放或者经过串音消除器处理的一对扬声器进行重放。

图 15.23　Schroeder-Atal 串音消除系统细节图

听觉传输处理最具信服力的情况是在听音者位置测得的 A 和 S 数据相同，这意味着听音者的头在测量中完全取代人工头。然而，人工头与普通成年人头形状相仿，由它代替测量可以得出一定的参考结果。在一些实验室重放系统中，采用头部相关传输函数（HTRF）可以改善系统的性能。

在图 15.24 中展示的是 Cooper 和 Bauck (1989 年) 为录音棚设计的声像调节系统。利用脉冲响应的方法，为一个人工头在每个所需的方位角位置都进行测量一组 HTRF 数据（图 15.24A）。储存测量结果并将结果输入到一个声像调节系统（图 15.24B）中，使得输入的信号在听音者前方 180° 范围内进行定位，重放角度可以以 5° 为增量进行设置。

双声道听觉传输回放系统可以将 5 声道环绕声节目信息生成双声道回放信号，听音者可以在虚拟的空间内获取 5 个声道的声源的准确位置。获得的效果如图 15.25 所示。

值得注意的一点：只有当听音者的头固定不动时，才能产生准确的听觉传输虚拟声像。一个听音者对应一对扬声器，如果听音者的头部在声场中移动，则虚拟声像也跟着他们移动。或者借助一种叫作头部跟踪的技术，补偿信号可以被反馈到合成器中，可以在一定程度上修正因听音者头部旋转带来的声像移动趋势。

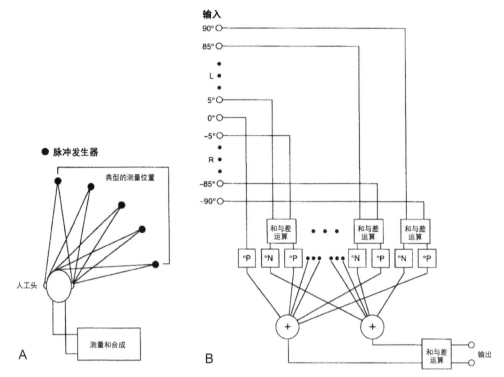

图 15.24   基于听觉传输的声像调节系统: HTRF 测量（A）; 声像调节细节图（B）
（数据来自 Cooper 和 Bauck, 1989 年）

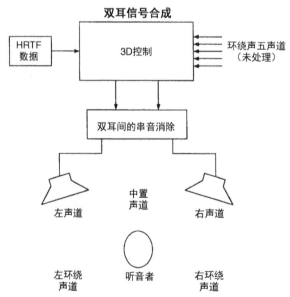

图 15.25   在听觉传输系统中, 使用一对立体声声道可实现五声道环绕声效果的整体视图

听觉传输技术可与电脑显示器和电视配合使用。今天，许多电视节目经过听觉传输重放编码来实现节目的环绕声播出。电视扬声器间距大约为 0.5m（20in），离听音者大约 2m（6.7ft），在这样的距离里，听觉传输技术可以给听音者提供良好的听音感受。但是由于该设计对轴向听音点的要求十分苛刻，所以通常只有一个听音者能够得到最大程度的感官享受。相似的技术也出现在游戏和其他电脑程序中，在这类应用中，观看距离比观看电视的标准距离要近得多，因此必须做出适当调整。

听觉传输系统通常需要大量的内部信号处理，随着这些处理器的成本持续降低，使它们更加容易出现在现代化听音环境中，例如：听音位置相对稳定且可准确预测的计算机工作站。

15.6　"视差"系统

在电影声音技术的一篇里程碑式的文章里，Snow（1953 年）描述了"完美的"录音 / 重放系统，如图 15.26 所示。在剧场环境中，水平方向的传声器阵列拾取的信号相互独立被馈送至水平方向的扬声器阵列。来自传声器的发散阵面波形成了扬声器处连续的波阵面子波源，根据 Huygen 关于波阵面重建（Wavefront Reconstruction）的定律，这些子波源结合在一起，形成了类似于传声器接收的原始波阵面。我们可以认为这是一个声学全息系统，在该系统中，听音者可以在剧院中自由走动，听到符合他们左右 、前后位置关系的各个声源，换句话说，就像在一个真实的声场中听音。

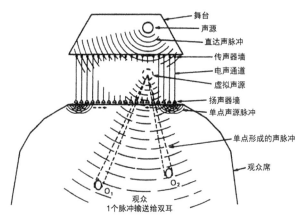

图 15.26　Snow 的多声道电影解决方案
（数据来自 SMPTE 刊物）

对硬件的要求必须被纳入考量，这样一个系统长期以来都是一个梦。然而，高科技带来的多通道小型扬声器、小型功放和成本相对较低的数字信号处理设备正在实现这个梦。Horbach（2000 年）设计出一套这样的系统。

图 15.27 是其重放环境的可视图。在该系统中，一组"环绕式"的扬声器阵列被摆放在前方，一些较小型的线性阵列被置于后墙上。理想情况下，我们希望扬声器尽可能小且尽量密集地摆放；实际上，每 15cm（6in）摆放一只扬声器就是较为合理的摆放方式。

在录音棚中，我们录制的信号几乎只有直达声、无混响的乐器轨和一些基本的音乐素材。录音空间中的全部声学细节都需要通过脉冲测量收集下来，然后在重放录制信号过程中加入测量得到的信息，以重建录音空间原貌。

一种经典的录音设置如图 15.28 所示。在该图中，大量全指向性传声器组成了一个十字阵列。小正方形表示每件乐器在录音空间中的摆放位置。

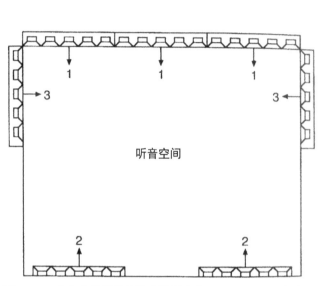

图 15.27　全息声的重放环境（数据来自 Horbach, 2000 年）

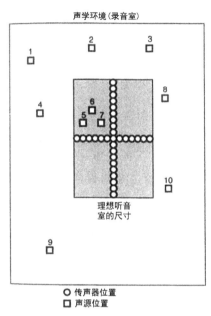

声学环境（录音室）

理想听音
室的尺寸

○ 传声器位置
□ 声源位置

图 15.28　全息录音环境（数据来自
Horbach, 2000 年）

第一步是建立一个大型脉冲响应库。在这一步中，在每件乐器的发声点将生成一个脉冲信号（乐器由图中编号的正方形表示）。对于录音棚内不同的发声点，所有传声器拾音点都会进行脉冲响应测量。如果有 10 个发声点和 31 个传声器拾音点，就会产生 10×31 或 310 个脉冲响应文件。每一个脉冲文件都很小并且只需要生成一次。此外，还会生成其他的脉冲文件，以描述录音棚的混响特性。

当终期混音开始后，工程师和制作人拿出所有的单轨录音文件和所有的脉冲数据文件。接下来根据图 15.28 中标有数字的小方块，将每个乐器或音乐素材分配在一个特定的位置。利用脉冲文件为信号位置划分声场边界并且将其分配到特定的重放声道中。当所有脉冲文件和声轨做卷积，并通过多声道扬声器重放阵列监听时，制作人和工程师将会听到声轨被定位在扬声器阵列后方。这样的信号分配一直重复进行，直到所有的声轨被准确地定位在虚拟声场中。

图 15.29 是如何将一个虚拟声源定位在扬声器阵列后方某一指定位置的实例。在一定的范围内，虚拟声源也可能被定位在扬声器阵列的前方。

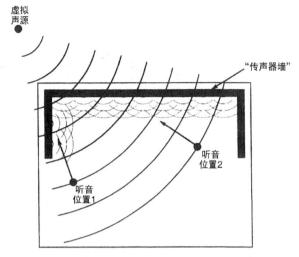

图 15.29　虚拟声源重放和两个听音位置上的方向信息（数据来自 Horbach, 2000 年）

一般性建议

我们前面介绍的方法大多类似于现代流行音乐的制作技术，而不是还原自然声场。然而，从录制到重放前，基本的数据传输速率并不是非常高（受益于数据压缩），而真正的现场重放数据的处理速率却很高。如图 15.30 所示，只有未加工的声音信息是连续的；脉冲数据文件和重建信息是一次性的且可以通过前导码被下载到程序文件。总而言之，重放的硬件必须有足够强大的实时处理能力。

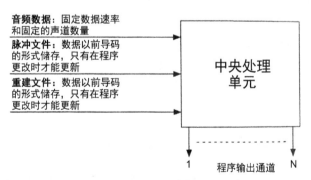

图 15.30　视差系统的整体信号流向

第16章

环绕声录音案例研究

16.1 引言

在这一章中，我们将分析 6 个环绕声录音作品，以此来进一步说明第 15 章中提到的几种环绕声录音技术。这些案例小至在小型录音棚中完成，大至包含和声、管风琴、钢琴、打击乐的管弦乐编制的大型演出。由于通道数量的限制，因此在每个案例中不能超过 8 个音轨。这需要我们仔细规划，因为这 8 个音轨不仅被用于环绕声混音，还要在后期制作过程中对立体声混音进行调整。基于这些要求，我们将介绍一种减法混音（Subtractive Mixing）的概念，它适用于分离混音（Demixing）和之后的重混音（Remixing），以使各轨达到理想的平衡。

这里分析的所有案例既适用于立体声，也适用于标准 5.1 声道重放。在每一个案例中，我们将分别展示基本的传声器选择和摆位、通道分配、混音分配（立体声 / 环绕声）以及对每个案例做一个大致的点评。所有的这些案例都已进行了商业发行，在本章末尾处列举了这些录音作品的参考目录。

以下是主要探讨的案例：

1. 柏辽兹：幻想交响曲"赴刑进行曲"（乐队）
2. 柴可夫斯基：1812 序曲（乐队和合唱伴唱）
3. 格什温：蓝色狂想曲（乐队和钢琴）
4. 柏辽兹：感恩赞（乐队、合唱、独唱、管风琴）
5. 比才·谢德林：卡门芭蕾（弦乐及大型打击乐合奏）
6. 施尼特凯：钢琴协奏曲（弦乐和钢琴）

16.2 环绕声混音的基本原则：定义声场

重放环绕声音乐的目的是什么？特别是对于古典音乐来说，其目的是为了尽可能从声学上完全还原音乐演奏的真实环境感。对于流行音乐和摇滚乐来说，另一个目的是将听音者放置在虚拟声场的中心位置，让听音者感受所有的声音元素从四周包围着他。两个目标都有可取性，不该对其中某一个存在偏见。

这里提及的案例都属于第一种情况——也可被称为"还原真实环境"，听音者身处于一定的声学空间内，想象有一个舞台呈现在眼前，四周有环境声包围着，声音从四面八方到达听音者。这一感受并不是偶然形成的，普遍应当遵循以下要素：

1. 可控的监听环境：采用 ITU 标准的扬声器监听阵列并将监听电平控制在参考电平

±0.25dB 以内。虽然混音过程中混音师和制作人坐在"最佳听音点"，但是通常他们在制作中也会在扬声器声辐射边缘的各个点试听，以确保不同监听位置的听感基本一致。

2．非相关性环境声：演出空间中基本的环境信号通过除了中置以外的所有扬声器来展现，这 4 个环境信号不论是经过了信号处理，或是通过大间距传声器直接拾取，彼此都呈非相关性。

3．控制早期反射：在任何一个演出场所，较多的早期反射声基本上来自于侧墙的反射，以此确定空间的边界并向听者传递空间感。如果早期反射过早或声压级过高，都会造成听感上的浑浊和混乱。对早期反射声来说，最佳的延时时间在 25 ~ 40 ms，相对于基本信号的声压级要低 10 ~ 15dB。如果幸运的话，厅堂将会直接产生这些信号分量并得到有效的拾取；在其他一些场合，混音师必须利用现代化的延时器和混响器，通过信号处理而塑造出早期反射声。这些早期反射信号在混音时，通常只出现在前方左、右声道和两个后方声道。在一些案例中，为配合前方左、右声道，会对后方信号稍作延时。这些技术的相关应用将在后文中具体阐述。

4．层次：多声道传声器被用于录音如今已很常见，思考录音的结构层次是非常有益的。例如，前方的主传声器（如果适用，则为独奏传声器）构成第一个层次。被置于乐队中的辅助传声器则构成第二个层次，用于拾取混响声、展现环绕感的环境声传声器构成了第三个层次。通常情况下，如果后期制作中电平有所调整，整个层次将作为一个整体进行改变，以此避免声场偏移。然而在录音过程中，单个传声器或传声器对可以根据不同的音乐需求进行调整。

5．音轨的布局和分配：当我们的音轨少于使用的传声器的数量时，在刚开始设定原始音轨时，必须做出明智的决策：将哪几路传声器合并在一起。总之，这类决策必须将录制的音乐元素细分至预混音轨或乐器组中，这样在后期制作中才会比较便捷。因为所有录制的内容会首先在立体声系统中重放，所以首先在音轨 1 和 2 记录一个立体声现场混音（live-to-stereo mix）信号，同时确保剩下的乐器组在环绕声混音中有足够灵活性，也要能够为立体声混音本身提供微调的空间。当 8 个音轨同时被剪辑时，一般会以立体声音轨作为剪辑的基础。

16.3　柏辽兹：幻想交响曲《赴刑进行曲》

该作品录制于 New Jersey Performing Arts Center，这是一个有 2500 个座位的大厅，中频段的混响时间大约为 2.3s。Zdenek Macal 指挥，New Jersey 交响乐团演奏。图 16.1 为舞台布局图解，其中给出了传声器的摆放位置。该录音在带观众的情况下录制了 3 个晚上，发行了立体声 CD 和环绕声两个版本。在工程中可监听立体声版现场混音，该混音直接输出给 6 通道录音机的通道 1 和 2（20bit/48kHz）。传声器的具体分配情况如表 16.1 所示。

请注意两支全指向性传声器的使用，这是为了遵循第 13 章中提到的原则。在古典音乐录音中，主传声器对采用 ORTF 制式，两支全指向性传声器作为侧展传声器，二者构成拾音的基础。剩下的传声器相对于主要的 4 支来说是次要的，作用是突出某些乐器、改变局部质感以及改善整体平衡。因此，最好是选择背面和侧面有声抑制功能的传声器，故常选用心形指向性传声器。

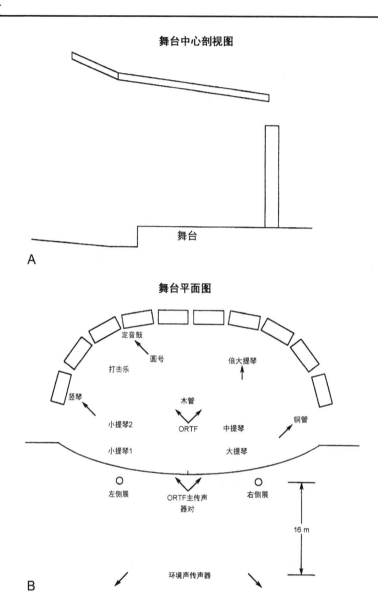

图 16.1 《赴刑进行曲》的舞台和传声器布局：中心剖视图（A）；平面图（B）

表 16.1 《赴刑进行曲》的传声器具体分配情况

位置	指向性	立体声声像设置	传声器高度	音轨分配
主传声器				
立体声合成左声道				音轨 1
立体声合成右声道				音轨 2
左侧展	全指向性	极左	3.5m(12 ft)	
ORTF 左	心形指向性	极左	3.5m(12 ft)	音轨 3

续表

位置	指向性	立体声声像设置	传声器高度	音轨分配
ORTF 右	心形指向性	极右	3.5m(12 ft)	音轨 4
右侧展	全指向性	极右	3.5m(12 ft)	
环境声左	心形指向性	极左	4m(13.3 ft)	音轨 5
环境声右	心形指向性	极右	4m(13.3 ft)	音轨 6
辅助传声器（仅限于立体声混音）				
木管左	心形指向性	半左	3.5m(12 ft)	
木管右	心形指向性	半右	3.5m(12 ft)	
竖琴	心形指向性	极左	1m(40 in)	
定音鼓	心形指向性	半左	2m(80 in)	
铜管	心形指向性	半右	3m(10 in)	
倍大提琴（首席）	心形指向性	极右	2m(80 in)	

大多数辅助传声器都会被输入到数字混响器的旁链中，其参数可以针对厅堂条件做匹配调整。混响器的立体声返回在混音时利用声像电位器设置在极左和极右。环境声传声器一般指向厅堂内较高的后排角落，以此减少拾取舞台直达声。

主要的传声器信号在立体声声场的布局情况如图 16.2A 所示。为了塑造环绕声声场，需要将 ORTF 这对主传声器从现场立体声混音中分离出来，并将其设置在图 16.2B 所示的前方环绕声阵列中。这一做法使用到所谓减法混音技术，解释如下：

使得主阵列（译者注：音轨 1、2）包含如下信号成分：

$$L_T=L_F+gL_M$$

$$R_T=R_F+gR_M$$

其中，L_F 和 R_F 是侧展传声器的输出，L_M 和 R_M 是主传声器对 ORTF 的输出。符号 g 代表两个 ORTF 信号的增益系数，该常数也被代入到数字录音机录制的 3、4 轨信号上。

下一步是从 L_T 和 R_T 中减去 ORTF 信号。由于 g 在音轨 3、4 与音轨 1、2 中的数值相同，所以：

$$L_T=L_F+gL_M-gL_M=L_F$$

$$R_T=R_F+gR_M-gR_M=R_F$$

从环绕声的左右两个前方声道中去除 ORTF 的信号，依照自己的想法可以将这些信号设置在整个阵列中的任何位置。而通常的方法是，将 L_M 稍向左侧设置，R_M 稍向右侧设置，如图 16.2B 所示。在实践中，任意一个输入通道中设有反相功能的调音台以及设有跳线和哑音功能的设备都可以实现减法混音。在实践中，该操作可以通过耳朵判断，当你逐渐提升和降低反相信号的电平时，将会找到反相低消的电平位置。

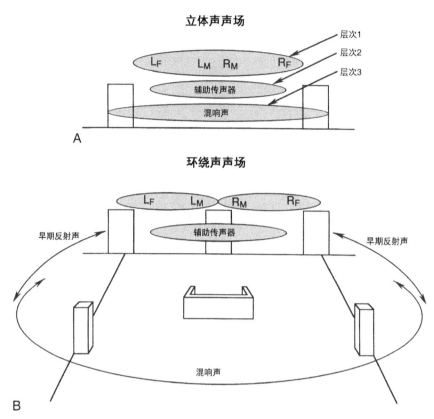

图 16.2 《赴刑进行曲》理想声场分布：立体声（A）；环绕声（B）

　　图 16.3 是基本的减法混音的功能视图。在此录制了 4 个音轨，1、2 轨是立体声现场混音的左右声道（L_T 和 R_T），3、4 轨是一对主传声器对 ORTF（L_M 和 R_M）。通过减法混音，我们需要从立体声现场混音信号中分离出侧展信号（L_F 和 R_F）。将 ORTF 一对信号输入通道 3 和 4 并进行反向处理。接着将这 4 路信号输入到编组 1 和 2，L_M 和 R_M 信号消失，只剩下 L_F 和 R_F 信号从编组 1 和 2 中输出。只有声压级匹配的情况下才能使信号完全被消除。这需要在工程开始之前在每轨的开始部分加入测试信号，以确保所有的推子后增益都是已知的。通过一点点实践，你就能够通过调整反向通道的推子找到 ORTF 信号零输出的大致增益，并确定零输出的位置。

　　上文中讨论了调整前方阵列的信号，接下来看后方通道。在这个录音实例中，环境声传声器与主传声器之间的距离带来了 44ms 的延时，延时过大（超出 20ms）。在数字剪辑系统中将除了环境声传声器以外的信号都进行了延时补偿，产生一个 24ms 的混响延时，这一值处于环绕声混响的最佳范围内。最后一步是重新将主 ORTF 传声器对拾取的信号输入到后方通道中，以模拟侧墙的早期反射声，听感上更加真实。为了效果更佳，为 L_M 和 R_M 在 200Hz 做低切，加上 20ms 延时，降低电平，然后将处理过的信号输送到左后方和右后方的环境声通道。

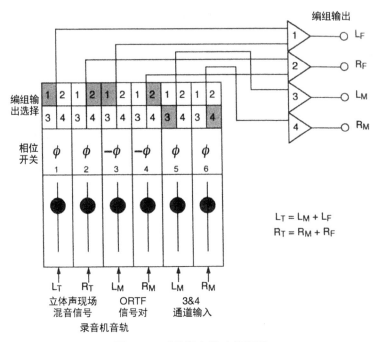

图 16.3　减法混音的功能视图

16.4　柴可夫斯基：《1812 序曲》(Igor Buketoff 编排合唱)

该录音地点是德克萨斯州达拉斯 Meyerson Symphony Center 的 McDermott 音乐厅。Andrew Litton 指挥 Dallas 交响乐团和合唱团。和之前一样，该录音要做立体声和环绕声两个版本的发行。录制的音轨包括：立体声（1、2 轨），主传声器对（3、4 轨），侧展传声器对（5、6 轨）和环境声传声器对（7、8 轨）。图 16.4 是舞台和传声器的摆位图。用于立体声现场混音的信号都被录制在数字录音机的 1、2 轨上。传声器的具体分配情况如表 16.2 所示。

该案例中基本的拾音形式和之前的案例很像。用全指向性传声器拾取合唱是一个明智的选择；选用有宽度的全指向性传声器而非心形指向性传声器是为了确保合唱声部尽可能多地被拾取。但选择全指向性传声器的缺点是铜管和打击乐（位于乐队后方）容易串入拾取合唱的传声器中，这就需要录音师在录音期间仔细调整增益。

对于一个无伴奏合唱的开场，侧展传声器信号被设置在后方扬声器上，造成一种合唱从礼堂后方传来的感觉。随着节目进行，侧展传声器信号逐渐被设置在前方的左右扬声器上。舞台细节如图 16.4 所示。立体声和环绕声声场分布如图 16.5 所示。在环绕声混音中，为了构造出中置通道，分离出主传声器对的信号并重新设置在中间偏左、偏右方向上。所有辅助传声器只出现在前方左右通道中。环境声传声器设置在距离主传声器对 8m（27ft）外，声像被设置在后方通道上，作用是拾取厅堂中后方高处角落的声音信息。

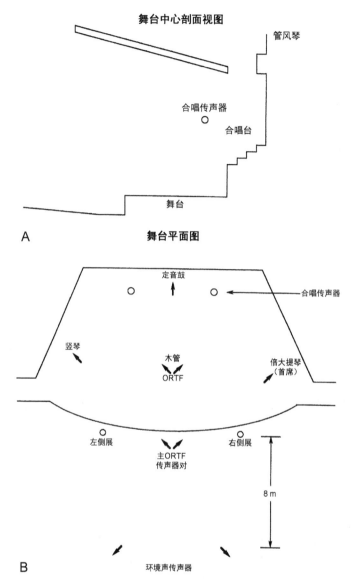

图 16.4 《1812 序曲》的舞台及传声器布局：中心剖视图（A）；平面图（B）

表 16.2 《1812 序曲》的传声器具体分配情况

位置	指向性	立体声声像设置	传声器高度	音轨分配
主传声器				
立体声合成左声道				音轨 1
立体声合成右声道				音轨 2
左侧展	全指向性	极左	3.5m(12 ft)	音轨 7
ORTF 左	心形指向性	极左	3.5m(12 ft)	音轨 3

续表

位置	指向性	立体声声像设置	传声器高度	音轨分配
ORTF 右	心形指向性	极右	3.5m(12 ft)	音轨 4
右侧展	全指向性	极右	3.5m(12 ft)	音轨 8
合唱左	全指向性	极左	4.5m(14.5 ft)	
合唱右	全指向性	极右	4.5m(14.5 ft)	
环境声左	心形指向性	极左	4m(13.3 ft)	音轨 5
环境声右	心形指向性	极右	4m(13.3 ft)	音轨 6
辅助传声器（仅限于立体声混音）				
木管左	心形指向性	半左	3.5m(12 ft)	
木管右	心形指向性	半右	3.5m(12 ft)	
竖琴	心形指向性	极左	1m(40 in)	
定音鼓	心形指向性	半左	2m(80 in)	
倍大提琴（首席）	心形指向性	极右	2m(40 in)	

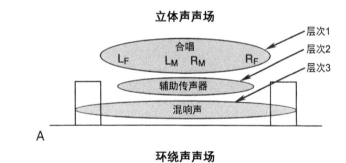

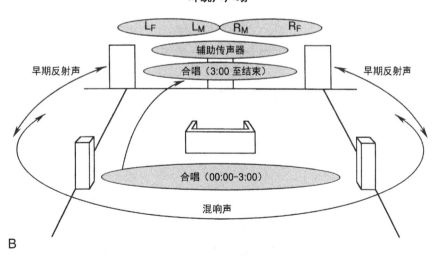

图 16.5 《1812 序曲》的声场分布：立体声声场（A）；环绕声声场（B）

　　环绕声版本的这样一个听音效果的开场是图 15.3 的一个最佳范例。所有的通道重放包含互不相关的合唱信号。将开场的合唱设置在声场后方无疑是具有实验性的尝试——却带来了自然且恰到好处的效果。

16.5　格什温：《蓝色狂想曲》

　　这个作品由钢琴家、指挥家 Andrew Litton 演奏并指挥，由 Dallas 交响乐团在达拉斯 Meyerson Symphony Center 的 McDermott 厅演奏。为了保持 1924 年 Paul Whiteman 乐团对该作品的原始编排，于是将管弦乐编制缩减至 25 人。因此，该录音作品比起全编制交响乐团更像是录音室交响乐团演奏作品，传声器间距也根据实际状况有所缩减。拿掉了钢琴盖，乐器的位置能被指挥兼钢琴家看见，以便与其他演奏者有直接的眼神交流。大约以 0.5m（20in）的距离近距离拾取钢琴，是因为环绕在钢琴周围的管弦乐队的声压级都比较高。图 16.6 是舞台和传声器布局图。传声器的摆位细节如表 16.3 所示。音轨 1 和 2 是被录制在数字录音机上的立体声现场混音信号。

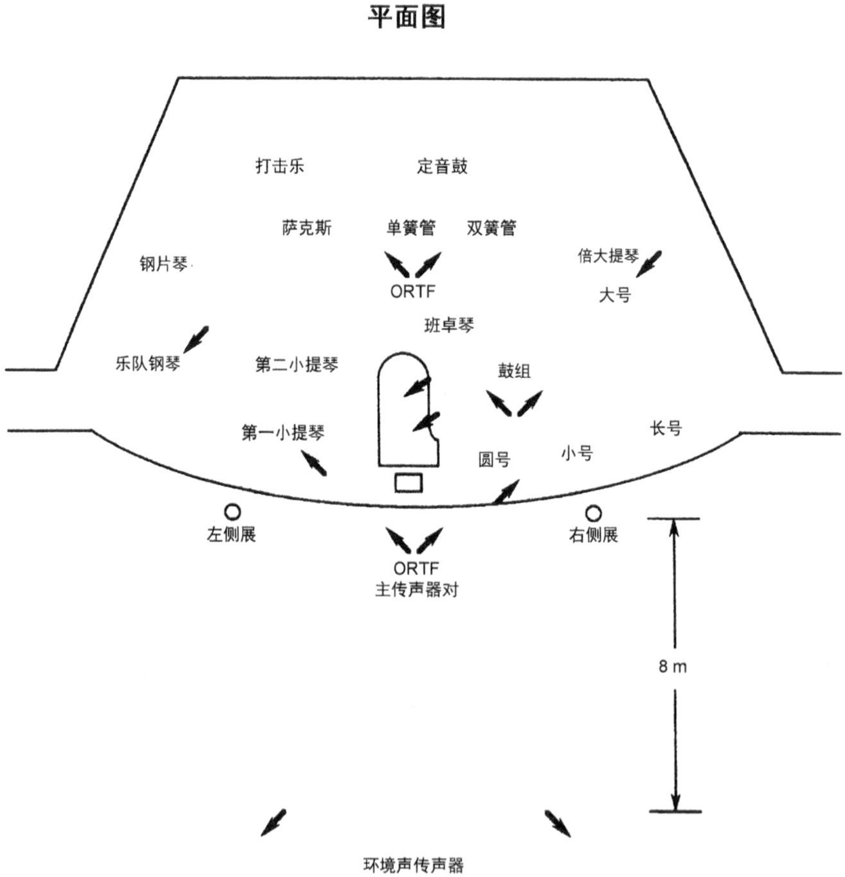

平面图

图 16.6　《蓝色狂想曲》的舞台及传声器的布局

表 16.3 《蓝色狂想曲》的传声器摆位细节

位置	指向性	立体声声像设置	传声器高度	音轨分配
主传声器				
立体声合成左声道				音轨 1
立体声合成右声道				音轨 2
左侧展	全指向性	极左	3m(10 ft)	
ORTF 左	心形指向性	极左	3m(10 ft)	音轨 3
ORTF 右	心形指向性	极右	3m(10 ft)	音轨 4
右侧展	全指向性	极右	3m(10 ft)	
钢琴独奏左	心形指向性	极左	0.5m(20 in)	音轨 7
钢琴独奏右	心形指向性	极右	0.5m(20 in)	音轨 8
环境声左	心形指向性	极左	10m(33 ft)	音轨 5
环境声右	心形指向性	极右	10m(33 ft)	音轨 6
辅助传声器（仅限于立体声混音）				
木管左	心形指向性	半左	3m(10 ft)	
木管右	心形指向性	半右	3m(10 ft)	
乐队钢琴	心形指向性	极左	1m(40 in)	
小提琴	心形指向性	半左	2m(80 in)	
铜管	心形指向性	半右	2m(80 in)	
倍大提琴和大号	心形指向性	极右	2m(80 in)	
鼓组左	心形指向性	半左	1m(40 in)	
鼓组右	心形指向性	半右	1m(40 in)	

立体声和环绕声的声场分布如图 16.7 所示。

独奏钢琴是此次录音的重点，所以需要置于管弦乐队之前。在后期制作中进行几次尝试，整体感觉乐器的直达声需要更多依靠前方 3 只扬声器来展现，即我们在第 15 章中讨论过的"前方阵列"。通过局部的减法混音可以大致实现声场平衡，如表 16.4 所示。

表 16.4　钢琴独奏在《蓝色狂想曲》中的声场平衡情况

	左前方	前方中置	右前方
钢琴电平	-6 dB(1/4power)	-3 dB(1/2power)	-6 dB(1/4power)

在前方阵列中，中置声道比其他声道高 3dB，以确保听音者从中置扬声器清晰定位声源。后方声道主要包括两个环境声传声器信号，并将主 ORTF 传声器对的信号降低电平，在 200Hz 做低切后加入后方声道。

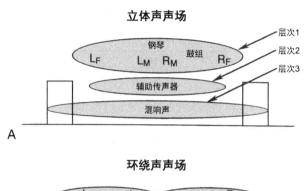

立体声声场

层次1
层次2
层次3

钢琴
鼓组
L_F L_M R_M R_F
辅助传声器
混响声

A

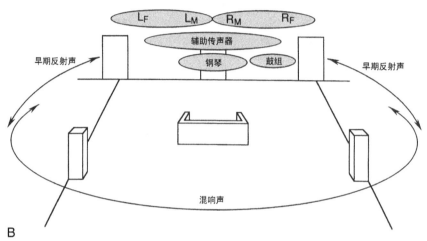

环绕声声场

L_F L_M R_M R_F
辅助传声器
钢琴 鼓组

早期反射声

早期反射声

混响声

B

图 16.7 《蓝色狂想曲》的声场分布：立体声声场（A）；环绕声声场（B）

16.6 柏辽兹:《感恩赞》

柏辽兹的《感恩赞》是一个拥有管弦乐、合唱、男高音独唱和管风琴的大型音乐作品。1996 年，美国管风琴演奏家大会期间，在纽约圣约翰大教堂，由 Dennis Keene 指挥，观众配合完成录制。纽约圣约翰大教堂是世界上最大的哥特式建筑，有一个从前到后延伸 183m（601ft）长的厅堂，该建筑的混响时间大约在 5s。整个管弦乐队坐成一个大十字，合唱团位于教堂的合唱台上。由于空间很大，因几乎没有早期反射声。最早的反射声来自于 25m（83ft）以外墙壁的反射，所以这种反射声完全被融入混响声之中。

在后期制作中发现，合唱听上去"非常有临场感又非常远"。最简单的方法是使用 Lexicon 300 混响器为录音加入环境感。只用该混响器加入一些模拟的早期反射，由此带来了初始录音中不存在的即时效应和自然感。

另一个问题是如何摆放环境声传声器。到场观众 4000 人，没有位置可以再摆放高出观众 40m（130ft）的传声器。解决方法是将环境声传声器吊挂在高于合唱团 25m（80ft）处，与管风琴相邻。这样造成的结果是重放的后方通道既有管风琴声又有反映厅堂特性的混响信号；这与 1855 年巴黎的最初版本——管风琴位于舞台后廊的情况很相似。

和前几个案例相同，用于立体声现场混音的信号都被录制在数字录音机的 1、2 音轨上。图 16.8

是录音的布局和传声器设置，表格16.5则是传声器的摆位细节。图16.9是立体声和环绕声声场分布图。

圣约翰大教堂的立视图

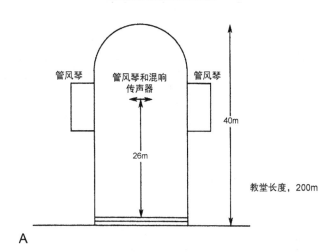

圣约翰大教堂平面图

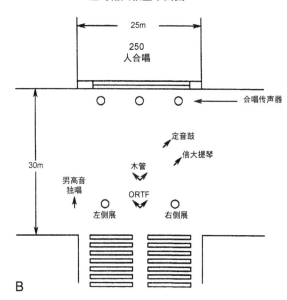

图 16.8 《感恩赞》舞台及传声器布局：立视图（A）；平面图（B）

表 16.5 《感恩赞》的传声器的分配情况

位置	指向性	立体声声像设置	传声器高度	音轨分配
主传声器				
立体声合成左声道				音轨 1
立体声合成右声道				音轨 2

续表

位置	指向性	立体声声像设置	传声器高度	音轨分配
左侧展	全指向性	极左	3m(10 ft)	
ORTF 左	心形指向性	极左	3m(10 ft)	
ORTF 右	心形指向性	极右	3m(10 ft)	
右侧展	全指向性	极右	3m(10 ft)	
合唱左	全指向性	极左	3.5m(11.5 ft)	音轨 3
合唱中	全指向性	中间	3.5m(11.5 ft)	音轨 3/4
合唱右	全指向性	极右	3.5m(11.5 ft)	音轨 4
环境声和管风琴左	心形指向性	极左	25m(83 ft)	音轨 5
环境声和管风琴右	心形指向性	极右	25m(83 ft)	音轨 6
人声独唱	心形指向性	中间	2m(80 in)	音轨 7/8
辅助传声器（仅限于立体声混音）				
木管左	心形指向性	半左	3m(10 ft)	
木管右	心形指向性	半右	3m(10 ft)	
倍大提琴	心形指向性	极右	2m(80 in)	
定音鼓	心形指向性	中间	1.5m(5 ft)	

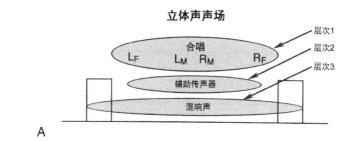

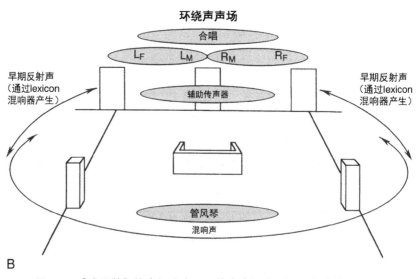

图 16.9 《感恩赞》的声场分布：立体声声场（A）；环绕声声场（B）

16.7　比才·谢德林：《卡门芭蕾》选段

《卡门芭蕾》的音乐是将歌剧《卡门》重新编配成弦乐和大型打击乐的重新演绎。该作品于 1996 年 6 月 24 日～27 日由 James DePreist 指挥、Monte Carlo Philharmonic 乐团演奏，在摩纳哥蒙特卡洛 Salle Garnier 剧院录制完成。如图 16.10 所示是舞台及传声器布局，如表 16.6 所示是传声器和音轨的具体分配情况。

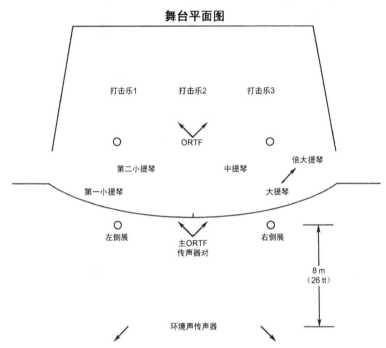

图 16.10　《卡门芭蕾》的舞台和传声器布局平面图

表 16.6　《卡门芭蕾》的传声器和音轨的具体分配情况

位置	指向性	立体声声像设置	传声器高度	音轨分配
主传声器				
立体声合成左声道				音轨 1
立体声合成右声道				音轨 2
打击乐左侧展	全指向性	极左	3.5m(11.5 ft)	音轨 3
打击乐主传声器左	心形指向性	极左	3.5m(11.5 ft)	音轨 4
打击乐主传声器右	心形指向性	极右	3.5m(11.5 ft)	音轨 5
打击乐右侧展	全指向性	极右	3.5m(11.5 ft)	音轨 6
环境声左	心形指向性	极左	4m(13 ft)	音轨 7
环境声右	心形指向性	极右	4m(13 ft)	音轨 8
辅助传声器（仅限于立体声混音）				

续表

位置	指向性	立体声声像设置	传声器高度	音轨分配
弦乐左侧展	全指向性	极左	3.5m(11.5 ft)	
弦乐主传声器左	心形指向性	极左	3.5m(11.5 ft)	
弦乐主传声器右	心形指向性	极右	3.5m(11.5 ft)	
弦乐右侧展	心形指向性	极右	3.5m(11.5 ft)	
倍大提琴	心形指向性	极右	3m(10 ft)	

在后期制作中，混音师和制作人决定将每个打击乐的传声器信号送入一个单独的音轨。这为后面会突然出现的每一件打击乐器重新平衡声场提供了最大的灵活度。从某种意义上说，打击乐元素的声场平衡和声压级是一个未知量，与此正相反，弦乐合奏是稳定且可预见的。

录音师、制作人和指挥做了另一个与弦乐合奏和打击乐合奏相关的决定：实际环境限制意味着大型的打击乐组必须被放置在弦乐组后方，但是为了达到音乐上的平衡，需要两个乐器组的参数基本相同。换言之，在录制的声场中，打击乐必须被定位在与弦乐同样明显的位置，而不是自然地被隐藏在弦乐后方。

解决方法很简单：在两个乐器组前分别摆放一对相同的主传声器对，两者在声场和声压级上进行相同的处理。图 16.11 是最终的立体声和环绕声声场分布图。

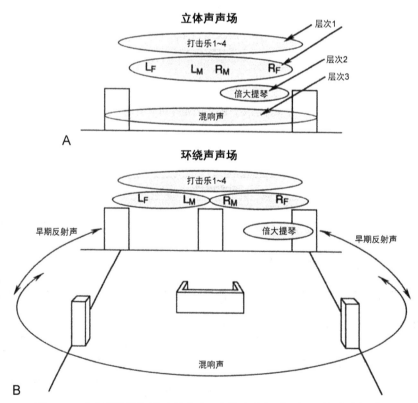

图 16.11 《卡门芭蕾》的声场分布：立体声声场（A）；环绕声声场（B）

16.8　阿尔弗雷德·施尼特凯:《钢琴协奏曲》

　　该录音是在位于加州圣拉斐尔市 Lucasfilm 公司的 Skywalker Ranch 大型录音棚内完成的。Constantine Orbelian 在 Moscow Chamber 乐队中既是钢琴家又是指挥。录音棚的尺寸约为 27m（90ft）×18.3m（60ft）×9m（30ft），且它的边界可以根据不同声学需求进行设置。对于这类录音，可以对录音棚进行模拟现场的声学设置。图 16.12 是录音棚的设置和传声器的摆位细节。值得注意的是，拿掉了钢琴的琴盖，所以可以将传声器置于琴弦的中央位置。拿掉琴盖同时也确保指挥和乐手眼神交流自如。表 16.7 是传声器和音轨的具体分配情况。图 16.13 为立体声和环绕声声场分布图。

录音棚平面图

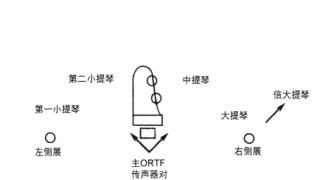

图 16.12　施尼特凯《钢琴协奏曲》录音棚的设置和传声器摆位平面图

表 16.7

位置	指向性	立体声声像设置	传声器高度	音轨分配
主传声器				
立体声合成左声道				音轨 1
立体声合成右声道				音轨 2
ORTF 左	心形指向性	极左	3m(10 ft)	音轨 3
ORTF 右	心形指向性	极右	3m(10 ft)	音轨 4
钢琴左	全指向性	极左	2m(80 ft)	音轨 5
钢琴右	全指向性	极右	2m(80 ft)	音轨 6
环境声左	心形指向性	极左	3.5m(11.5 ft)	音轨 7
环境声右	心形指向性	极右	3.5m(11.5 ft)	音轨 8
这些传声器仅限于立体声混音				

续表

位置	指向性	立体声声像设置	传声器高度	音轨分配
主传声器左侧展	全指向性	极左	3m(10 ft)	
主传声器右侧展	全指向性	极右	3m(10 ft)	
倍大提琴	心形指向性	极右	1.5m(60 in)	

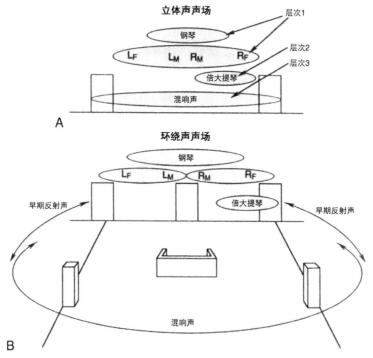

图 16.13　施尼特凯《钢琴协奏曲》的声场分布：立体声声场（A）；环绕声声场（B）

由于录音棚中前后部空间有所限制，为了模拟更大的厅堂效果，所以为环境声传声器加入了一个 20ms 的延时。

16.9　录音作品参考目录

柏辽兹：幻想交响曲《赴刑进行曲》，DVD Music Breakthrough, Delos International DV 7002, band 15.

柴可夫斯基：《1812 序曲》，DVD Spectacular, Delos International DV 7001.

格什温：《蓝色狂想曲》，DVD Spectacular, Delos International DV 7002, band 12.

柏辽兹：《感恩赞》，DVD Spectacular, Delos International DV 7002, band 6.

比才 - 谢德林：《卡门芭蕾》，DVD Music Breakthrough, Delos International DV 7002, bands 3–5.

施尼特凯：《钢琴协奏曲》，Delos SACD 3259（多通道混合光盘）.

第17章

传声器在广播和通信领域中的应用

17.1 引言

本章涉及了广播、新闻采访、公共场所的寻呼、会议管理和安全警报系统等各类传声器应用。本章讨论的很多传声器型号已经在"第10章 传声器配件"中有过介绍。必要时我们将参考第10章的一些数据，以强调这些传声器在本章中的具体应用。

17.2 用于广播和通信领域的传声器类型

17.2.1 台式支架

台式支架式传声器是通信领域中最古老的装置。后来市面上出现了一种可以将传声器支撑在重型、稳固的底座上，同时便于将传声器指向说话人的装置。自从这种更加灵活、可调的装置出现以后，这种台式支架就从广播领域悄然消失。如图10.1所示，现在这种台式支架仍然会出现在一些会议室或寻呼系统中，但是在绝大多数通信终端中，它已被电话听筒取代。

17.2.2 电话听筒

电话听筒经历了一些重要的转变。最早期的碳精送话器（传声器）早已被驻极体元件取代，因为后者具有更好的音质。使用电话听筒/接口需小心谨慎，将听筒放回机身时可将系统静音，从而在挂断电话时更好地避免令人厌烦的嗒嗒声。

17.2.3 降噪传声器

在非常嘈杂的环境里，包括飞机驾驶舱、船舶甲板和重型机械室，一支降噪传声器通常与免提式耳机传声器配合使用。降噪传声器采用梯度模型设计，同时在较近的拾音距离内具有平坦的频率响应。换而言之，常说的近讲效应带来的低频提升经过了均衡处理，得到了相对于中高频较为平坦的频率响应，最终结果就是远距离拾音，低频将被衰减。

典型的降噪传声器如图17.1A所示，其频率响应如图17.1B所示。近距离声源主要从前方开口输入声源，而远距离声源将等量地从前方和后方开口输入信号，低于1kHz时，每下降一个倍频声能下降6dB。图17.1B中成平行线相交之阴影正是噪声抵消的效果。为了获得上述效果，使用者有必要将传声器置于嘴边。这一类传声器都经过精心设计，配套的网罩可降低近距离拾音的呼吸声。

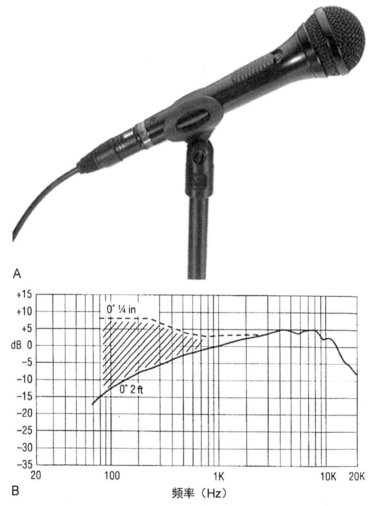

图 17.1　降噪传声器图片（A）；近距离拾音和远距离拾音的频率响应（B）
（图片由 Crown International 提供）

17.2.4　界面（BL）传声器

　　将传声器靠近墙壁或者地面放置长期以来一直都是经验丰富的录音师们的通用策略，他们一般会采用类似于 EV Mic Mouse 的底座，该底座由 Lou Burroughs 和 Tom Lininger 研发，如图 10.2 所示。后来 Ed Long 和 Ron Wickersham 改进了这一早期做法，推出了 Pressure Recording Process (PRP)——压力式录音工艺，由此录制了一些优秀的作品。不同于现在将传声器振膜垂直置于界面的做法，当时他们将振膜平行置于界面，振膜与界面的距离是可调节的。如果它们之间的距离足够小，由干扰效应引起的声压抵消频率可以被移到可听频率范围之外。他们的设想是在数字录音系统中利用所产生的高频梳状滤波效应作为抗混叠滤波器的一部分。他们的发明于 1982 年获得美国专利 4,361,736。Don Davis 在 Syn-Aud-Con 简报中宣传了 Long 和 Wickersham 的这一发明，Ken Wahrenbrock 于 1978 年制作了一个廉价版的传声器原型。同时

Davis 将 Wahrenbrock 的版本更名为 Pressure Zone Microphone (PZM)——压力区域传声器。1979 年 Wahrenbrock 将 PZM 传声器投入小规模生产，随后 1980 年 Crown International 接手生产制造。

　　很多制造商生产的界面传声器的振膜或是垂直置于界面上或与界面齐平。早期的型号主要采用全指向性极头，较为现代的型号采用心形指向性和超心形指向性。使用指向性传声器后，其轴向平行于界面并且传声器的压力梯度感应元件也平行于界面。界面传声器往往被置于一个大房间的边界上或被置于大型挡板的中心处。以这种方式安装时，界面传声器将拾取尽可能少的反射声。这一类传声器适用于安装在会议室的桌面上和祭坛上，也可安装在剧院和和音乐厅中作为固定安装设施。一个现代化超心形 PZM 如图 17.2A 所示。

　　如果被置于辅助挡板上，挡板越大，低频响应越好，如图 17.2B 所示。当挡板的直径远大于波长时，传声器将充分利用边界处声压加倍这一优势。随着频率的降低，边界加倍效应也将消失，传声器灵敏度下降 6dB，因为它近似于一个自由空间的拾音环境。

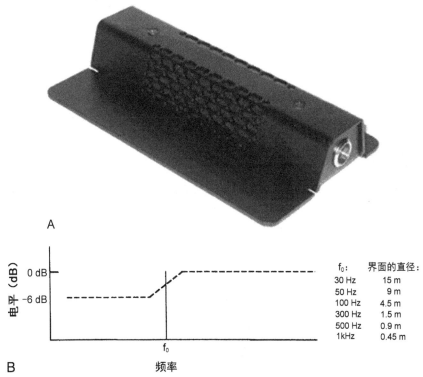

图 17.2　指向性界面传声器（A）；频率响应取决于挡板的尺寸（B）
（图片由 Bartlett Microphones 提供）

17.2.5　传声器自动混音

　　对于许多应用，传声器自动混音系统可以在实际使用中限制传声器开启的数量（在后面的部分我们将讨论其电子需求）。传统的传声器被广泛应用在大多数自动混音系统中，Bruce Bartlett 设计了一种混音系统，在该系统中，传声器可以感应到声源的方向，并发出指令使调音台的噪声门开始工作。

图 17.3 是 Bartlett 推出的 Shure AMS26 传声器的细节图，它设有两个极头，一个朝前方，另一个朝后方。唯有前方的单元拾取正向的声音，而后方的另外一个单元仅仅是一个感应电路，并与前方单元组合在一起抑制远处随机声，同时前方的语音得到噪声门的处理。很明显，AMS 型传声器必须配合 AMS 输入电路应用于合适的系统中。

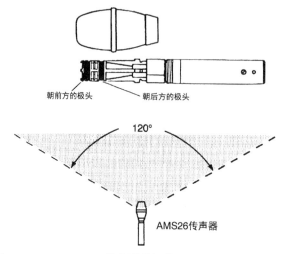

图 17.3　Shure AMS26 传声器的细节图（图片由 Shure 提供）

17.2.6　头戴式耳机传声器组合

会议厅和其他活动场所常常覆盖广播和电视信号，流动记者通常都会佩戴一副头戴式耳机和传声器组合，并且携带一个手持式人声传声器进行采访。这种情况下一般要用到 3 个通信通道：两个用于采访者、一个用于受访者。一个标准的采用驻极体的传声器单元如图 17.4 所示。

图 17.4　头戴式耳机传声器组合（图片由 AKG Acoustics 提供）

17.2.7 电话会议传声器

在电话会议中,两个或多个远程地点需要互相通信就要启用全双工双向通信。全双工意味着每一端都能在发言的同时听到对方发言。相比于面对面的交流会议,若这种对话方式受到任何限制都会导致交流者的不适和交流效率的降低。采用全双工操作的关键点是数字回声消除器。虽说这些设备令人惊叹,但是为了实现最高的隔离度,需要在拾取本地人声的同时,尽可能少地拾取扬声器的重放声、房间声学效果以及背景噪声。在某些情况下,界面传声器可提供较为合适的性能,然而如果使用其他传声器,则需将传声器极头置于靠近嘴部的位置。对于大多数这类情况,可以使用如图 17.5 所示的鹅颈式传声器。

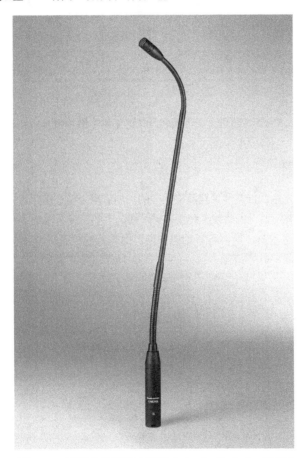

图 17.5 鹅颈式传声器(图片由 Audio-Technica 提供)

17.2.8 手持式 MS 传声器

如图 17.6 所示的枪式传声器被用于现场新闻采访的拾音。它可以快速对准所要拾取的对象。M 声道可以被单独用于简单的新闻采集,同时可将 MS 声道组合在一起录制音效,通常在后期制作环节需要进行立体声混音。

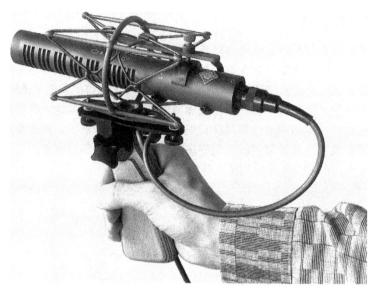

图 17.6　手持式 MS 传声器可用于新闻和音效的采集（图片由 Neumann/USA 提供）

17.2.9　领夹式传声器

现代的领夹式传声器是由颈挂式传声器演变而来的，后者需要挂在使用者的脖子上。在颈挂式传声器时期，无线传声器也没有问世，因此整套装置非常笨拙，需要将传声器线缆拴在用户的脖子上。质量重的颈挂式传声器容易摩擦衣物，所以容易拾取噪声。而现代的领夹式传声器是一个小型的驻极体装置，可以直接被夹在使用者的翻领或领带上，如图 17.7A 所示。传声器的详细信息如图 17.7B 所示。

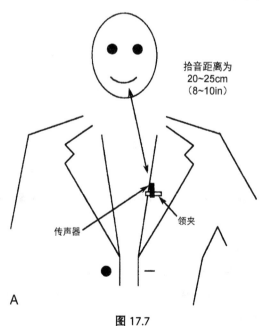

图 17.7

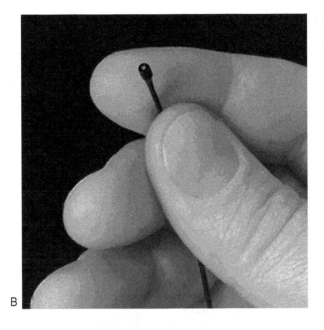

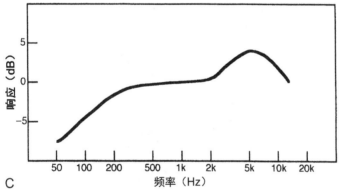

**图 17.7　现代的领夹式传声器：典型使用案例（A）；典型的领夹式传声器照片（B）；
领夹式传声器的常规均衡（C）（图片由 Countryman Associates 提供）（续）**

　　领夹式传声器无处不在，几乎在所有的电视谈话类或新闻节目上都隐约可见。因为拾音距离很近，所以通常为全指向模式。在易于发生回授的环境下，可以使用心形指向性型号。传声器的内部均衡响应如图 17.7C 所示。中频频段的声能衰减可以补偿说话者的胸腔共振，其高频提升可以补偿传声器的位置偏离说话人的轴向带来的声能衰减。显然，如果使用指向性领夹式传声器，传声器的主轴则需要指向说话人的嘴部。

17.2.10　挂耳式传声器

　　领夹式传声器在很多场合下不能很好地抑制环境声音和／或回授。在这种情况下，一般会采用如图 17.8A 和 17.8B 所示的挂耳式传声器。如果佩戴传声器的人非常活跃，则需采用如图 17.8C 所示的双耳固定的挂耳式传声器，它能够很好地防止传声器滑动。

17.2.11 强指向性传声器

电视上播出的体育赛事广泛地将长焦镜头用于跟踪摄影，同样我们也需要一支传声器拾取一个与画面相匹配的声音效果。在第 6 章中我们曾讨论到，在赛场上使用大型强指向传声器和抛物面反射传声器比较受限制，第 19 章中讨论的某些阵列同样受限，如果能够拾取到足够响的棒球棒的噼啪声，那么将是一个很好的音效。在许多情况下，通常在本垒上安装一个小型无线传声器来拾取这一声音。

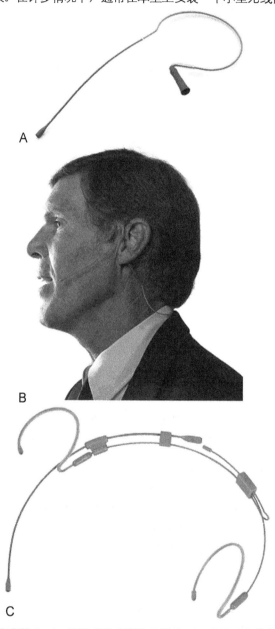

图 17.8　挂耳式传声器（A）；挂耳式传声器的使用（B）；双耳固定的挂耳式传声器（C）
（图片 A 和 B 由 Countryman Associates 提供，图片 C 由 Avlex Corporation 提供）

17.3 播音间的声学环境和实际操作

播音间的构造如图 17.9A 所示。这个空间应当足够容纳两个人，以便两人之间可以宽松舒适地进行采访。相关声学处理应包括吸音板或者其他足够深的声组件，可以衰减男播音员的低频频段（低于 125Hz 的频率范围），在这个空间内不允许存在任何小房间声染色。播音间的观察窗应当采用双层玻璃，以便控制室与播音间之间相互联系。位于播音间中心位置的工作台应采用具有良好吸声能力的表面，例如毡制品，从而最大限度地减少摩擦等噪声。我们建议请声学顾问提供施工、房间处理方面的意见并且给出必要的风道工程方案来减小噪声。

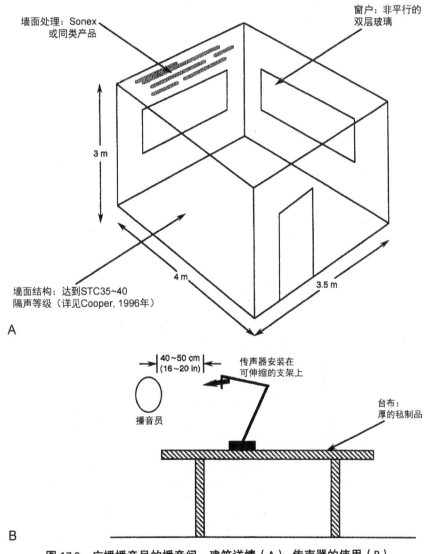

图 17.9　广播播音员的播音间：建筑详情（A）；传声器的使用（B）

传声器的位置如图 17.9B 所示。录音师应该知道，现代的广播在很大程度上依赖于人声处理。认真仔细地做限制和压缩以及向下扩展通常能够得到一致的电平并减小噪声。此外，还可对人声进行一定程度的均衡处理。有些播音员习惯"响亮的广播型人声"，声波可能呈现明显的不对称性，由此可能导致信号的峰值因数较高（详见第 2 章）。这种效果可能会让该播音员的最大可调制电平受到限制。现代的语音处理器都采用了尽量减少高电平信号峰值因数而不改变音色的电路，从而提供更好的传输品质。

17.4　会议系统

　　大型会议室通常都有非常难处理的声学条件，必须使用复杂的系统以确保与会者能够清晰地听到彼此的声音。除了与会者以外，通常出席会议的还有观众。与会者通常会配有专用的传声器和扬声器，如图 17.10 所示。现场可能使用多达数百支的传声器，许多与会者可能同时打开他们的传声器。如果传声器被打开，简单的会议系统则常常通过给相关的扬声器设置静音来降低回授的概率。如果系统同一时间只允许一个人发言，那么效果将令人满意。但是如果最终要实现多人互动，则需要同时打开多个传声器，并且期望能够像面对面一样继续保持对话，就需要配备更加先进的系统了。

　　在一个简单的系统里，扬声器的静音与每一支传声器是关联在一起的，如果有两个人同时打开他们的传声器，则相对应的两只扬声器将被静音，他们会感到很难听清对方的声音。在图 17.10 展示的系统中，扬声器从不静音，取而代之的是采用一个混音消除（Mix-minus）系统，任何指定的传声器的信号既不会被馈送给最近端的扬声器，也不会将电平降低后馈送给附近的扬声器，而是将满电平馈送给远处的扬声器。结合第 18 章中讨论的 Dugan 增益共享自动传声器混音器和其他技术，最终实现这一结果非常容易，并且即便在最为严峻的声学环境下也能交流自如。

图 17.10　会议系统：一个典型的用户终端（图片由 K2 Audio 提供）

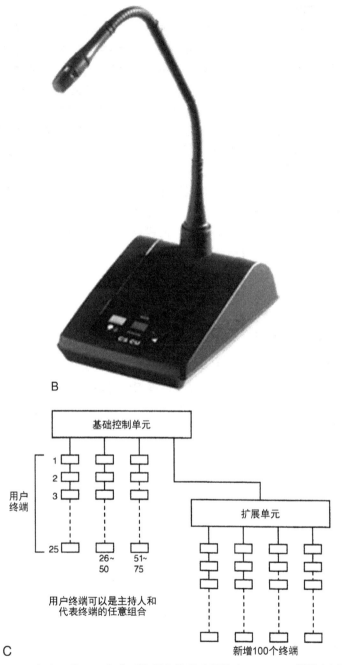

图 17.10　会议系统：一个典型的用户终端（图片由 K2 Audio 提供）（续）

17.5　寻呼系统

现代的航站楼的寻呼系统非常复杂。电话听筒（驻极体发射机）普遍适用于实时广播。尽量在每个出入口设置本地站，系统的覆盖范围受到出入口附近区域的专用扬声器的限制。在普通的音响系统中，语音信息通常是被提前录制下来然后再播放，这种方式可以完全避免出现回授。与普通系统的不同之处是大多数信息是由出入口票务人员根据当前航班安排当场发布的。如果局部出入口系统由大量小型扬声器组成，每只扬声器以较低的电平工作，并且均匀地指向出入口区域，那么系统性将能十分出色。由此可以将泄露到相邻出入口区域的声能降至最低。

使用全局性寻呼可能会同时影响多个分站点，信息将被记录在一个"排队"系统中，然后在几秒钟后重播。排队系统的必要性在于它支持多个公告累加在一起，如有需要可以按照排队的顺序逐一重放。该功能可以为寻呼人员提供极大的便捷，因为工作人员可以即刻做出寻呼，将其加入队列，然后继续做他们手头的工作。

优先级最高的紧急寻呼或者公告，这些事件可以优先于所有的本地寻呼事件。很多这类公告是预先被录制好的，火灾或其他报警系统可以启动这些公告。这些公告需要由专业播音员录制，并且经过恰当的处理（峰值限制和改变频谱包络）以最大程度提高清晰度。在世界上的某些地区，将公告录制成多种语言也是非常必要的。

许多寻呼系统的信号电平可以在一定范围内进行自动连续调整，它取决于分布在航站楼内的多个采样传声器测得终端各区域的环境噪声电平。

17.6　高噪声区域的寻呼

在工厂或者船舶的甲板上进行寻呼是相当困难的。噪声电平非常大，甚至超过语音在其信号频段（250Hz ～ 3kHz）的电平，而这些语音信号需要覆盖这些令人不适的噪声。在这样高电平的环境下通话实际上会降低清晰度。在紧急情况下，嘈杂区域的重要值班人员将使用寻呼机和移动电话，如有需要，这些通道的信号将直接被路由到音频通信通道。

第18章

语言和音乐扩声基本原理

18.1 引言

现在，很少有公共场所不设置扩声系统。如今的礼堂、教堂、教室、竞技场都比从前规模大得多，而光临这些场所的顾客则期望能够舒适且轻而易举地听到声音。在本章中，我们将对一些扩声系统设计进行概述，着重阐述决定语言扩声清晰度的因素。

音乐扩声涵盖的范围小至小规模俱乐部系统，大至大型场馆的摇滚乐和流行乐高声压级扩声，既可以室内也可以是室外。这些年来，专业音乐扩声的重点被放在基本音质上，由此也带动了扬声器和传声器产品的推陈出新。我们将从语言扩声开始谈起。

18.2 语言扩声的原则

语言扩声系统的基本要求如下：

1. 给所有听众提供适当且连贯一致的信号电平
2. 给所有听众提供足够的语言清晰度
3. 给所有听众还原自然的音质
4. 在任何工作状态下都具有稳定的性能

在我们讨论这些要求之前，我们先来看几个世纪以来大众演讲传播的发展情况。

在图 18.1A 中，讲话者在室外演讲，必须依靠自身的音量让所有听众听清内容。如果听众数量众多，那么在前排的听众则会获得过大的音量，而后排的听众必须努力听清和理解说话人的内容。同时室外的噪声难以避免。

在图 18.1B 中，讲话者站在较高的位置。从他所站的位置发声，听众席的声场覆盖较为均匀一致，同时来自讲话者的更多声能可以到达听众区域。

在图 18.1C 中，听众席在露天剧场中呈阶梯分布，以此进一步隔绝剧场外的噪声干扰，并且可以缓解不同听众区域声压级差别大的状况。

在图 18.1D 中，听众和讲话者都处于室内。这样免于室外噪声的干扰，同时，来自侧墙和顶部的早期反射声将会提高声压级和清晰度。

最后一个阶段，如图 18.1E 所示，通过在讲话者身后加装反射板来改善讲话者声音传播的方向性，使其声能方向对准听众。这一方法增强了讲话者声音中的中频信息，进一步提高了较远距离的语言清晰度。

每一个阶段相对于前一阶段在以下至少一个方面都有长足的进步：语言声压级、声音覆盖的均匀一致性、最大限度地减少室外噪声干扰。直到近些年，图 18.1E 中的方案仍被认为基本上足以满足，小到中型报告厅的所有音质要求。

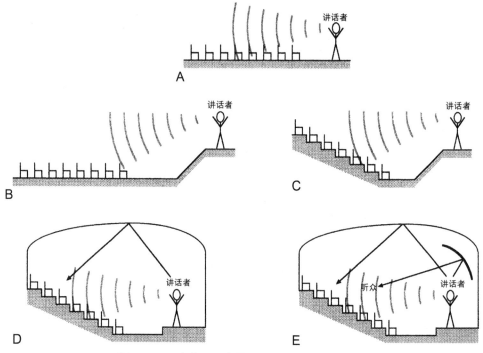

图 18.1　几个世纪以来辅助语言扩声的发展情况

18.3　室外（无声反射）语言扩声系统分析

该分析的基础是在 Boner 和 Boner（1969 年）的研究成果之上。图 18.2 组成了一个基本的现代化语言扩声系统。它有 4 个基本组成部分：讲话者、传声器、扬声器和听众；如图 18.2 所示，他们之间的距离分别表示为 D_s、D_0、D_1 和 D_2。

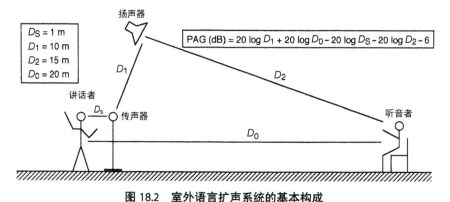

图 18.2　室外语言扩声系统的基本构成

假设，未经扩声的讲话者在距离传声器 1m（40in）处可以发出 65dB 的平均声压级，根据平方反比定律，声压级到达人耳将降低 26dB，也可说达到 39dB L_p（见第 2 章"声功率"章节）。假设扬声器和传声器都是全指向性的。

当该扩声系统开始工作时，传声器和扬声器组合可以通过增益使得扬声器产生一个与讲话处大小相等的声压级，即 65dB。在这种情况下，通过系统产生的单位增益将导致系统发生声反馈，如图 18.3 所示。声反馈就是在没有正确控制扩声系统时而引起大家熟知的"啸叫"效果。

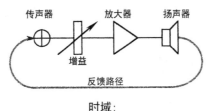

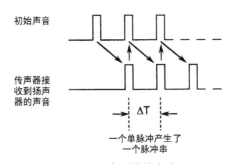

图 18.3　声反馈的由来

要搭建一个切实可行的系统，则需要减少大约 6dB 的增益。当完成这些调整之后，系统就具有一个可接受的稳定余量。此时扬声器在距离传声器 10m（33ft）左右，声压级将为 59dB 左右。

如果听音者与扬声器距离为 15m，现在就可以确定，扬声器在人耳产生的声压级大小。同样根据平方反比定律，我们可以计算出这个声压级大约为 55.5dB。

系统声增益的开与关，带给听众的声压级差为：

$$声增益 = 55.5dB - 39dB = 16.5dB$$

一个室外的扩声系统可产生的潜在声增益（PAG）公式是：

$$PAG = 20\log D_1 + 20\log D_0 - 20\log D_s - 20\log D_2 - 6 \tag{18.1}$$

之后，我们将了解如何使用更多的指向性传声器和扬声器来提高系统的最大声增益。

另一个关于声增益的图解如图 18.4 所示。我们可以直观地理解为系统可以有效地使讲话者与听众距离变近。当系统不工作时，两者距离为 D_0，即 20m（66ft）。当系统开始工作时，讲话者有一种走近听音者的感觉。这个"新的听音距离"被称作"等效声学距离"（Equivalent Acoustic Distance，即 EAD）。我们可以通过以下两个参数计算 EAD：讲话者在距离 1m（40 in）处产生 65dB 声压级，当系统开始工作时，听音者听到的演讲者的声压级在 55.5dB。我们会提出疑问：听音者与讲话者的距离为多少时声压级下降至 55.5dB？电平差为 65-55.5=9.5dB。使用图 2.7

中的计算图表，我们知道，以 1m（40in）为参考距离，距离为 3m 时，衰减量为 9.5dB。因此，当系统开启时，听音者将会感受到讲话者定位在距离他们 3m（10in）的位置。

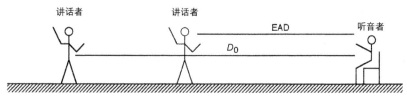

图 18.4　等效声学距离（EAD）的概念

18.4　室内语言扩声系统分析

当我们开始研究室内扩声系统时，情况就会有些复杂。室内扩声系统的声压级不仅仅受到距离带来的平方反比衰减的影响，而是受到平方反比衰减和室内声反射带来的室内混响声的双重作用。

图 18.5A 是一个室内扩声系统。我们可以看到声音到达听音者的路径，和房间带来的声反射。直达声和混响声的共同影响则是如图 18.5B 所示的情况。距离声源接近时，由于距离带来的衰减遵循平方反比关系；然而，距离大到一定程度时，混响声场开始逐渐占据主导地位。混响声场在整个房间内基本是一致的，在距离扬声器较远处，混响声场占据主导地位。正如我们在第 2 章中所讨论的（"混响声场"部分），直达声和混响声的能量相等时，该点到扬声器的距离为临界距离（D_C）。在临界点上的声压级比直达声或混响声的分量分别高 3dB。在这个例子中，我们假设讲话者和传声器都处于扬声器覆盖的混响声场中。

全面分析一个室内系统的潜在声增益（PAG）相当复杂，但是都建立在公式（18.1）的基础上，并将 D 代入并转换为临界距离的极限值。当这些完成后，公式中的两个对数项就没有了，公式变形为：

$$PAG = 20 \log D_{CT} - 20 \log D_S - 6dB \qquad (18.2)$$

其中：D_{CT} 是讲话者不使用传声器时对准听众方向的临界距离，D_s 是讲话者与传声器的距离。

临界距离可以通过下面的公式计算：

$$D_C = 0.14\sqrt{QR} \text{（米或英尺）} \qquad (18.3)$$

其中：Q 是声源的指向性因数，R 是封闭空间的房间（声学）常数，房间常数为：

$$R = \frac{S\bar{a}}{1-\bar{a}} \text{（平方单位）} \qquad (18.4)$$

其中：S 是空间的表面积，$\bar{a}$ 是空间的平均吸声系数。（注意：R 既可以表示为平方米也可以表示为平方英尺，这取决于计算时选用的单位。）

当我们观察公式（18.2）可以发现，第一项取决于房间特性，不可轻易改变。因此，第二项是唯一可以改变的变量。很直观的一点：提升室内系统潜在增益的最好（最容易）的方法是拉近传声器和讲话者的距离。此外，使用指向性传声器，同时在使用扬声器时，将输出直接对准具有一定吸声能力的听众也将提升系统增益。

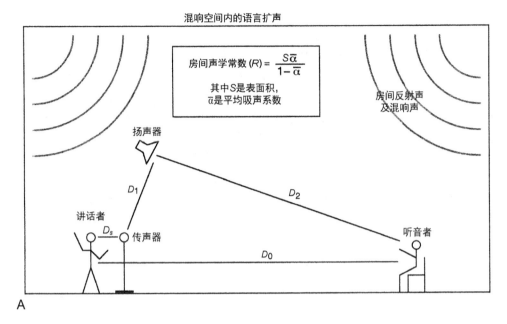

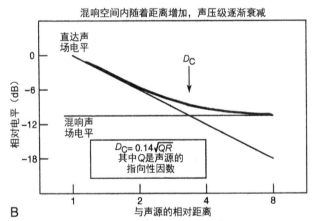

图 18.5 室内语言扩声系统：系统布局（A）；混响环境下声音随着距离的增大而衰减（B）

18.5 影响室内语言清晰度的因素

在一个室内环境中，有 3 个因素可以影响到语言传输的清晰度：

1. 信噪比（*dB*）。这是平均信号电平与 A 计权噪声电平的比值。为了达到最佳清晰度，建议信噪比大于或等于 25dB。

2. 室内混响时间（*s*）。当混响时间超过 1.5s 时，将会直接降低连续音节的清晰度。较强的房间回声也会对清晰度产生不利影响。

3. 直混比（*D/R*）。当直混比低于 10dB 时，混响声将会和随机噪声一样掩盖语言的清晰度。

在后面的章节，我们将讨论当系统布局仍处于设计阶段时，如何估算语言扩声系统的可懂度和清晰度。

18.6 语言扩声的传声器

图 18.6 和图 18.7 是一些在语言扩声中使用的传声器型号。手持式人声传声器如图 18.6A 所示。它为人声特别设计，所以它可以在距离演讲者 5 ～ 10cm（2 ～ 4in）时得到最理想的响应。（较典型的人声传声器响应曲线如图 7.2 所示）。在这样一个较小的距离范围内，人声传声器可以较好地抑制声反馈——是减小 D_S 的一个经典案例。最好的人声传声器是在振膜四周有多层屏蔽，以减小讲话者不经意间带来的风噪。许多这类传声器在 3 ～ 5kHz 的范围内有一个显著的"峰值"，以此来增加明亮度，同时提高清晰度。许多演讲者甚至对这样一支人声传声器一见如故，没了它，他们会感到不知所措。使用者需要掌握正确使用传声器的规则，不要对着传声器吹气来验证它是否正常工作；拿着的时候稍倾向外侧，避开气流，使用距离应当保持连贯一致。

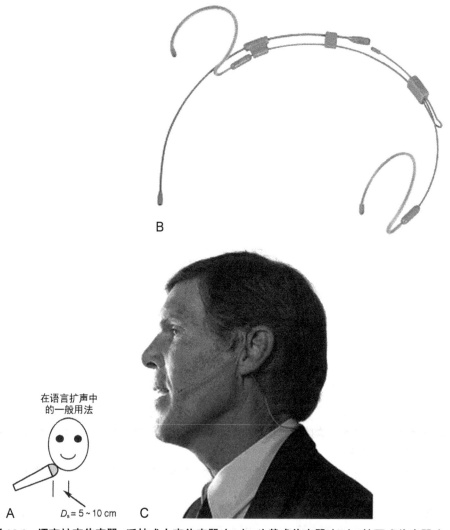

图 18.6 语言扩声传声器：手持式人声传声器（A）；头戴式传声器（B）；挂耳式传声器（C）
（图 B 由 Avlex 公司提供；图 C 由 Countryman Associates 提供）

A

语言扩声中的
常见使用方法

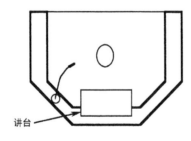

讲台

讲台俯视图

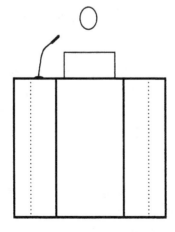

B　　　讲台前视图

图 18.7　语言扩声的传声器：鹅颈式传声器（A）；鹅颈式传声器的使用（B）

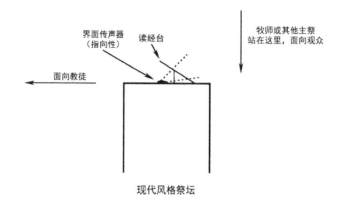

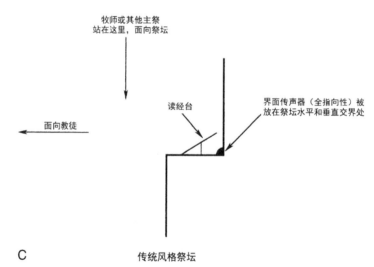

C

图 18.7　界面传声器用于祭坛（C）（图片由 Crown International 提供）（续）

头戴式传声器（如图 18.6B 所示）原是通信应用中的主打产品，直到歌手 Garth Brooks 将它运用于舞台表演，它才开始在演出中大放异彩。该传声器是驻极体式传声器，常用全指向性和超心形指向性，在近距离拾音时需要进行均衡处理。当佩戴好头戴式传声器并保持拾音位置时，它就具有极佳的性能。它通常会与无线腰包发射机配合使用，这为演讲者或研讨人员提供了足够的活动空间。在室内使用，传声器被正确固定，避开气流方向，则无须使用防风罩。

对一个固定安装的颁奖台或讲台，通常将心形或锐心形指向性微型驻极体单元安装在灵活可调的鹅颈式支架内，如图 18.7A 和图 18.7B 所示。传声器可以被放在一侧，较为隐蔽，距离演讲者嘴部 15 ～ 30cm（6 ～ 12in）。建议使用一个小型防风罩。重要的一点是鹅颈部分须在演讲者动作区域外，不会妨碍演讲者翻阅文件或笔记，所以演讲者的正常动作不会受到阻碍。

在一些比较平整的表面，例如在专题讨论会中使用的桌子或礼拜堂的祭坛，在"啸叫"前系统增益足够时，可以使用界面传声器（如图 18.7C 所示）。全指向性效果最佳，但是心形指向性可以有效降低局部噪声。然而，心形指向性相比于全指向性更加容易受外部冲击噪声。它的拾音范围一般在 45 ～ 60cm（18 ～ 24in）

前几章中介绍过的领夹式传声器很受欢迎，它使用较小的驻极体，便于隐藏。它被佩戴在使用者的衣领或者领带上，要留出足够富余的线缆，以避免表演者动作过大拉扯到传声器。对于一些长时间坐着的节目形式，可以使用有线传声器，但对于大多数场合，都需要使用无线腰包发射机。将传声器尽可能高地夹在衣领或领带上；但是，要注意将传声器夹在高处，通常头的上下摆动会造成音量变化显著。所以需要相互妥协，寻找最佳拾音位置。领夹式传声器的频率响应通常会减少来自胸腔的声辐射并维持较好的高频响应。

18.7　两个常见问题

当传声器摆位贴近反射面时，延迟的反射声将和直达声融合在一起，引起一定程度的梳状滤波效应。如图 18.8A 所示是将一支全指向性传声器安装在讲台上，则会拾取到明显的来自桌面的反射声，造成不平坦的频率响应。将传声器移动到一侧会稍稍减轻该问题。更好的解决方法是使用锐心形指向性传声器，它的离轴响应将抑制反射声，如图 18.8B 所示。

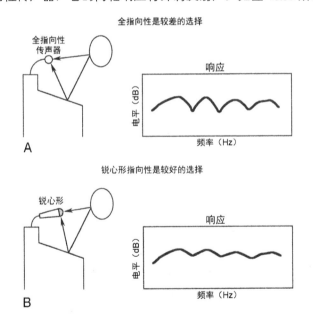

图 18.8　延迟的反射声：一支全指向性传声器的反射路径（A），使用锐心形传声器，
该拾音模式可有效抑制离轴反射声（B）

另一个常见的问题是在一支传声器够用的情况下使用两支传声器。错误的使用方法如图 18.9A 所示。在一些重要的直播场合，多放置一支传声器通常作为备份用来防止其中一个通道出现问题，但往往两支传声器都是同时使用的。当讲话者站在两支传声器的正中间不会存在问题。

但是若演讲者四处移动，那么来自两支传声器的合成信号将造成如图 18.9A 所示的波峰和波谷响应。解决方法如图 18.9B 所示，将两支传声器放在同一点上，如果需要增加有效拾音角度，则将传声器稍稍张开一定的角度。在这一方案中，讲话者的位置不是问题，因为他距离两支传声器的距离始终相等。

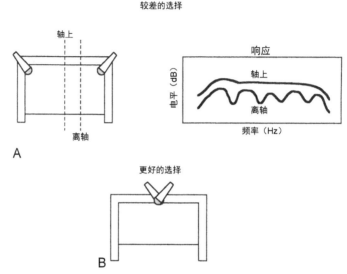

图 18.9　使用多支传声器引起部分频点声能抵消：错误摆位（A）；正确摆位（B）

18.8　大空间内扬声器阵列的选择

　　关于一个场馆的扬声器选型方案涉及方方面面，但是混响时间是要首先考虑的，如图 18.10 所示的空间。

　　如果混响时间小于 1.5s，那么使用一个独立的中央扬声器阵列就是最好的选择。它的优势在于单点声辐射，对于听众来说听感相当自然。当然这一方案需要进一步设计，使其均匀覆盖观众席区域，并最大限度地减小投射至墙面的声音。该设计方案如图 18.10A 所示。

　　同样的场地，混响时间在 1.5 ～ 3s 之间，那么则需要在中央扬声器阵列的基础上，在场馆的中部额外增加一个阵列。对主阵列进行调整，使它可以覆盖前半部分区域，补声扬声器阵列加以延时，所以来自主扬声器的波阵面比来自场馆后方的补声扬声器的波阵面稍稍早一些。这样不仅能够保留场馆前部的声源定位，还能增加场馆后半部分的直混比，该设计方案如图 18.10B 所示。

　　最后，如果相同的场地内混响时间超过 3s，则需要使用传统的分布式扩声系统。在此，用一系列较小的扬声器放置在侧墙上，而不使用主扬声器，按顺序的延时可以产生自然的效果。该方案如图 18.10C 所示。每一个听音者与扬声器的距离相对近，那么将会增加直混比。在一些场馆中，扬声器被排列成简单的纵列，这样有较宽的水平响应（可有效地覆盖观众席）和较窄的垂直响应（避免信号"溢出"到墙面上）。一些设置中会包含一个未经延时的主扬声器，被固定在场馆前方，从而还原真实声源定位。

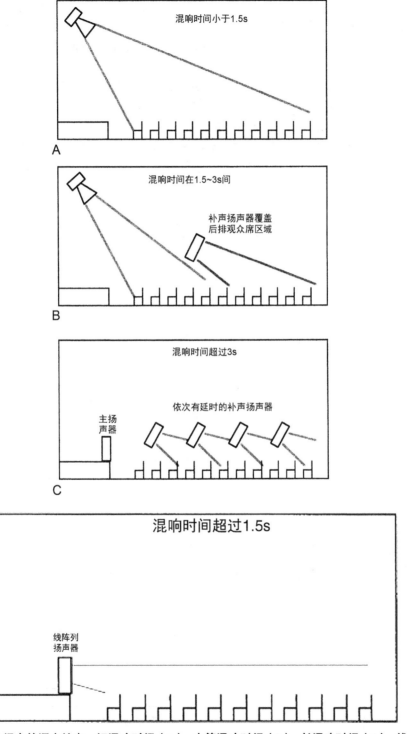

图 18.10　大空间内的语言扩声：短混响时间（A），中等混响时间（B），长混响时间（C），线阵列（D）

　　现代的数字信号处理（DSP）设备可以为混响更大的空间提供扩声方案。如图 18.10D 所示，它使用可控线阵列系统，可以通过电子控制调节垂直方向的覆盖模式，使得声音限制在听音区域。如果混响时间不是特别长，也可以使用无源不可调节的线阵列版本，比传统的扬声器效果更好。

　　综上，系统设计与选择必须慎重，并且在每一个设计步骤都要进行关于清晰度的分析测量。像体育馆和运动场一样的大型场馆会加大设计和分析的难度。

　　图 18.10 中前 3 个系统的信号流程如图 18.11 所示。随着延时通道的增加，每一个延时区域扬声器的目标覆盖区域均受到特定座席区的限制。其目标是为每个区域内的听众提供尽可能大的直混比。在理想情况下，每个区域应当尽可能少地"溢出"声能，但是在实际情况下很难控制。

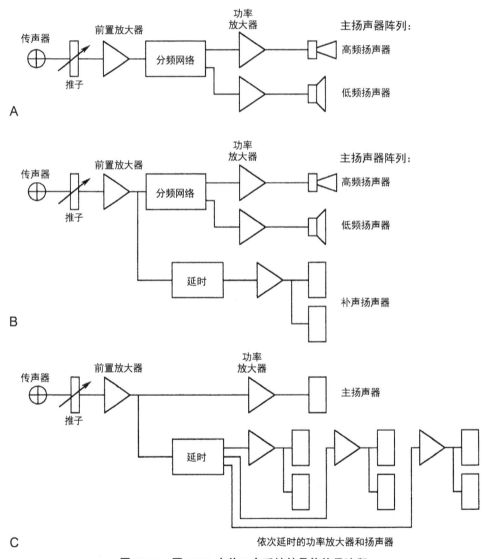

图 18.11　图 18.10 中前 3 个系统的具体信号流程

18.9　声反馈的控制

通常引起声反馈的原因，是有些讲话者音量小或者距离传声器较远时，为了提高音量，过度地提升传声器输入电平而造成操作失误。设计合理的系统也有可能出现这种状况。引起声反馈的另一个原因是同时开启了太多传声器。有经验的调音师很少会犯这种错误。但是很多系统都是由一些非专业人士或志愿者操作的，他们不太明白出现回授的原因。为了避免新手对系统造成损害，制造商又推出了一系列具有反馈抑制功能的电子设备，下面我们将着重讨论。

18.9.1　移频器

移频器在 20 世纪 60 年代被发明，通过将声音信号的频率增加或减少 4～6Hz 来减少声反馈。这样也不会对演讲带来影响。然而对音乐来说是另一回事，即使是细微的频率变化也会引起听觉的拍频效应（Beating Effect），特别是在持续的乐段中。当频率被改变，很难确立声反馈的必要条件，然而，过大的增益将导致时变的"唧啾"效应（"Chirping" Effect），系统不能达到稳定的反馈状态。图 18.12 是早期移频器的信号流程图。而如今，该类技术更加复杂，采用缓慢、随机的频率变化，而不再是固定的频率变化。

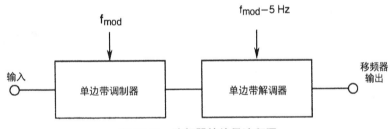

图 18.12　移频器的信号流程图

18.9.2　窄频带均衡

训练有素的声学专家可以通过为音频链路中插入窄带陷波滤波器来减少声反馈，这可以使整体增益提高 4～6dB（Boner 和 Boner，1966 年）。使用该技术应首先使系统较慢地进入声反馈过程，确定声反馈频率并在声反馈频率插入窄频带均衡。这一过程在前 3 或 4 个反馈频率上依次进行，然后就会出现反馈递减。这一方法目前通过参量均衡器来实现，如图 18.13 所示。

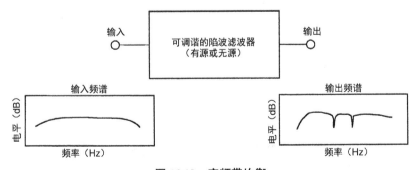

图 18.13　窄频带均衡

18.9.3　声反馈消除器

基于数字信号处理，通过复杂的信号分析和处理方法，可以制造一种可持续探测声反馈，确定反馈频点并自动加入必要的滤波器控制声反馈的系统。图 18.14 是简单的信号流程图。但这类系统常常会受到音乐里持续延长的音符的"误导"，且不适度的使用会造成整体音质下降。

图 18.14　声反馈消除器

18.9.4　自动传声器混音

在使用很多支传声器工作的情况下常使用自动混音器。例如在礼拜堂中，传声器可能被放置在诵经台、讲道坛、洗礼池和祭坛等处。同一时间通常只会用到一支传声器，控制传声器的开关并不需要调音师手动操作；正确使用并调整自动传声器混音器可使传声器控制自如且简便。图 18.15 是门限自动混音器的信号流程图。

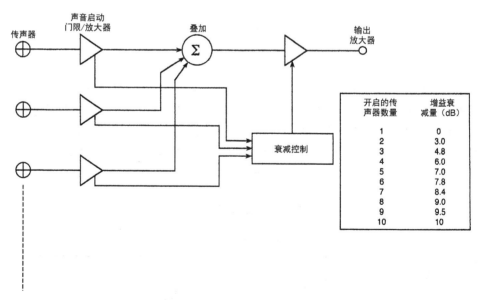

开启的传 声器数量	增益衰 减量（dB）
1	0
2	3.0
3	4.8
4	6.0
5	7.0
6	7.8
7	8.4
8	9.0
9	9.5
10	10

图 18.15　门限自动传声器混音器的基本信号流程图

在一些应用中，有时需要同时使用一支以上传声器。在这种情况下，混音器有一个功能将降低系统增益，公式如下：

$$增益衰减 = 10 \log NOM \tag{18.5}$$

NOM 代表需要开启的传声器数量。当开启的传声器数量增加 1 倍时，理想的增益将衰减 3dB，由此可以保证空间内的扩声声压级保持一致。

设计精良的门限自动混音器可以提供一些由防止空间环境噪声电平变化引起的门限函数误触发的功能。通常通过一些根据背景噪声来改变门限阈值的方法来实现。

Dan Dugan 发明了一种"Dugan 语音系统"并取得专利。它可以克服门限自动混音器的限制问题。他的专利被很多公司叫作"增益共享自动混音器"。

不同于门限自动混音器，增益共享自动混音器没有门限阈值。每一个门限自动混音器的输入部分有两个增益，一个"关闭"增益和一个单位增益。"关闭"增益并不是完全关闭，如果过渡到单位增益的时间过长，就可能会导致一些音头被抹去。

想要不留痕迹地改变增益，改变速度是有一定限度的。每一个增益共享自动混音器的输入都设有 3 个增益，一个是"开启"增益，一个是"待机状态"增益，还有一个是"关闭"增益。如果每一个输入端都没有监测到语音，则所有输入将会切换到"待机状态"增益。为了控制每个输入的增益，输入信号需要首先进行高通或带通滤波器处理以调整语音频段的中心。通过"旁链"将一个给定输入的滤波后电平与所有输入之和的滤波后电平作对比，从而设置增益。如果只有一个通道输入语音信号，输入电平与所有输入电平之和大小相等，由此该输入增益为"单位"增益；如果其他输入的电平远小于所有输入的电平之和，则为"关闭"增益。如果多个输入通道同时输入语音信号，则每个输入的电平都小于所有输入电平之和，整个系统的"开启"增益"共享"给所有的传声器，并与瞬时电平成正比。所以，增益共享自动混音器不需要 NOM 补偿，因为增益共享原理原本就包括 NOM 补偿功能。最终，混音信号非常流畅，即便有些切换过程是可察觉的，那也是极少数情况。

18.10　评估一个语言扩声系统的清晰度

如果一个场馆内安装了一套语言扩声系统，系统的有效可懂度可以通过标准音节测试进行评估。一般情况下，一个讲话者站在传声器前，读一系列句子，句子里包含一些随机音节。举一个例子："Please write down the word cat; now I want you to write down the word man."。这些句子的目的是展现在连续语音的声学掩蔽作用下的测试音节。分析场馆中不同位置的听音者听到声音的反应，然后分析结果的准确性并用百分比表示出来。如果一个听音者在随机音节测试中获得 85% 的正确率，则他基本能够在该场馆内听清 97% 的讲话内容。

如果一个语言扩声系统还在设计阶段，它的有效性则需要声学专家基于某些声学参量对其进行多方面的评估。例如，声学专家可以评估主扬声器在某听音点的直达声声压级。声学专家也可以通过分析混响推算出人耳处的混响声压级有多大，混响时间有多长。此外，在一些预定的噪声隔离和消除的基础上，还可以合理估算空间内的噪声电平。

如果所有这些评估都集中在以 2kHz 为中心的倍频程，如果可以假设房间的混响衰减过程中不存在非常规的反射声，那么系统的辅音清晰度损失（%Al$_{cons}$）可以用以下公式计算：

$$\%AI_{cons} = 100 \times \left(10^{-2(A+BC-ABC)} + 0.015 \right) \tag{18.5a}$$

$$A = -0.32\log \times \left(\frac{E_R + E_N}{10E_D + E_R + E_N} \right) \tag{18.5b}$$

$$B = -0.32\log \times \left(\frac{E_N}{10E_R + E_N} \right) \tag{18.5c}$$

$$C = -0.5\log \times \left(\frac{T_{60}}{12} \right) \tag{18.5d}$$

此处

$$E_R = 10^{L_R/10}$$
$$E_D = 10^{L_D/10}$$
$$E_N = 10^{L_N/10}$$

举一个例子，假设我们估算的房间和系统仿真给出以下值：T_{60}=4s，L_R=700dB，L_D=65dB，L_N=25dB，可计算处 A，B，C 的值：

$$A = 0.036$$
$$B = 1.76$$
$$C = 0.24$$

将值代入（18.5a）的公式中，$\%AI_{cons} = 14\%$。

图 18.16 是对该系统预期性能的主观评估，介于差和尚可之间。

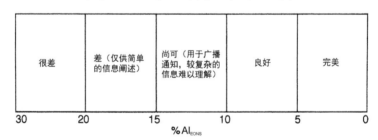

图 18.16　对辅音清晰度损失（$\%AI_{cons}$）值的主观评价

在此评估的基础上，声学专家和建筑师找到了一些提高性能的方法。值得注意的是，降低混响时间（完成较为困难且花费多）或提高扬声器的覆盖范围，使更高的直达声声压级覆盖观众（较好实现），两种手法都可以考虑。

语言传输指数（Speech Transmission Index）遵循 IEC 60268-16 ed3.0 标准，与 AI_{cons} 相比，现如今它被认为更符合人类感知。

18.11　正统剧剧院的语言和音乐扩声

传统的剧院和剧场演出空间都相当小，专业演员通常无需使用任何辅助电声设备就可将声音传达到场馆内的各个角落。这仍然是大多数现有剧场的模式。然而，现代化的场馆比过去的场地大，其多功能性导致在戏剧表演时，空间显得过大。这种情况下，可以采用如图 18.17 所示的语言扩声方案，在此围绕舞台口摆放 3 支界面传声器。

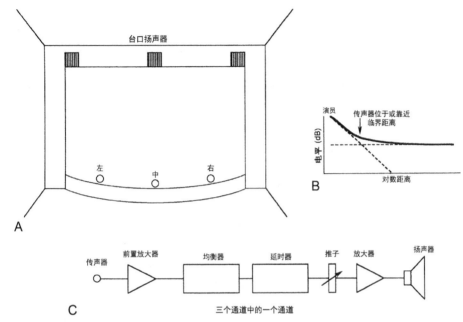

图 18.17　正统剧剧院的立体声语言扩声系统：舞台布局（A）；
演员与传声器的关系（B）；典型的电声通路（C）

理想情况下，3 支传声器应位于演员的直达声场范围内，但在一些大型的场馆内，传声器位于直达声场和混响声场的过渡区域。

这些信号被路由到经过仔细的均衡和延时处理的台口扬声器通道中。在一些案例中，中频段几乎不做增益调整，系统重要的部分是对高频的放大处理，以此提高清晰度。延时的目的是为了保证最先到达人耳的声音来源于舞台上的声源。

如果全指向性传声器可以提供所需的高频增益，则它是首选。如果使用心形传声器可以减小声反馈。注意，舞台上的脚步声可能造成一定问题，这需要用到高通滤波器。

特殊效果和画外音通常由声音设计师制作，并且可以来自于除舞台外的任意方向。

18.12　现代化的音乐剧场

自从 20 世纪 60 年代摇滚乐兴起以来，扩声便成为音乐剧场不可或缺的配置，乐池乐手和台上的歌手和演员都需要扩声。现如今，几乎所有巡演剧团都配有一个音频专家随团巡演，并配备一切扩声必需的设备。以下是一些对传声器的要求：

1. 舞台上：歌手佩戴无线领夹式传声器，通常被安放在发际线中部或用胡须遮挡，也可以使用如图 18.6C 所示的挂耳式传声器。这让歌手自由移动，尽情表达。请留意第 9 章中提到的大量无线传声器的使用。

2．Overhead 拾音：使用枪式传声器拾取舞台的环境声或演员群感。由于嘴部和传声器之间的距离更大，因此"啸叫"前系统增益非常有限。建议使用质量好的、有较好离轴声抑制能力的枪式传声器。

3．乐池：由于乐池能容纳的人数有限，因此每件乐器可能都会使用一个领夹式传声器。这些信号必须预混，保证 FOH 调音台在整体处理时有足够的灵活性。在复杂的情况下可能需要一个助理混音师。

扬声器通常被垂直放置在舞台侧面，为实现特殊效果，也可将扬声器放在声场空间内的其他地方。

18.13　高声压级音乐会扩声

一些重要的流行／摇滚艺术家可能会在大型室内场馆、室外体育场，甚至在旷野场所举办大型音乐会。观众花重金坐在前排，但即便坐在很远的观众也希望声压级能够达到 110 ～ 115dB。

有一些乐器会直接输出到调音台，只有人声、鼓，偶尔还有一些吹奏乐器需要使用传声器拾音。因为舞台上的监听声压级非常高，所以所有的传声器都与声源距离很近，以减少声反馈。个别的歌手／乐手佩戴头戴式传声器，这使得他们活动更加自如，同时保证拾音距离较小且始终不变。独唱歌手更希望使用手持式传声器，因为传声器始终是一个标志性的舞台道具。

潜在的声反馈来自于舞台地板上的监听扬声器，它的声压级过高会被串入表演者的传声器中。即使这些传声器的拾音距离非常近，串扰也在所难免。正因如此，入耳式监听这种全新技术现在流行起来。它的小型接收器可被置于佩戴者的耳道中，监听电平可调。

18.14　有源声学系统和电声厅堂

有源声学出现了至少 30 年，并在逐步发展中。最早出现的一个系统是受援共振系统（Assisted Resonance）（Parkin，1975 年）。最早投入使用的是伦敦的 Royal Festival Hall。因为受到座位和目标混响时间的限制，该场地缺乏足够的音量，安装这一系统可增加 60 ～ 700Hz 的混响时间。该系统有 172 个通道，每个通道都包含一个被放在亥姆霍兹共鸣器内的传声器、一个放大器和一个扬声器。传声器被置于混响声场中。由于频带较窄，因此各个通道都很稳定，每个共鸣器较高的 Q 值会引起混响时间明显增加。图 18.18A 是单通道的视图。图 18.18B 是系统开与关情况下混响时间的改变量。

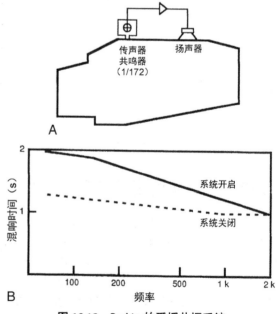

图 18.18　Parkin 的受援共振系统

　　LARES 是 Lexicon Acoustical Reverberance Enhancement 系统的简称。该系统包括一组 Lexicon 混响通道随机输出至一组扬声器。传声器被放置在表演区域前方高处。混响器自身导致了混响时间的增加，同时混响通道中随机改变的延时部件可起到平稳系统增益的作用。混响时间独立可调，而不依赖于混响电平。图 18.19 是系统的信号流程图。

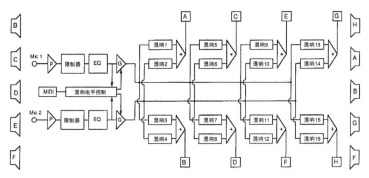

图 18.19　LARES 系统

　　Delta 立体声系统如图 18.20 所示，可用来增加舞台的响度，而不减少来自舞台的自然方向信息。该系统中扬声器既被放置在舞台上也被固定在高处。延时通道的数量通常不超过 6 或 8 个，且该系统可进行简易的重新配置，以适应不同类型的演出。

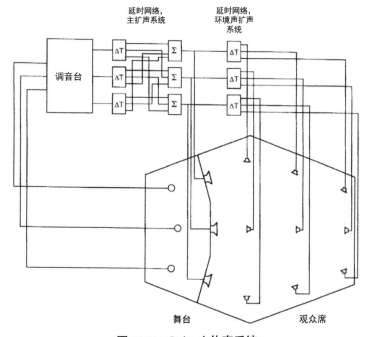

图 18.20　Delta 立体声系统

第19章

传声器阵列和自适应系统概述

19.1 引言

传声器阵列可以被看成是排列在空间中的一组传声器组件，它们的输出需要单独处理，并且组合在一起产生一个总输出。从根本上说，早期心形指向性传声器的构建就是通过将两个互相分离的压力式组件和压差式组件组合在一起而实现的，这两个组件可以被看成是一个阵列，但是这不是我们要介绍的。在此讨论的阵列和技术通常采用多个组件去实现一个目标指向性响应，对于一个指定的应用来说，目标指向性响应也是明确的。在其他情况下，通常是对单个传声器或传声器通道进行信号处理，从而在一些独特的方面提高性能。

自适应系统的信号处理系数会随时间而改变，以适应或维持一个指定的信号控制参数。我们将讨论基本的自适应技术，这些技术被广泛应用于回声消除，它们也可以通过数据压缩技术模拟录音应用中的传声器输出。自适应技术的其他相关应用还包括可以将声源的轨迹或其他因素作为一个函数来控制阵列的指向性。在本章的最开始，我们将讨论基本线阵列理论。

19.2 离散线阵列理论

最简单的线阵列包括一组等距离分布的传声器，他们的输出直接相加。让我们假设以 4 支全指向性传声器为一组垂直排列，如图 19.1 所示。相邻阵列单元之间的间距 d 分别为 0.1m （4 in），其远场指向性函数 R（Φ）由下面的公式给出：

$$R(\Phi) = \frac{\sin(1/2Nkd)\sin\Phi}{N\sin(1/2kd)\sin\Phi} \tag{19.1}$$

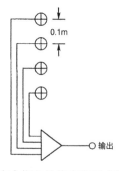

图 19.1　由 4 支全指向性传声器组成的四单元线阵列

其中 N=4，d=0.1，测试角度 Φ 用弧度来表示，k=2πf/c，其中 c 为声速，单位是 m/s。

图 19.2 展示了垂直方向上的频率分别为 400Hz、700Hz、1kHz 和 2kHz 的四单元阵列的指向性图。将 N=4 的曲线做出标记，得出线阵列指向性因数的曲线图如图 19.3 所示。沿着图中曲线中基线，d/λ=1 对应的频率为 3340Hz。

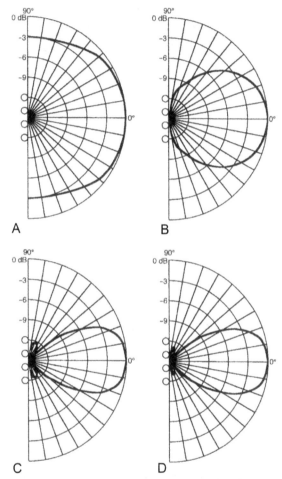

图 19.2 间距 0.1m 的全指向性传声器组成的四单元阵列在 400Hz（A）、
700Hz（B）、1kHz（C）、2kHz（D）的远场指向性响应

当 d/λ 大约等于 1 时，阵列的可用覆盖范围可以达到一个极值。d/λ 大于 1 以后，尽管轴向指向性因数仍然相当均匀，但其指向性模式呈现了许多离轴旁瓣。随着 d 的减小，频率继续提升，阵列的可用覆盖范围继续增大。这表明采用大量单元，通过减小距离来提高频率，并且设置较宽的分频区域，再将分频点精确设置，如图 19.4 所示的响应是可能实现的。

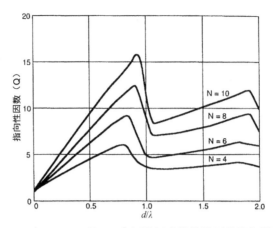

图 19.3 由 4、6、8 和 10 个组件组成的线阵列的指向性因数

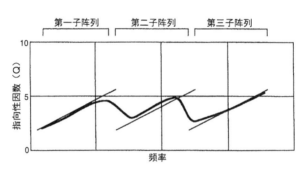

图 19.4 扩展均匀覆盖的频率范围

19.3 组件之间呈对数间隔分布的恒定指向性传感器阵列

采用固定数量且传感器组件呈对数间隔分布的恒定指向性阵列比多个等距离组件组成的阵列的频率范围控制要更加有效。Van der Wal 等人（1996 年）提出了一种阵列，如图 19.5 所示。阵列中央的组件间距较为紧密，通过对不同频率的滤波处理，阵列尺寸可随频率的提高而减小，由此使得有源换能器的数量在所有频段都得到优化。阵列的指向性如图 19.6 所示 。在此测量从 500Hz ～ 8kHz（4 个倍频程）的频率范围，如图所示，可以看到非常均匀一致的主瓣，而旁瓣的幅值大部分在 –20dB 范围内。

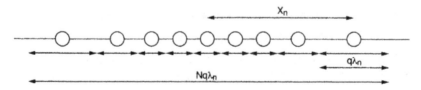

图 19.5 呈对数间隔分布的恒定指向性传声器阵列（1996 年 Van der Wal 等人提出）

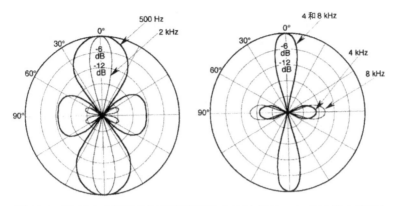

图 19.6　图 19.5 中阵列的极坐标响应图（1996 年 Van der Wal 等人提出）

19.4　多媒体工作站的传声器阵列

Mahieux 等人（1996 年）表示可以将 11 个组件以微小的弧度组成的阵列分布在多媒体工作站的显示画面上方。传声器到操作员的距离约为 0.7m，设置这个阵列的意义是以相当均匀的 10dB 左右的指向性指数，拾取操作员在 500Hz ～ 8kHz 频段发出的声音。阵列被分成 4 组子阵列，如图 19.7 所示。通过适当的滤波将 4 组阵列分为 4 个频段，指向性指数如图 19.8 所示。

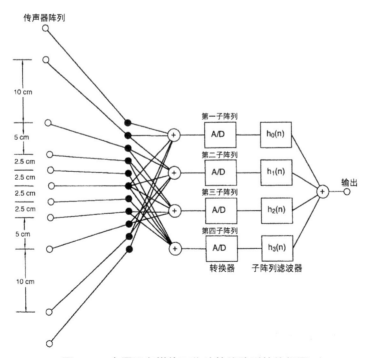

图 19.7　内置于多媒体工作站的线阵列的俯视图

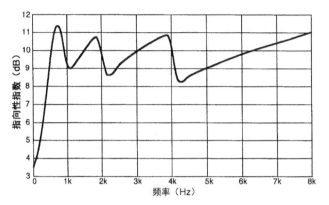

图 19.8　图 19.7 中阵列的指向性指数

19.5　心形水平响应和狭窄垂直响应的台式传声器阵列

德国 Microtech Gefell 的 KEM970 是一款固定指向性垂直阵列传声器，它具有宽广的水平心形拾音角度，在 800 Hz 以上具有 30°（有 -6dB 衰减）垂直拾音角度，中频和高频的指向性指数均为 10dB。阵列的长度为 0.35m（14in）。图 19.9 展示了传声器的侧视图，图 19.10A 和 19.10B 是一组极坐标响应图。标准的传声器三维指向性图如图 19.10C 所示。

图 19.9　Microtech Gefell KEM970 传声器（图片由 Cable Tek Electronics 公司提供）

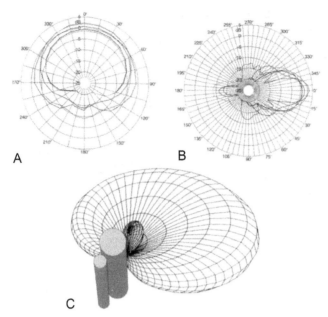

图 19.10　**Microtech Gefell KEM970 传声器极坐标数据：水平极坐标响应数据（A）；垂直极坐标响应数据（B）；标准三维指向性图（C）（图片由 Cable Tek Electronics 公司提供）**

19.6　宽广的垂直响应和狭窄水平响应的台式传声器阵列

　　Beyerdynamic 公司的 MPR 210 Revoluto 是一款固定指向性的水平阵列传声器，具有宽广的垂直指向性，水平指向性的拾音宽度并不比阵列的长度大多少。Beyerdynamic 称其为"走廊型"拾音特性，可应用于会议，只要发言者保持在走廊型拾音区域内发言，就都能很好地拾取有效信号。但是它的使用也因无法调整其固定指向性模式而受到限制。

19.7　自适应强指向性传声器

　　图 19.11 是 Audio-Technica 的 AT895 传声器，其组件布局如图 19.12 所示。中央的组件是在第 6 章中讨论的较短型号的线列传声器的剖面图，底部的 4 个极头都采用心形指向性。在正常工作时，相对的一对心形做减法，从而在中频和低频产生一对 8 字形指向性模式，两个 8 字形互相呈 90°。最终的指向性模式与线性组件垂直，因此不会拾取沿传声器主轴的声源，而是会拾取与线性组件成直角的中频和低频声源。系统的信号流程图如图 19.13 所示。

　　系统的自适应部分采用数字化处理，通过传声器组件的 3 个输出获得信号相关值，在持续工作的基础上，确定中频和低频干扰声的声压级。干扰信号以相反的极性被叠加在线性组件的输出上，由此与中频和低频的干扰信号相抵消。开发这一系统的技术要点在于确定工作范围，包括电平控制和频率以及平滑无痕操作必要的时间常数。

　　有 3 种基本的系统工作模式：

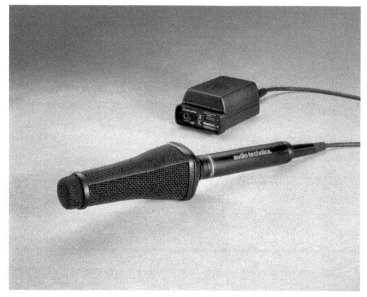

图 19.11　Audio-Technica AT895 自适应传声器的照片（图片由 Audio-Technica US 提供）

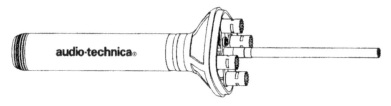

图 19.12　传声器组件的布局（图片由 Audio-Technica US 提供）

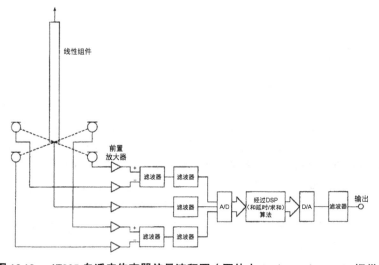

图 19.13　AT895 自适应传声器信号流程图（图片由 Audio-Technica US 提供）

1．所有组件都工作。这种模式将最大限度地抑制干扰信号。

2．线性组件加上一对 8 字形指向性。这种模式将仅仅抑制一个平面的拾音；当干扰源来自于地面时比较有效。

3．只有线性组件工作，同时进行最优化的滤波。

这类传声器主要被用于新闻采集和体育赛事等活动，在这类环境下，干扰声的方位经常不断改变。

19.8　巨型传声器阵列

Silverman、Patterson 和 Flanagan 从 1994 年开始就发明巨型传声器阵列（HMA）。它由 16 个为一组，共计 512 个传声器极性组成。这个项目的最终目标是能够在一个大房间拾取和转录所有同时进行的对话，例如股票交易大厅这种场合。每组的 16 个极性都能受到控制，拾取到狭窄的声源信息并且能够跟随说话者的移动。由于最初的目标是将语音转换成文本，那时的信号处理能力有限，所以算法并没有为获得较低的信号延时做优化。尽管优势明显，但是延时导致 HMA 无法被应用在现场扩声和会议应用的环境下。在过去长达 7 年多的时间里，这个版本的阵列传声器在布朗大学投入使用，同时他们还在开发采用 128 个极性的 HMA2。与原始的 HMA 相似，新版本能够追踪说话者并且控制最小的拾音区域，以拾取尽量少的无关声源。HMA2 项目的研究目标是实现实时电话会议。

19.9　大型声学数据阵列

MIT，计算机科学与人工智能实验室正在研制一个叫作 Large Acoustic Data Array (LOUD) 的大型声学数据阵列，它由 1020 个传声器极性组成，由此获得吉尼斯世界纪录（2007 年）。他们主要致力于研发一个计算机体系结构，以满足处理这个阵列所拾取到的大量数据流的需求。

19.10　回声消除

现代会议系统很容易就能实现用户在一个位置与隔开一定距离的另一个小组对话和沟通。系统的全双工操作也支持用户在两个方向上进行自由谈话，通常这也是这些系统的基本要求。简单的系统中存在一个根本问题，如图 19.14 所示。如果说话者与距离甚远的另一个人对话，由于信号传输至接收端的扬声器 / 传声器对，然后又被送回发送端，所以说话者会听到由于传输路径的累积效应而引起的经过延时的自己的声音。

这些"回声"可能以秒为计或者在 1s 以内，也可能是更长时间，例如卫星链路。此外，返回的信号也会携带噪声以及接收端的声学特征。同时多种其他传输效应也将引起均衡的变化。这些效应将会让尝试通过系统通话的使用者感到不适。

在系统中采用自适应滤波器可以缓解这一问题，滤波器的工作原理如图 19.15 所示。它是一个通用的滤波器，在均衡的同时带来了延时。滤波器位于系统的发送端，将输出与发送端的原始信号作对比，为发送路径和返回路径"建模"。滤波器被置于负反馈回路并持续"搜索"原始信号和接收信号的差异，并将此差异降至零，由此消除回声。

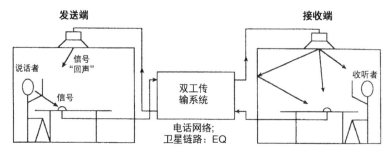

图 19.14　基本的全双工（双向）会议系统：发送端的原始信号在接收端通过扬声器重放，原始说话者听到的返回信号经过了由传输路径带来的延时以及在接收端受到房间反射引起的声染色的影响。

在现代化系统中，系统初始化是一个自动过程，通常发生在打开系统后的 1s 左右。一旦被初始化，系统将随着声学路径的变化而更新，人在房间里运动、门的开启和关闭、传声器的移动都会引起声学路径的改变。

图 19.16 是一个典型的自适应滤波器的作用过程。原始信号为图 19.16A 的脉冲信号，往返传输引起的累积效应如图 19.16B 所示。经回声消除后的信号如图 19.16C 所示。请注意，接收端传声器的直通通路被置于滤波器反馈回路之外，同时直接馈送给发送端的扬声器。所以两端的通信路径随时都要保持开启状态。

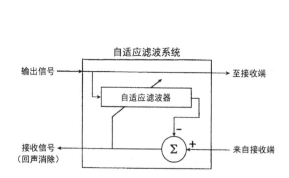

图 19.15　采用自适应滤波器可以消除发送端原始信号引起的回声；自适应滤波系统可截取原始信号并与返回信号作对比，通过负反馈回路将两个信号的差异降至零，由此返回到发送端的信号可免受回声的干扰

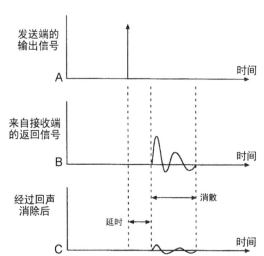

图 19.16　原始信号返回后被延时并且声染色；自适应滤波器可以在很大程度上消除这一效应（数据由 Aculab 提供）

现代回声消除系统相当稳定，能够提供充足的增益，还能够通过自动混音系统处理大量传声器。Woolley（2000 年）对这个主题进行了一个很好的概述。

19.11　"虚拟"传声器

Kyriakakis 和 Lin（2002 年）以及 Kyriakakis 和 Mouchtaris（2000 年）在一篇古典管弦乐录音的文章中提到虚拟传声器的概念，文章中描述、所选的传声器的输出可以以较低的比特率进行编码，之后根据需要进行恢复。图 19.17 是一个管弦乐录音的部分布局，两支主传声器（一对 ORTF），一支独立的辅助传声器（accent microphone）来拾取定音鼓。（实际应用中会设置更多的传声器，但我们这里只是讨论一对主传声器和一支辅助传声器）

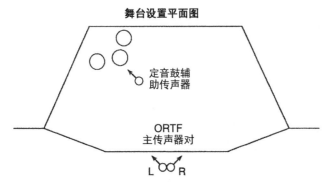

舞台设置平面图

定音鼓辅助传声器

ORTF
主传声器对

L　R

**图 19.17　古典管弦乐录音的基础布局；重点展示了
主传声器对和一支独立的辅助传声器**

我们将以全数据速率记录 ORTF 主传声器对的信息，但是定音鼓的传声器作为虚拟传声器来拾音。定音鼓传声器信号是 ORTF 左声道信号的一个子集。包含滤波器系数的这个子集以 ORTF 传声器左声道拾取的整体频谱为依据来定义定音鼓传声器通道的输出。选择 ORTF 传声器左声道正是出于此意，因为它的指向性模式和拾音方向包含了大量的定音鼓的信息。

在重放时，ORTF 左声道信号基于时间变化的均衡将通过自适应滤波器恢复定音鼓传声器的虚拟输出。滤波器产生的低数据速率系数在录音操作过程中被记录下来，引起 ORTF 左声道信号连续重新均衡（re-equalization），使之频谱与实际定音鼓传声器信号的频谱保持一致。此过程如图 19.18 所示。

整个过程的有效性很大程度上取决于瞬时的音乐平衡度，因为声源被整套传声器同时拾取。如果在主传声器通道中虚拟信号的门限足够高，就能得到很好的恢复。这种信号恢复的方式可以在后期制作中对节目进行重新平衡。

即使在这个高数据速率传输媒体的时代，扩展多通道系统的需求在某些时候可能会导致可用的硬件资源变得紧张。虚拟传声器原理提供了很有吸引力的解决方案，例如：大型场馆的环绕声演示可以配备大量的环绕声通道，每个通道对应一支原始录音场馆的传声器，这些传声器与管弦乐团的距离各不相同，有近有远。如果这些信号通过虚拟传声器被记录下来，整体数据速率可以大大降低。

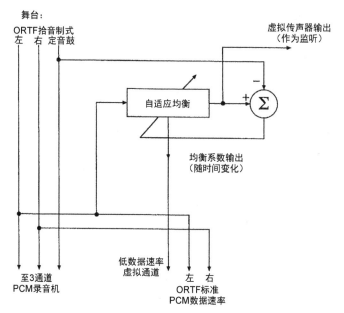

图 19.18 图中左侧是一个标准的数字（PCM）录音路径；右侧的路径将虚拟定音鼓轨道存储成一组随时间变化的自适应均衡系数，该参数随后与 ORTF 左声道信号做卷积，以重新恢复原始定音鼓信号

19.12 最后的注意事项

在本章中，我们只是涉及了传声器阵列和自适应信号处理众多领域中的一小部分应用，感兴趣的读者或许希望探讨以下应用领域：

1. 助听器：借助双耳听音、基本波束形成技术能够锁定附近的声源，为听力障碍的用户提供较强的定位信息和语言清晰度。自适应波束形成可以为每只耳朵改变指向性模式，用户可以体验到类似的改善。

2. 强指向性的波束形成：和扬声器一样，大型传声器阵列也能被设计成在相当宽的频率范围内具有较强的指向性。如果是自适应阵列，则他们可用于在困难环境中在宽广的角度范围内追踪单个声源。

3. 盲解卷积：当声源位置未知的多个信号源同时发声，可以使用先进的技术在广泛的范围内分离信号。

《Microphone Arrays》（Brandstein 和 Ward，2001 年）这本书为进一步的学习提供了一个极好的起点。

第20章

传声器的保养和维护

20.1 引言

　　音频工程师和技术人员除了对传声器外部的轻微损伤进行修护外，在实际工作中很少能够对其进行真正意义上的维护。更为重要的是，一些每天基本的日常维护能够确保传声器良好的工作性能。从事广播、录音或扩声的技术人员都应该掌握正确使用传声器的基本方法，如果能够遵循这些维护规则，传声器应该能够无期限地持续使用并且很少偏离甚至不会偏离它最初的响应特性。除此之外，本章还提供了一些简单的测量方法和性能对比方法，根据这些说明，可以判断传声器的工作性能是否良好。

20.2 一般性建议

　　在录音棚里使用完传声器之后，应将传声器存放在原装的盒子里，或者也可以放在柜子里，用毛垫毡把每只传声器隔开，而且建议使用者把传声器夹或底座等平时经常使用的设备一起存放在柜子里。严谨的管理者会要求将柜子上锁，交由操作人员保管钥匙。许多老款的动圈式传声器和铝带式传声器采用开放式的磁路结构，杂散磁场的磁力非常大，可以把周围含铁的微小尘埃颗粒都吸过来，灰尘长年堆积可能对传声器的性能产生影响。所以应当注意这个问题。

　　图 20.1 所示的是被存放在防水、抗震盒子里的一支高质量、全指向性传声器，它可以用来录音和进行声学测试。如果在室外使用，周围环境并不像录音棚或实验室一样可控，那么这个盒子将大大减小传声器受到损害的可能性。

　　不管在哪里，手持式传声器都是使用中陋习最多的一种传声器。缺乏经验的使用者可能不经意地就把传声器摔落在地上，而且长时间的近距离使用会使传声器受潮，甚至把口红或唾液都粘在防护罩上。每次使用完后，最好使用湿润的、无线布将传声器擦拭干净。录音棚品质的电容式传声器通常被安放在支架上，并且前方用防喷网或者泡沫防护罩进行保护。要确保手边有足够多的配件可以替换。

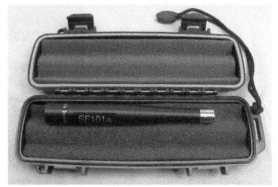

图 20.1　放在防水保护盒里的传声器
（照片来自 TestMic 网站）

现代的动圈式传声器非常坚固耐用，可以承受多次跌落撞击。小振膜电容传声器与动圈传声器的情况基本相同，但如果大振膜电容传声器有发生跌落的情况，则通常会使罩面凹陷。大多数可变指向性传声器的双振膜被悬挂在非常小的支点上，一些大振膜传声器在跌落时这个支点会损坏，所以要谨慎使用。

温度过高会使大部分传声器受到损害，例如炎热的夏季、封闭的汽车里或者阳光直射传声器等情况。绝大多数传声器的振膜采用某种聚合物制成，传声器极头的装配都使用黏合剂。超过华氏130°的高温通常会以无法预知的方式对传声器的性能产生永久性的损害。请向厂家咨询你购买的传声器可承受的最高温度是多少，并且将传声器始终存放在阴凉、干燥、无尘的环境中。

20.3　特性检测

如果对传声器的频率响应有任何疑问，则使用以下两种方法之一都可以进行检测。图 20.2 所示的检测方法是将有疑问的传声器与一支性能状态非常棒的传声器进行比较测试。首先，用 RTA（频谱分析仪）观测参考传声器的频率特性曲线并调整均衡器，使参考传声器的频率特性基本平坦。（这将有利于看到两支传声器之间频率响应的任何明显的差异）然后，将被测传声器使用同样的方法比较二者频率特性的差异。这个测试不如厂家实验室的测试那样严格，但它足够帮助你确定问题了。你也应当明白并不是每支同型号的传声器都有完全一致的频率响应。通常产品出厂的特性说明书上会明确声明这一点。

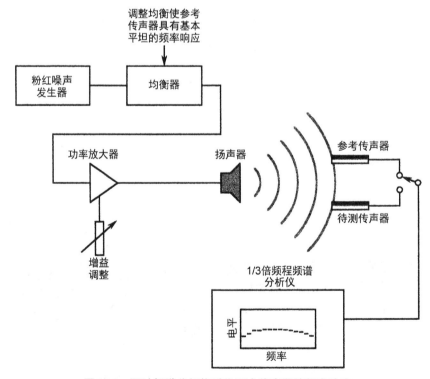

图 20.2　通过频谱分析仪对比两支传声器的频率响应

　　测试应该在较不活跃的声学空间中进行并且尽可能与早期反射声做到声学隔离。不要过分关注两支传声器的频响曲线都没有特别平坦。在这里你要寻找的是扬声器和传声器频响曲线的组合，你应该把精力放在两支传声器曲线的差异上。

　　图 20.3 所示的是第二种测量方法。将两支传声器尽可能地靠拢在一起，距离声源 1m（40in）。把传声器同时接入到调音台的输入通道，并且使二者的增益和推子都处于相同的位置。然后，把其中一支传声器反相。如果两支传声器非常匹配，控制室的声压级则会有明显的减小。在此过程中你可能需要对增益进行微调，以便最大限度地抵消两支传声器的频率响应。这个测试不如第一个测试那么严格，但它可以把有严重差异的传声器区分开。

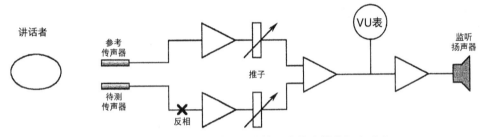

图 20.3　通过抵消它们的输出比较两支传声器的频率响应

　　通过图 20.4 所示的测试设置，可以粗略地估算出传声器的相对灵敏度。这个测试需要在录音棚中进行，并且最好远离任何反射界面。将声级计（SLM）放置在距离扬声器 1m 处，在 C 计权或无计权模式下使用声级计测量，调整信号增益使得声压级为 94dB。在实验室，一只精准的声级计可用于做以上测试，但我们的关注点是配对使用的传声器之间的灵敏度差异。

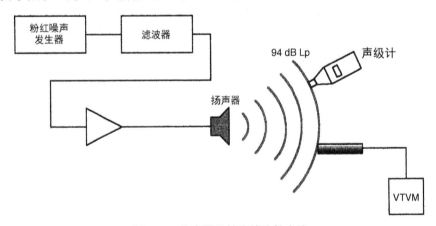

图 20.4　传声器灵敏度的比较方法

　　将传声器和声级计同时放置在扬声器前 1m 处，用中心频率为 1kHz 的倍频程带宽粉红噪声作为测试信号。通过调音台上的控制设置可以直观地比较出灵敏度的大概差异，如有需要，可以通过他们的电平具体推算出差异值。

　　把刚才我们讨论的测试方法加以扩展就可以比较传声器的本底噪声。在控制室里使用 94dB 的噪声信号进行测量，调整两支传声器的输出电平使其相等。现在，保持两支传声器的增益不变，关掉噪声源，将传声器移动到远离控制室且安静的地方，隔离室或者录音棚最远端的密闭房间就是个不错的选择。这样做是为了避免在接下来的测试中接收到任何可闻的声学反射声。

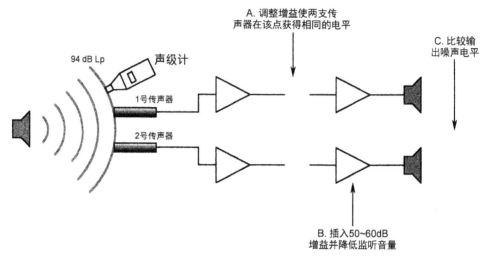

图 20.5　传声器本底噪声的比较方法

　　慢慢地同时提高两支传声器的增益。重新将每支传声器的信号返回到调音台的输入通道，这样就有充足的增益余量可以提升噪声的电平，直到你可以听清为止。你也可以慢慢减小控制室监听扬声器的增益，通过串联均衡去掉多余的低频响应。这里的关键点是要保持两支传声器通道的附加增益完全一致。一定要仔细谨慎！这些过量的增益稍有疏忽就会损害你的监听扬声器甚至是你的耳朵。你大概需要提升 50 ～ 60dB 的增益才能听清本底噪声电平。

　　认真完成这个测试，你将会对这两支传声器的本底噪声有直观的比较。图 20.5 概括列出了测试步骤。

第21章

经典传声器：作者的观点

21.1 简介

本章的写作是基于传声器手册第一版发行后与传声器用户和厂家多次交流的结果。虽然这份清单代表了笔者的个人观点，但无疑问的是它包含了过去 75 年来最著名的传声器型号。大部分录音师都认为二次世界大战后不久，被引入的美国的德国和奥地利的电容传声器几乎重塑了美国的流行与古典音乐录音，这些传声器型号是本章的重点。而在美国的广播与通信领域，美国人开发的动圈传声器与铝带传声器技术做出了重要贡献，同时在全指向性电容传声器的改进方面美国人也独树一帜。

下面是被纳入列表型号的几个独立标准：

1、传声器必须有超过 30 年的历史，并且在它所在的领域成为典范。部分型号仍然有需求，被收藏家高价收藏。

2、如果并没有得到广泛的认同，那么必须具有特别的设计或技术的改进。

3、传声器在早年间获得过特别推崇。我们在这里想到的是前面提到过的 20 世纪 50 年代初美国高性能全指向性电容传声器的使用推动了高保真录音的发展。

您可能会认为收集这些入选的传声器照片和规格是个简单的任务，但事实并非如此。我们要对那些给予我们使用图片许可的人们表示感谢，本章中的大量图片都来自于更早的出版物及制造厂商的原始规格表，其中很多图片都经过了现代计算机图形程序的修复。排列顺序基本上是按时间先后，其中偶有类似型号的分组，顺序会略有不同。

很多时候介绍的不只是传声器，某种特定型号的频响曲线、电路图和控制功能等性能参数也会涉及。

在这里要感谢大量的作者们、设计者们和历史学家们在这个领域内的多年耕耘。他们的努力让这个迷人的领域不断焕发生机并激励着我们这些后来者：Abaggnaro, 1979 年；Bauer, 1987 年；Knoppow, 1985 年；Paul, 1989 年；Sank, 1985 年；Webb, 1997 年还有 Werner, 2002 年。

21.2 Neumann CMV3A

这支传声器令人惊叹的工业设计来源于德国的包豪斯运动，其精细金属铸造和精加工的实现在 1928 年是相当惊人的（如图 21.1 所示）。虽然 Wente 的全指向性电容传声器的设计（Western Electric 1917）比 Georg Neumann 的设计早 10 年，但我们要知道美国的电容传声器几乎直到第二次世界大战结束后，仍然全都是全指向性的。而 Neumann 的设计包括双指向和心形指向的传声器组件是基于 Braunmühl 和 Weber 的研究。Neumann 在薄塑料材料黄金溅射技术的开发和工作指明了轻质高灵敏度振膜的方向。您可以听听一张名为 Das Mikrofon (Tacet 17) 的 CD 上用 CMV3A 立体声对录制的海顿弦乐四重奏，声音听起来一点都不"过时"。

因为 Neumann 开创性的工作，欧洲的广播和录音界在对声音质量的追求中采用了电容传声器，这为战后将欧洲电容传声器推向世界市场奠定了基础。

图 21.1　Neumann CMV3A（图片由 Georg Neumann GmbH 提供）

21.3　Western Electric 618

当 1919 年刚开始有广播的时候，碳粒传声器是演播室里的主角。电容传声器也有被使用，但昂贵的价格和技术要求阻碍了电容传声器的广泛使用。Western Electric 618 动圈传声器的推出是一个突破：它坚固耐用，同时因为使用了那时新问世的钴基永磁材料，所以具有良好的敏感性，并且不需要电源驱动。从本质上讲，他是第一个全指向性动圈传声器，包含了所有当今动圈传声器的设计特性。它具有一个中频调谐的高阻尼运动系统，并连同一个共鸣腔用来拓展低频响应和一个位于振膜后的用来拓展高频响应的小谐振器。图 21.2A 展示了基本单元，图 21.2B 为该系统的剖面图，图 21.2C 为标准轴向与离轴频响曲线。

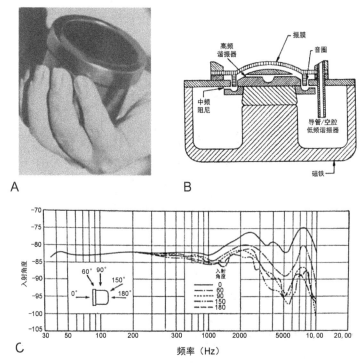

图 21.2　Western Electric 618（图 A 和 C 来自于 Read, 1952 年；
图 B 来自于 Frayne 和 Wolfe, 1949 年）

21.4　Western Electric 640AA

Bell Telephone Laboratories（BTL）请 Western Electric (WE) 为他们手工订制了一个电容测试传声器，命名为 640A。1940 年 Electro-Acoustic Laboratory（EAL）的负责人，哈佛大学的 Leo Beranek 在 BTL 看到了 640A，并意识到它将成为一个理想的国家标准传声器。BTL 告诉他如果将铝制振膜换成不锈钢振膜，传声器的温度稳定性将得到改善。他们将这种改进型号命名为 640AA，但是 Western Electric 从未真正制造过这款传声器。

1941 年秋天，Beranek 与 WE 接触并询问为 EAL 购买 640AA，并推动 640AA 成为国家标准传声器。WE 表示对一次只卖出一支传声器不感兴趣，他们对单个客户的订单最低 50 支起。Beranek 以个人名义订购了 50 支传声器，然后在 EAL 对这些传声器进行了校准，并把它们卖给了实验室和厂商。直到 1946 年 Western Electric 开始积极推广作为实验室传声器的 640AA，并且与 RA-1095 前置放大器打包卖给 FM 广播电台。

图 21.3A 所示为 640AA 极头被装在 RA-1095 前置放大器上；图 21.3B 为极头特写。标准频响曲线如图 21.3C 所示；图 21.3D 为 Beranek 基于极头的 X 射线绘制的剖面图（图片来自 BTL）。丹麦的 Bruüel & Kjær 公司仍在生产一种相当于已经停产的 640AA 的传声器，并用于实验室工作。

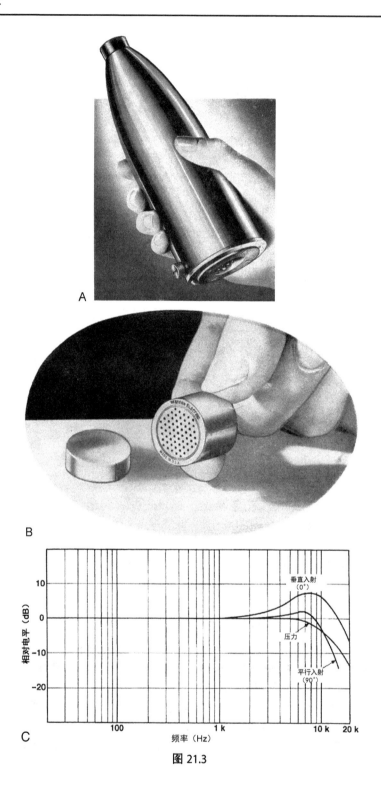

A

B

C

图 21.3

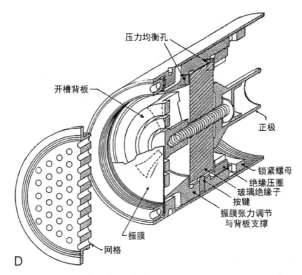

压力均衡孔

开槽背板

正极

锁紧螺母
绝缘压圈
玻璃绝缘子
按键
振膜张力调节
与背板支撑

振膜

网格

D

图 21.3　Western Electric 640AA（A 和 B 来自于 Western Electric, 1946 年；C 来自于 National Bureau of Standards, 1969 年；D 来自于 Beranek, 1949 年）（续）

21.5　Western Electric 630

20 世纪 30 年代中期推出的 630 型传声器被称为"Eight Ball"，相对于 618 型传声器性能有所改善。新型号被设置为主轴朝上，所以它在整个 360° 范围内具有统一的响应。球状的外形使得整体响应更加平滑。请注意，90° 离轴响应在 50Hz ～ 10kHz 范围内仅为 ±3dB。

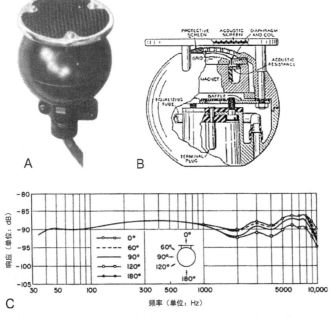

图 21.4　Western Electric 630（A 和 C 来自于 Tremaine，1969 年；B 来自于 Read, 1952 年）

21.6　Western Electric 639

这个发布于 20 世纪 30 年代晚期的著名型号代表了 Western Electric 铝带技术的唯一应用。这里包括两个部分：一支全指向性的动圈和一支被直接安装在上面的铝带。（请看图 5.8 的内部详细结构）RCA 的铝带从头到尾都有波纹，而 639 只在头与尾部有波纹，中间的部分压接使得它成为一个整体进行位移。通过内部开关，两个声学组件可以独立运作或通过不同的方式联合使用，得到一阶心形指向。图 21.5A 为著名的"鸟笼"外形设计；标准轴向与离轴频响曲线如图 21.5B、图 21.5C 和图 21.5D 所示（3 种不同模式下）。639A 型只有铝带、动圈和心形模式设置，而 639B 型加入了另外 3 种介于这 3 种指向性之间的模式：分别为 1、2 和 3 型。

图中的传声器品牌为 Altec。1949 年 Western Electric 将 639 型和一些其他产品的制造转交给了Altec 公司，这家公司在 20 世纪 30 年代后期承担了 Western Electric 扬声器和放大器的制造和销售工作。

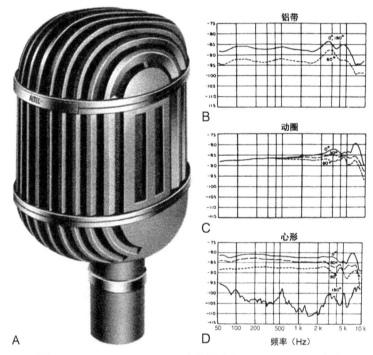

图 21.5　Western Electric 639（数据来自 Tremaine, 1969 年）

21.7　RCA 44

这支在所有的铝带传声器中最著名的 RCA 44 型的原型 A 版诞生于 1931 年，B 版于 1940 年推出。后来的 BX 版（MI-4027-B）具有改进的磁体和更高的灵敏度。很少有传声器具有独特的外观造型，它的"箱式风筝"的外形已经被模仿过很多次。Harry Olson 在 RCA Laboratories 50 年的杰出生涯使他对铝带传声器工程设计做出了标志性的贡献。对他的著作进行一次快速的概览，我们发现大量的理念、型号与设计挑战，他都只用铝带解决了。这支传声器在 20 世纪 30 年代广受广播界欢迎，并一直延续到 20 世纪 60 年代。从 20 世纪 30 年代开始在录音棚中它也被大量使用，并承受住了德国和奥地利的电容传声器的猛攻，就像 LP 一样历久弥新。

你能在几乎所有大型录音棚找到精心维护的 RCA 44，它们主要被用来近距离拾取大型管弦乐队与爵士大乐队中的铜管乐。很多录音师认为 44 的指向性和近讲效应能让吵闹、坚硬的铜管乐变得温暖和松软，而使用电容传声器，不论你如何使用均衡器都是很难解决这个问题的！

RCA 44 看起来坚固的外形掩盖了它实际上的脆弱。铝带组件本身是低频率调谐的，所以在机械振动的情况下是可能变形损坏的。如果传声器掉落，则穿孔的金属保护网罩也很容易凹陷变形。传声器的正面如图 21.6 所示，标准轴向频响如图 21.6B 所示。RCA 在 20 世纪 70 年代早期停止了这个型号的生产。

A

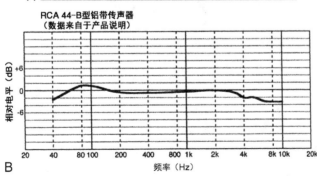

B

图 21.6   RCA 44-BX（图片 A 致谢 Stanley O. Coutant；B 来自于 RCA 规格表）

21.8　RCA 77

　　我们谈到的几乎所有关于 RCA 44 的特性也适用于 RCA77。这支传声器是由 Harry Olson 的团队在 30 年代研制的，起初的目的是：对于 44 这样的 8 字形指向性传声器不适用的场合需要研制一支单指向性（心形）传声器。77 相比于 44 可适应广泛得多的应用环境，最终 77 经过了 7 次的迭代改进。77DX 在 1976 年仍在生产。在图 21.7 的传声器后视图中可以看到指向性调节控制，图 21.7B、图 21.7C、图 21.7D 分别是 3 种不同的指向性极坐标图。

　　77 早期的版本使用了图 5.9 中的技术来实现心形响应。一部分铝带被暴露在双方向上，这部分为 8 字形指向性，而另一部分铝带的一面被阻尼管遮挡，表现出类似压力式传声器的响应。这两部分铝带综合起来形成了心形指向性。77 后来的版本使用了图 5.15A 的方式得到了心形指向性。遮挡物被扩展到整个铝带的背面，通过可移动的叶片来控制孔洞的大小，从而得到所需的一阶指向性模式要求的压力梯度分量。我们从图 21.7B、图 21.7C 和图 21.7D 中可以看到 4kHz 以下的指向性模式是相当精确的，而在 4kHz 之上，背面的指向响应只能做到近似。

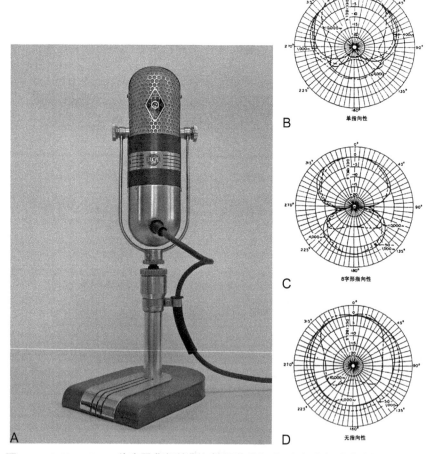

图 21.7　RCA 77-DX：传声器背部的指向性调节旋钮（A）极坐标响应（B、C 和 D）
（图片 A 致谢 Stanley O. Coutant; B, C, 和 D 来自于 Tremaine, 1969 年）

21.9　RCA MI-10001

这款于 1948 年推出的传声器是基于晚期的 77 型设计的。它有一个不能调整的订制网罩，可以在 45° 处得到平直的心形频响。这种传声器是为了电影配音而设计并限量生产的。这是第一支全面提供了 3 个维度极坐标数据的传声器，其中两个如图 21.8 所示。MI 是 Master Index 的缩写，这个总索引包括了 RCA 所有的产品，哪怕是没有型号的产品。晚期的 MI-10001 和 MI-10001C 被称作 KU-3A 型。

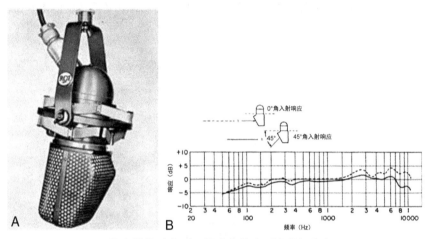

图 21.8　RCA MI-10001: 传声器外形（A）；频响曲线（B）（数据来自于 Tremaine, 1969 年）

21.10　Neumann U47

这款多指向性传声器于 1948 年进入美国市场，当时使用的品牌是 Telefunken——一家德国的分销商，U47 在流行和古典录音领域均获得了极高声誉。U47 问世时正值 LP 唱片推出并得到发展之时，这支传声器的高频响应受到了极力吹捧（经常标识在 LP 封面上）。U47 当时的售价达到了 500 美元（在 1948 年是笔巨款），很快就成为录音精英们的最爱。

如图 21.9 所示，这支传声器有心形和全指向两种指向性。20 世纪 50 年代中期推出的 U-48 是 U47 的兄弟型号，U48 有心形和 8 字形两种指向性。50 年代末，Neumann 开始直接对美国市场销售传声器，Telefunken 品牌被 Neumann 取代。至今，U47 仍是最受欢迎的经典欧洲电容传声器型号。

图 21.9　Neumann U47（图片来源于 Georg Neumann GmbH）

21.11 Neumann M49/50

这是两个完全不同的型号，但它们有着相同的外表。M49 于 1949 年推出，是第一支在电源上集成了遥控指向性转换开关的电容传声器，如图 21.10B 所示。而 M50 在第 3 章的"轴向响应与随机入射响应的比较"章节中有详细描述。是被设计用来解决交响乐队录音中位于直达声与混响声交界区域的声音录制。它的振膜被设置在一个塑料球体上，在 2.5kHz 下极坐标响应表现为压力式传声器，而超过 2.5kHz，极坐标响应逐渐变成指向性传声器，同时输出增大，相对于中低频有一个 +6dB 的搁架式提升。这是为了在普通距离录音时既获得适度的混响感，又能获得具有质感的声音。

图 21.10　Neumann M49 和 M50（图片来源于 Georg Neumann GmbH）

M50 传声器被英国 Decca 和 EMI 的古典音乐录音师选用，组成了所谓的"Decca tree"录音制式，加上侧展传声器，共使用五支 M50。今天，这种制式被广泛用于在大空间内录制交响乐，在大型录音棚与摄影棚也常被用来拾取立体声环境。

21.12　AKG Acoustics C-12

AKG 在 1947 年诞生于维也纳并很快成为录音与广播传声器领域的主角。C-12 型电容传声器于 1953 年推出，如图 21.11 所示，它使用了自家设计的双极板极头和电子指向性切换开关。请注意指向性切换器位于传声器与供电盒之间的线缆上（如图 21.11C 所示），切换开关是无声的并且可以在录音过程中进行切换。直到今天，C-12 在录音棚中仍然大受欢迎，特别是被用于流行人声的录制。

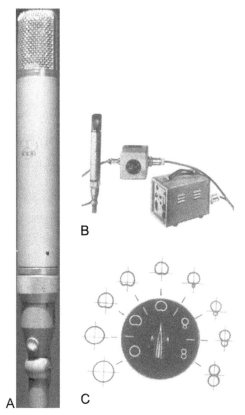

图 21.11　AKG C12（数据源自 AKG Acoustics）

21.13　Telefunken ELAM 251

Neumann 接管了自己的海外分销后，Telefunken 转而与 AKG 合作生产替代型号，1959 年的协议成就了后来的 ELAM 251。这款传声器的基本原理与 C-12 相同，但是指向性切换器从线缆上移到了传声器筒体上。经过重新设计，传声器的体积变大了。直到今天，ELAM 251 型传声器在任一录音棚内仍然是最昂贵的经典电子管传声器。

对 C12 和 ELAM 251 的设计技术细节感兴趣的读者可以参阅 Paul（1989 年）和 Webb（1977 年）的相关论著。

图 21.12　Telefunken ELAM 251（数据来源于早期官方广告）

21.14　Shure 55 Unidyne

1939 年推出的 Shure 55 Unidyne 是第一支单极头心形动圈传声器。它成为美国与欧洲所有动圈人声传声器的工业标准。Shure 55 Unidyne 由杰出的 Benjamin Bauer 设计，他曾推断在全指向与双指向之间存在心形指向。他简便的解决方案是用一个双极头声学相位变换网络替代双指向极头的固定延时通路。相位变换网络的时间常数提供了完美的中频前后抵消，同时前方指向为高频提供了所需的前后差别。55 型传声器如图 21.13A 所示，图 21.13B 为轴向频响曲线。

自 20 世纪 30 年代后，55 型传声器变换了各种外形，但一直被保留在了公司的产品目录中。

这支传声器真正可以称得上是传声器行业的标志，多年来在新闻与出版活动中频频露面。谁能忘了那些 Elvis Presley，Buddy Holly 和无处不在的 55 型传声器的合照？

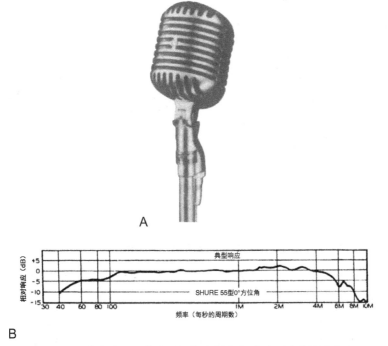

图 21.13　Shure 55 型传声器：图片（A）；标准轴向频响（B）（数据来自于 Shure Inc）

21.15　Electro-Voice 666 Variable-D®

　　Wiggins（1954 年）在 Electro-Voice 设计了 Variable-D® 心形动圈传声器。在那之前，所有的动圈心形传声器为了平坦及扩展的低频响应，不得不设计一个后方开口与一个质量控制振膜。这种设计带来的负面影响是手持噪声较大以及对机械冲击较为敏感。通过增强振膜的硬度，同时设计 3 个后方开口（低、中和高频率），每个开口对应不同的波长，振膜上的合力仍保持不变，同时频率响应保持了平坦。（设计细节详见第 5 章"Electro-Voice Variable-D® 动圈传声器"）。

　　666 型传声器如图 21.14A 所示，还包括与均衡器的组合，共同构成了 667 型传声器系统。除了一般的语音应用场合，Electro-Voice 建议将 666 型传声器用于拾音距离更远的舞台应用场合，因为 666 型具有较好的抑噪性能。所以这套传声器系统提供了额外的增益和一系列的均衡曲线，用以矫正不同拾音距离的音色，均衡曲线如图 21.13B 所示。

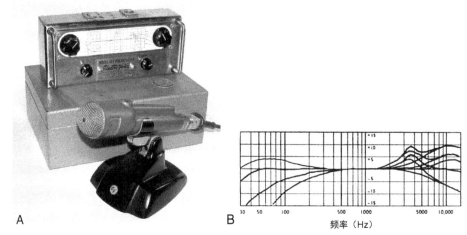

A B 频率（Hz）

图 21.14 Electro-Voice 666/667 型传声器（数据来自于 Electro-Voice.
图片来自于 Jeff Rudisill; Stanley O. Coutant 摄影）

21.16 Electro-Voice 643 型枪式传声器

多年来，枪式传声器的长度很少超过 0.5m（20in），但在 20 世纪 50 年代晚期，Electro-Voice 设计出了迄今为止最大的商业型号——长达 2.2m（86in）的 643 型。在无线传声器出现之前，这个型号被广泛用于体育赛事和大型场馆活动的远距离拾音。传声器如图 21.15A 所示，极坐标如图 21.15B 所示。虽然 643 型在一定距离的噪声环境下表现都不错，但大量的中低频影响了清晰度。此外，这支传声器造价昂贵，而搭建和使用又比较麻烦。随着无线传声器的出现，远距离拾音变得容易了许多，此类大型枪式传声器就退出了历史舞台。

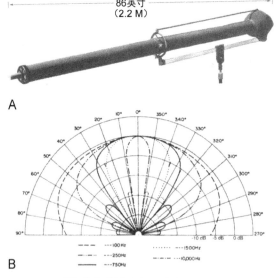

图 21.15 Electro-Voice 643 型枪式传声器（数据来自于 Tremaine 和公司广告，1969 年）

21.17　AKG Acoustics D-12

　　D-12 型心形动圈传声器于 1952 年面世，后来经过多次改款，直到 1985 年才停止生产。这款传声器以其承受高声压级的能力在欧洲与美国的录音棚中成为底鼓拾音的经典型号。这款传声器的设计包含一个完美的线性振动系统和低频共鸣腔，从而使低频响应可向下扩展到 30Hz。传声器的外形如图 21.16A 所示，频率响应如图 21.16B 所示。目前还有很多 D-12 仍在使用中，同时它也是很少见的一款堪称经典的单振膜心形动圈传声器。

A

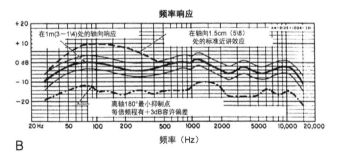

B

图 21.16　AKG Acoustics D-12 型传声器：传声器图片（A）；
频率响应曲线（B）（数据来自于 AKG Acoustics）

21.18　Sony C-37A 型电容传声器

　　20 世纪 50 年代中期 C-37A 型传声器面世，很快就成为 Telefunken U47 的低价替代品，这很容易看出原因。图 21.17B 清楚地显示直到 20kHz 的频响都是相当平直的，缺少了大量欧洲产双振膜电容传声器在 10kHz 左右的提升。值得注意的还有它完整的心形指向性，在 10kHz 之下都完整保留着 ±90°、衰减 6dB 的极坐标响应。从任何角度看，这张直径 25mm（1in）振膜的频率响应已经做到了极好。唯一的设计败笔是穿孔金属网罩比较脆弱，很容易形成凹痕，这个缺点与 RCA 铝带传声器很相似。

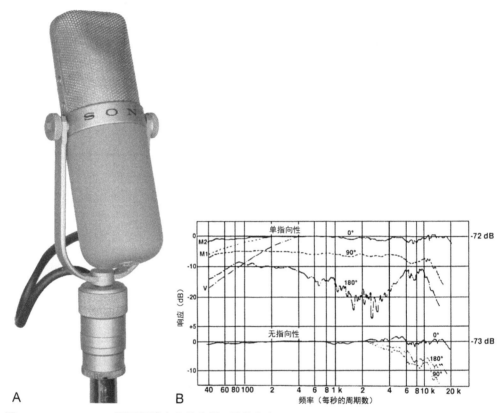

图 21.17 Sony C-37A 型双振膜电容传声器（图片来自于 Eric Weber; 图 B 数据来自于 Sony 规格表）

21.19 最早出现的立体声传声器

20 世纪 50 年代中期出现的立体声带来了很多型号的立体声电容传声器，它们的共同点是可旋转、可变指向性并且振膜垂直排列。其中的知名型号主要由 Neumann、AKG Acoustic 和 Schoeps 制造，它们的外形都很小巧。只有顶端的极头可以旋转，并且两个极头都是可变指向性的。一开始电容传声器全都使用电子管放大器，但后来在 20 世纪 60 年代逐步更换成晶体管放大器和幻象供电。Neumann 和 AKG 使用了双振膜设计，而 Schoeps 则使用了他们标志性的声学—机械耦合可变指向性单振膜设计。

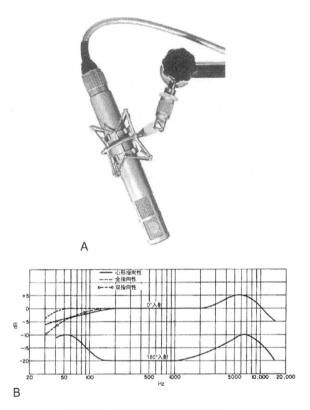

图 21.18　Neumann SM2 型立体声传声器（数据源自 Georg Neumann GmbH.）

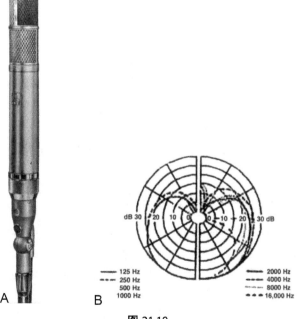

图 21.19

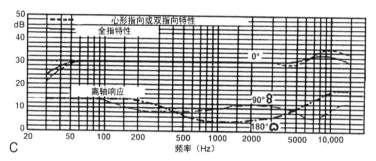

图 21.19　AKG Acoustics C-24 型立体声传声器（数据源自 AKG Acoustics）（续）

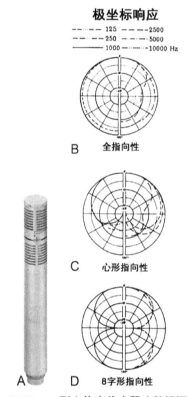

图 21.20　Schoeps CMTS-501 型立体声传声器（数据源自 Schoeps GmbH）

21.20　知名的美国全指向性电容传声器

从 20 世纪 50 年代开始，高端传声器技术似乎迅速成为欧洲的特长。在其他各个方面，包括基本的录音技术、扬声器和电子线路，美国公司都在迅速进步，事实上已经引领了战后艺术的早期发展。但在传声器领域，美国公司的传声器在动圈和铝带技术方面进行了大量的投资，而这时的录音工业坚定认为新的电容传声器代表了设计的前沿。

少数美国公司回应了这一挑战，其中一些公司的规模相当小。因为全指向性传声器在原理上相对简单，所以他们决定在这个方向上进行研发。这些公司包括：Altec——对电影和扩声系统贡献最突出的制造商；Stephens Tru-Sonic——一家高端扬声器制造商；Capps and Company——一家唱片刻录唱针制造商（disc recording styli）；还有一家小的加州公司——Stanford-Omega。

　　Altec M21 系统如图 21.21A 所示。最初的设计开始于 1940 年代末期，进行了大量的振膜实验。

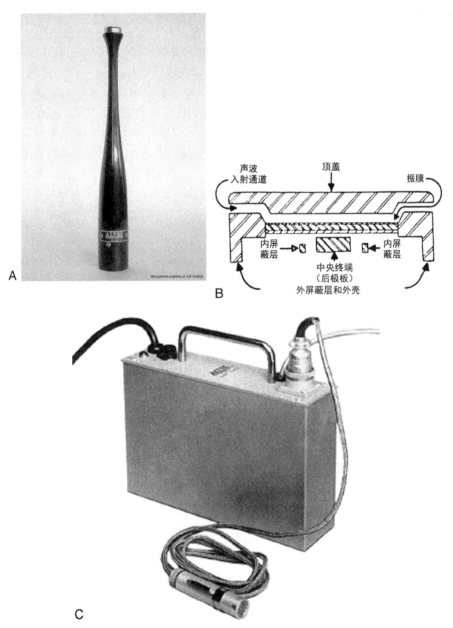

图 21.21　Altec M21 型电容传声器：M21B 型振膜基于 150A 放大器（A）；传声器极头剖面图（B）；21 型振膜基于 165A 放大器，采用 P-525A 电源（C）（图 A 来自于 Jeff Rudisill；Stanley O. Coutant 的摄影，图 C 来自于 Altec 文献）

图21.21B所示的版本是独一无二的，声音通过一个圆形开口周围的边缘到达振膜。振膜本身是一片被研磨成0.013～0.02in厚的光学玻璃，具体厚度取决于需求的灵敏度，并且一面镀金。振膜并不需要额外的张力，因为薄玻璃的刚度足以支持较高的共振频率。在同一放大器上还可安装更为传统的振膜11B。如图21.21C所示，A21振膜被装在"口红"外形的165A上，还包括了P-525A型电源。基于相同的放大器与电源，可换装21BR测量用传声器振膜，其中21BR振膜版本的线性工作范围可高达214dB，曾被用来测量原子弹试验的声音。

Stephens Tru-Sonic 公司由 Robert Stephens 于 20 世纪 40 年代在洛杉矶创建，他与 Lansing、Shearer 和 Hilliard 共同完成了获奥斯卡奖的 MGM 影院扬声器系统。与 Lansing 一样，他吸取了 Western Electric 先驱的制造理念与技术，在 20 世纪 50 年代，他的公司被认为是与 Altec 和 JBL 同样专业级别的公司。在 20 世纪 50 年代早期，他推出了第一支 RF 传声器 C2-OD4，这款传声器设计被用于录音与扩声。图 21.22A 所示的 C2 振膜被安装在一个狭窄的柄内，通过任意长度（不长于 37.5in——从振膜至解调器的信号有效传输长度）的同轴线缆与 OD4 振荡解调器相连。振荡解调器的原理如图 21.22B 所示，可以看到极头部分配有一个直径只有半英寸（12mm）的振膜，并与振荡电路紧密耦合。这个系统基于 FM 原理在 9MHz 范围内工作，同时信号在相关电路中解调。

A

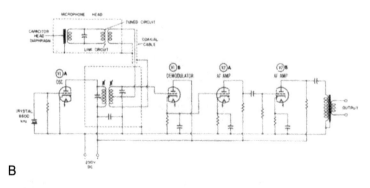

B

图 21.22　Stephens C2-OD4 型 RF 传声器
（图 A 来自于 Read, 1952 年；图 B 中数据来自于 Tremaine, 1969 年）

　　该系统的性能是极好的，但是所使用的电子管性能的变化使产品的可靠性存在一定的问题。Audiophile 唱片公司的制作人 Ewing Nunn 还有知名的扬声器制造商与录音发烧友 Paul Klipsch 都曾是该系统的拥趸。可能是因为长期的稳定性问题，该系统的产量不大。

　　Frank Capps 曾在 Edison 的唱机部门工作，当这家公司于 1929 年关闭后，Capps 创办了自己的公司，只生产一种产品——刻录唱针。在 20 世纪 50 年代早期，该公司开发出了 CM2250 型全指向性电容传声器，如图 21.23 所示。这款传声器的外形设计优雅，锥形的极头设计使它易于在一定距离被用作辅助传声器。Cook Laboratories 的 Emory Cook 几乎在他早期的所有发烧音乐唱片中都会使用一对 CM2250 传声器。

　　以 Stanford-Omega 命名的 Thompson Omega 的公司位于加州南部，这家公司生产的传声器如图 21.24A 所示。这款传声器没有型号，公认的名称只是 Stanford-Omega 电容传声器。这家公司提供了如今很少的厂家能提供的服务——他们提供了每个传声器的实际校准曲线，图 21.24B 和图 21.24C 为立体声配对传声器的频响曲线。

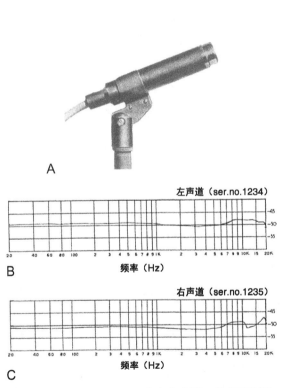

左声道（ser.no.1234）

B　　频率（Hz）

右声道（ser.no.1235）

C　　频率（Hz）

图 21.23　Capps CM2250 型传声器
（数据来自于公司广告）

图 21.24　Stanford-Omega 电容传声器：传声器外形
（A）；配对立体声传声器的频率响应曲线（B）和（C）
（数据来自于 Lowell Cross.）

21.21　Bang & Olufsen BM-3 型

　　这家名为 Bang & Olufsen 的丹麦公司是以出品高保真家庭音响器材闻名的，并以现代斯堪的纳维亚优雅的工业设计著称。早在 20 世纪 50 年代早期，这家公司就开始试验立体声并且生产了大量的单声道和立体声铝带传声器。与大量 20 世纪 50 年代中期的大型铝带传声器相比，B&O 的传声器体积很小，并且频率响应能够达到 10kHz 以上。这款传声器的走红得益于 Erik Madsen (1957 年) 在专业与大众媒体上发表的大量推广文章，如图 12.9A 所示，当时常使用的组合是一对 BM-3 型传声器加上中间的定向挡板。

　　BM-3 型传声器如图 21.25A 所示；取下防护网罩后的频响曲线如图 21.25B 所示。我们可以看到平滑的频响曲线和 10kHz 以上的延展。网罩两侧外露的法兰实际上是围绕着铝带的磁回路线的。

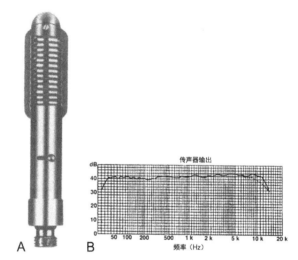

图 21.25　B&O BM-3 型铝带传声器：图片（A）；频率响应（B）（数据来自于 B&O 规格表）

21.22　小型电容传声器的兴起

　　最初为录音室设计的电容传声器的体形是比较大的，其中的大部分是可变指向性的。在 20 世纪 50 年代初期到中期，AKG、Schoeps 和 Neumann 这 3 家公司推出了振膜尺寸在 15 ~ 18mm（0.6 ~ 0.7 in）的小型电容传声器。这些传声器大多具有一系列可更换的传声器极头，而放大器通用。图 21.26 展示了 3 种早期型号，分别代表了 3 家公司不同的设计。20 世纪 60 年代这些传声器被改为幻象供电，使得价格下降，所以最终在专业市场中，起码在绝对数量上奠定了主流地位。

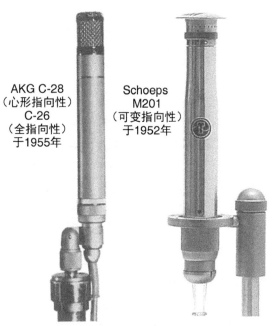

AKG C-28
（心形指向性）
C-26
（全指向性）
于1955年

Schoeps
M201
（可变指向性）
于1952年

Neumann KM53（全指向性）；
KM54（心形指向性）于1953年

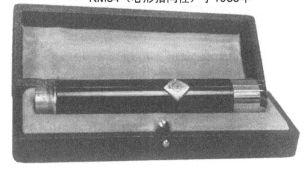

图 21.26　最早来自于 AKG、Schoeps 和 Neumann 的小振膜电容传声器（图片来自制造商）

21.23　Sennheiser MKH 404 型 RF 传声器

　　凭借固态电子元件与远程供电技术，Sennheiser Electronics 在 20 世纪 60 年代推出了他们的 RF 传声器系列。多年以来该设计已经相对完善，今天，这个系列成为该公司的旗舰产品，在性能方面达到了顶尖级别。图 21.27A 所示的 MKH 404 型是第一款使用 RF 原理的固态组件心形指向性传声器，同样的设计原理还有更早面世的 MKH 104 型全指向性传声器，性能数据如图 21.27B 和 21.27C 所示，图 21.27D 为电路示意图。我们可以看到均匀一致的频率响应，即使用今天的标准来看，极坐标响应都堪称典范。在该款传声器最初发布的那个年代，幻象供电并不常见，所以 Sennheiser 制造了一款可提供 9V 直流电压的嵌入式电池单元为传声器供电。

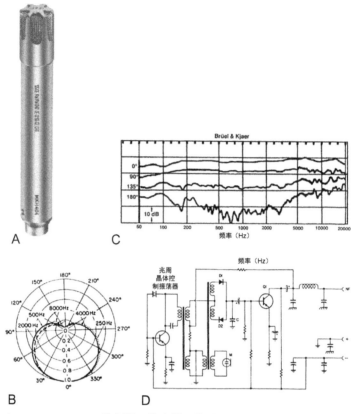

图 21.27　Sennheiser MKH 404 RF 传声器：传声器图片（A）；极坐标图（B）；离轴频响曲线（C）；
电路图（D）（数据来自于 Sennheiser Electronics 和 Tremaine, 1969 年）

21.24　Sennheiser MD 421 型动圈传声器

　　1960 年 Sennheiser 推出了著名的 421 型传声器，并一直生产至今。这款通用的心形指向性传声器以坚固耐用而著称。与 AKG D-12 类似，421 型传声器被认为是最好的底鼓传声器之一，直到今天都是动圈传声器中拾取底鼓的首选。

21.25　Crown International PZM-30 型界面传声器

　　这款传声器于 20 世纪 70 年代早期面世，是本章中最"年轻"的传声器。Crown PZM 与其他全指向性界面传声器的不同在于它制造了一条与传声器振膜间的简短间接路径，这条路径确保了拾取到的声能量不会因声源方向的不同而产生巨大变化。传声器外形如图 21.29A 所示，图 21.29B 展示了声波到达振膜的实际路线。PZM-30 型界面传声器自从面世的那天起就一直被保留在 Crown 公司的产品目录中，直到现在仍然是界面传声器录音的经典参照。

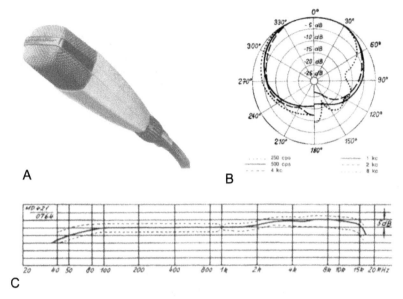

图 21.28　Sennheiser MD 421 型动圈传声器（数据来自于 Sennheiser Electronics.）

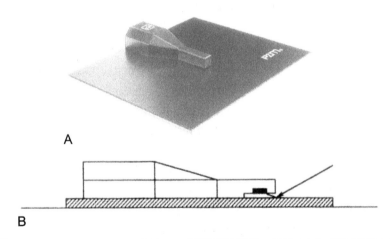

图 21.29　Crown International PZM-30 型界面传声器：图片（A）；拾音原理（B）
（图片来自于 Crown International）

参考文献与书目

常规与历史部分

Abaggnaro, L. (Ed.). (1979). *AES Anthology: Microphones* . New York: Audio Engineering Society.

Anonymous (1981). The Telephone at the Paris Opera. *Scientific American*,31, December 1881(reprinted in *Journal of the Audio Engineering Society* 29, no. 5, May).

Barron, M. (1971). The Subjective Effects of First Reflections in Concert Halls-the Need for Lateral Reflections. *Journal of Sound and Vibration* , 15, 475—494.

Bauer, B. (1941). Uniphase Unidirectional Microphone. *Journal of the Acoustical Society of America* , *13*, 41.

Bauer, B. (1987). A Century of Microphones. *Proceedings, IRE* (1962), 719-729. (also, *Journal of the Audio Engineering Society* 35, no. 4).

Bell Laboratories. (1975). *A History of Engineering and Science in the Bell System: The Early Years (1875-1925)* .

Benade, A. (1976). *Fundamentals of Musical Acoustics*. New York: Oxford University Press.

Beranek, L. (1949). *Acoustic Measurements*. New York: J. Wiley.

Beranek, L. (1954). *Acoustics*. New York: J. Wiley.

Beranek, L. (1996). *Concert and Opera Halls*: *How they Sound*. New York: Acoustical Society of America.

Bevan, W., et al. (1978). Design of a Studio Quality Condenser Microphone Using Electret Technology. *Journal of the Audio Engineering Society*, *26*(12). (Included in *AES Anthology: Microphones*).

Blauert, J. (1983). *Spatial Hearing*. Cambridge, MA: MIT Press.

Bore, G. (1989). *Microphones*. Old Lyme, CT: Neumann USA, Sennheiser Electronics, 6 Vista Drive, 06371.

Brandstein, M. & Ward, D. (Eds.). (2001). *Microphone Arrays* . New York: Springer.

Braunmuhl, H., & Weber, W. (1935). Kapacitive Richtmikrophon. *Hochfrequenztechnic und Elektroakustic* , 46, 187.

Brüel, & Kjær (1977, reprint). *Condenser Microphones and Microphone Preamplifiers: Theory and Application Handbook*. 185 Forest Street, Marlborough, MA 01752 (May).

Cooper, D., & Shiga, T. (1972). Discrete-Matrix Multichannel Sound. *Journal of the Audio Engineering Society* , 20(5) (June).

Cooper, J. (1996). *Building a Recording Studio* (5th ed). 23930 Craftsman Road, Calabasas, CA: Synergy Group 91302.

Dove, S. (1987). Consoles and Systems. In *Handbook for Sound System Engineers* (Chap. 22). Indianapolis: Sams & Co.

Eargle, J. (1981). *Microphone Handbook*. Commack, NY: Elar Publishing.

Eargle, J. (1994). *Electroacoustical Reference Data*. New York: Van Nostrand Reinhold.

Eargle, J. (1995). *Music, Sound and Technology*. New York: Van Nostrand Reinhold.

Frayne, J., & Wolfe, H. (1949). *Sound Recording*. New York: John Wiley & Sons.

Gayford, M. (Ed.). (1994). *Microphone Engineering Handbook* . London: Focal Press.

Glover, R. (1940). A Review of Cardioid Type Unidirectional Microphones. *Journal of the Acoustical Society of America*, 11, 296-302.

Hibbing, M. (1994). High-Quality RF Condenser Microphones. In M. Gayford (Ed.), *Microphone Engineering Handbook* . (Chap. 4). London: Focal Press.

Hunt, F. (1982). *Electroacoustics*. New York: Acoustical Society of America.

Josephson, D. (1997). Progress in Microphone Characterization: SC-04-04. Presented at the 103rd Audio Engineering Society Convention, New York, September, preprint number 4618. Shields and Grounds. *Journal of the Audio Engineering Society* , 43(6) (1995, June).

Khalil, F., et al. (1994). Microphone Array for Sound Pickup in Teleconference Systems. *Journal of the Audio Engineering Society* , 42(9).

Kinsler, L., et al. (1982). *Fundamentals of Acoustics*. New York: J. Wiley & Sons.

Knoppow, R. (1985). A Bibliography of the Relevant Literature on the Subject of Microphones. *Journal of the Audio Engineering Society* , 33(7/8).

Mahieux, Y., et al. (1996). A Microphone Array for Multimedia Workstations. *Journal of the Audio Engineering Society*, 44(5).

Meyer, J. (1978). *Acoustics and the Performance of Music* (Bowsher & Westphal, Trans.). Frankfurt: Verlag Das Musikinstrument.

Monforte, J. (2001). Neumann Solution-D Microphone. Mix Magazine , (October).

Muller, Black & Dunn. (1938). *Journal of the Acoustical Society of America* , 10(1).

Muncy, N. (1995). Noise Susceptibility in Analog and Digital Signal Processing Systems. *Journal of the Audio Engineering Society* , 43(6) (June).

Nomura, H., & Miyata, H. (1993). Microphone Arrays for Improving Speech Intelligibility in a Reverberant or Noisy Space. *Journal of the Audio Engineering Society* , 41(10).

Olson, H. (1931). The Ribbon Microphone. *Journal of the Society of Motion Picture Engineers* , 16, 695.

Olson, H. (1939). Line Microphones. *Proceedings of the IRE* , 27 (July).

Olson, H. (1957). *Acoustical Engineering*. New York: D. Van Nostrand and Company. Reprinted by Professional Audio Journals, 1991, PO Box 31718, Philadelphia, PA 19147-7718.

Olson, H. (1970). Ribbon Velocity Microphones. *Journal of the Audio Engineering Society* , 18(3) (June). (Included in *AES Anthology: Microphones* .).

Olson, H. (1972). *Modern Sound Reproduction*. New York: Van Nostrand Reinhold.

Parkin, P. (1975). Assisted Resonance. In *Auditorium Acoustics* (pp. 169-179). London: Applied Science Publishers.

Paul, S. (1989). Vintage Microphones. Parts 1, 2, and 3, *Mix Magazine* , (Oct, Nov, and Dec).

Perkins, C. (1994). Microphone Preamplifiers: A Primer. *Sound & Video Contractor,* 12(2) (February).

Peus, S. (1997). *Measurements on Studio Microphones.*Presented at the 103rd Audio Engineering Society Convention, New York, September. Preprint number 4617.

Peus, S., & Kern, O. (1986). TLM170 Design. *Studio Sound*, 28(3) (March).

Pierce, J. (1983). *The Science of Musical Sound*. New York: Scientific American Books.

Read, O. (1952). *The Recording and Reproduction of Sound*. Indianapolis: H. Sams.

Robertson, A. (1963). *Microphones*. New York: Hayden Publishing.

Sank, J. (1985). Microphones. *Journal of the Audio Engineering Society* , 33(7/8) (July/August).

Sessler, G., & West, J. (1964). Condenser Microphone with Electret Foil. *Journal of the Audio Engineering Society* , 12(2) (April).

Shorter, D., & Harwood, H. (1955). *The Design of a Ribbon Type Pressure-Gradient Microphone for Broadcast Transmission*. London: Research Department, BBC Engineering Division, BBC Publications (December).

Souther, H. (1953). An Adventure in Microphone Design. *Journal of the Audio Engineering Society* , 1(2) (Included in *AES Anthology: Microphones* .).

Steinberg, J., & Snow, W. (1934). Auditory Perspective: Physical Factors. *Electrical Engineering*, 53(1), 12-15. Reprinted in *AES Anthology of Stereophonic Techniques* (1986).

Streicher, R., & Dooley, W. (2002). The Bidirectional Microphone: A Forgotten Patriarch. AES 113rd Convention Los Angeles, October 5-8. Preprint number 5646.

Tremaine, H. (1969). *Audio Cyclopedia* (2nd ed.). Indianapolis: H. Sams.

van der Wal, M., et al. (1996). Design of Logarithmically Spaced Constant-Directivity Transducer Arrays. *Journal of the Audio Engineering Society*, 44(6).

Webb, J. (1997). Twelve Microphones that Changed History. *Mix Magazine* , 21(10) (October).

Weingartner, B. (1966). Two-Way Cardioid Microphone. *Journal of the Audio Engineering Society* , 14(3) (July).

Werner, E. (2002). Selected Highlights of Microphone History. AES 112th Convention Munich, May 10-13. Preprint number 5607.

Werner, R. (1955). On Electrical Loading of Microphones. *Journal of the Audio Engineering Society* , 3(4) (October).

Wiggins, A. (1954). Unidirectional Microphone Utilizing a Variable Distance between Front and Back of the Diaphragm. *Journal of the Acoustical Society of America* , 26(Sept), 687-692.

Wong, G. & Embleton, T. (Eds.). (1995). *AIP Handbook of Condenser Microphones* . New York: American Institute of Physics.

Wuttke, J. (1992). Microphones and Wind. *Journal of the Audio Engineering Society* , 40(10).

Zukerwar, A. (1994). Principles of Operation of Condenser Microphones. In G. Wong & T. Embleton (Eds.), *AIP Handbook of Condenser Microphones* . (Chap. 3). New York: AIP Press.

立体声与多声道录音部分

Audio Engineering Society. (1986). *Stereophonic Techniques, an anthology*. New York.

Bartlett, B. (1991). *Stereo Microphone Techniques*. Boston: Focal Press.

Benade, A. (1985). From Instrument to Ear in a Room: Direct or via Recording. *Journal of the Audio Engineering Society, 33*(4).

Blumlein, A. D. (1958). British Patent Specification 394,325 (Directional Effect in Sound Systems). *Journal of the Audio Engineering Society , 6* (reprinted), 91-98.

Borwick, J. (1990). *Microphones: Technology and Technique*. London: Focal Press.

Bruck, J. (1997). The KFM 360 Surround Sound: A Purist Approach. Presented at the 103rd Audio Engineering Society Convention, New York, November. Preprint number 4637.

Caplain, R. (1980). *Techniques de Prise de Son*. Paris: Editions Techniques et Scientifiques Francaises.

Ceoen, C. (1970). Comparative Stereophonic Listening Tests. *Journal of the Audio Engineering Society , 20*(1).

Clark, H., et al. (1958). The ‘Stereosonic’ Recording and Reproduction system. *Journal of the Audio Engineering Society, 6*(2) (April).

Cohen, E., & Eargle, J. (1995). Audio in a 5.1 Channel Environment. Presented at the 99th Audio Engineering Society Convention, New York, October. Preprint number 4071.

Cooper, D., & Bauck, J. (1989). Prospects for Transaural Recording. *Journal of the Audio Engineering Society, 37*(1/2).

Culshaw, J. (1957). *Ring Resounding*. New York: Viking.

Culshaw, J. (1981). *Putting the Record Straight*. New York: Viking.

Das Mikrofon. (1991). Compact Disc, Tacet 17. Nauheimer Strasse 57, D-7000 Stuttgart 50, Germany.

Del Mar, N. (1983). *Anatomy of the Orchestra*. Berkeley and Los Angeles: University of California Press.

Dickreiter, M. (1989). *Tonemeister Technology* (S. Temmer Trans.). New York: Temmer Enterprises.

Dooley, W. (1997). *Users Guide: Coles 4038 Studio Ribbon Microphone*. Pasadena, CA: Audio Engineering Associates.

Dooley, W., & Streicher, R. (1982). MS. Stereo: A Powerful Technique for Working in Stereo. *Journal of the Audio Engineering Society , 30*, 707-717.

Eargle, J. (2003). *Handbook of Recording Engineering*. Boston: Kluwer Academic Publishers.

Franssen, N. V. (1963). *Stereophony*. Eindhoven: Philips Technical Bibliography.

Gaisberg, F. (1942). *The Music Goes Round*. New York: Macmillan.

Gelatt, R. (1955). *The Fabulous Phonograph*. New York: Lippincott.

Gerlach, H. (1989). Stereo Sound Recording with Shotgun Microphones. Product usage bulletin, Old Lyme, CT: Sennheiser Electronic Corporation, 6 Vista Drive.

Gerzon, M. (1973). Periphony: With-Height Sound Reproduction. *Journal of the Audio Engineering Society , 21*(1).

Gerzon, M. (1992). Optimum Reproduction Matrices for Multichannel Stereo. *Journal of the Audio Engineering Society, 40*(7/8) (July/August).

Hibbing, M. (1989). XY and MS Microphone Techniques in Comparison. PO Box 987 Old Lyme, CT: Sennheiser News Publication, Sennheiser Electronics Corporation. 06371.

Holman, T. (1999). The Number of Audio Channels. Parts 1 and 2. *Surround Professional Magazine, 2*(7 and 8).

Holman, T. (2000). 5.1 *Channel Surround Up and Running*. Woburn, MA: Focal Press.

Horbach, U. (2000). *Practical Implementation of Data-Based Wave Field Reconstruction*.108th AES Convention Paris.

Huber, D., & Rundstein, R. (1997). *Modern Recording Techniques* (4th ed.). Boston: Focal Press. ITU (International Telecommunication Union). Document ITU-R BS.775-2 (2006).

Jecklin, J. (1981). A Different Way to Record Classical Music. *Journal of the Audio Engineering Society*, 29(5) (May).

Johnson, J., & Lam, Y. (2000). *Perceptual Soundfield Reconstruction*.109th AES Convention. Preprint no. 5202.

Klepko, J. (1997). Five-Channel Microphone Array with Binaural Head for Multichannel Reproduction. Presented at the 103rd AES Convention. Preprint no. 4541.

Kuhl, W. (1954). Nachhallziet Grosser Musikstudios, *Acustica*, 4(2), 618.

Kyriakakis, C., & Lin, C. (2002). A Fuzzy Cerebellar Model Approach for Synthesizing Multichannel Recording. 113th AES Convention Los Angeles, October 5-8. Preprint no. 5675.

Kyriakakis, C., & Mouchtaris, A. (2000). Virtual Microphones for Multichannel Audio Applications. ICME 2000. New York (October).

Madsen, E. (1957). The Application of Velocity Microphones to Stereophonic Recording. *Journal of the Audio Engineering Society*, 5(2) (April).

Malham, D. (1999). Homogeneous and Non-Homogeneous Surround Sound Systems. AES UK Second Century of Audio Conference. London (June 7-8).

Meyer, J., & Agnello, T. (2003). Spherical Microphone Array for Spatial Sound Recording. 115th AES Convention New York, October 10-13. Preprint no. 5975.

Mitchell, D. (1999). Tracking for 5.1. *Audio Media Magazine*, October.

O, Connell, C. (1941). *The Other Side of the Record*. New York: Knopf.

Olson, L. (1979). The Stereo-180 Microphone System. *Journal of the Audio Engineering Society*, 27(3).

Previn, A. (1983). *Andre Previn, s Guide to the Orchestra*. London: Macmillan.

Read, O., & Welch, W. (1959). *From Tinfoil to Stereo*. Indianapolis: Sams.

Schwarzkopf, E. (1982). *On and Off the Record: A Memoire of Walter Legge*. New York: Scribners.

Snow, W. (1953). Basic Principles of Stereophonic Sound. *Journal of the Society of Motion Picture and Television Engineers, 61*, 567-589.

Streicher, R., & Everest, F. (1999). *The New Stereo Soundbook*. Pasadena, CA: Audio Engineering Associates.

Theile, G. (1996). Main Microphone Techniques for the 3/2-Stereo-Standard. Presented at the Tonmeister Conference, Germany.

Theile, G. (2000). Multichannel Natural Recording Based on Psychoacoustical Principles. Presented at the 108th AES Convention Paris. Preprint no. 5156.

Theile, G. (1991). On the Naturalness of Two-Channel Stereo Sound. In Proceedings of the *AES 9th International Conference* (pp. 143-149). Detroit: Michigan.

Thorne, M. (1973). Stereo Microphone Techniques. *Studio Sound*, 15(7).

Tohyama, M., et al. (1995). *The Nature and Technology of Acoustical Space*. London: Academic Press.

Williams, M. (1999). Microphone Array Analysis for Multichannel Sound Recording. Presented at the 107th Audio Engineering Society Convention, New York, September. Preprint no. 4997.

Williams, M. (1987). Unified Theory of Microphone Systems for Stereophonic Sound Recording. Audio Engineering Society. Preprint no. 2466.

Woszczyk, W. (1984). A Microphone Technique Applying to the Principle of Second-Order Gradient Unidirectionality. *Journal of the Audio Engineering Society*, *32*(7/8).

Yamamoto, T. (1973). Quadraphonic One-Point Pickup Microphone. *Journal of the Audio Engineering Society*, *21*(4).

通讯与扩声部分

AKG Acoustics. (1997). *AKG Acoustics WMS300 Series Wireless Microphone System*. 1449 Donelson Pike, Nashville, TN 37217.

Ballou, G. (Ed.), (2008). *Handbook for Sound Engineers* . (4th ed.). Boston: Focal Press.

Beavers, B., & Brown, R. (1970). Third-Order Gradient Microphone for Speech Reception. *Journal of the Audio Engineering Society*, *16*(2).

Boner, C. P., & Boner, C. R. (1966). Equalization of the Sound System in the Harris County Domed Stadium. *Journal of the Audio Engineering Society*, *14*(2).

Boner, C. P., & Boner, R. E. (1969). The Gain of a Sound System. *Journal of the Audio Engineering Society*, *17*(2).

Davis, D., & Patronis, E. (2006). *Sound System Engineering* (3rd ed.). Boston: Focal Press.

Dugan, D. (1975). Automatic Microphone Mixing. *Journal of the Audio Engineering Society*, *23*(6).

Ishigaki, Y., et al. (1980). *A Zoom Microphone*. Audio Engineering Society. Preprint no. 1713.

Klepper, D. (1970). Sound Systems in Reverberant Rooms for Worship. *Journal of the Audio Engineering Society*, *18*(4).

Klepper, D. (Ed.). (1978 and 1996). *Sound Reinforcement, Volumes 1 and 2*. reprinted from the pages of the Journal of the Audio Engineering Society.

Klepper, D. (1970). Sound Systems in Reverberant Rooms for Worship. *Journal of the Audio Engineering Society*, *18*(4).

Kuhl, W. (1954). Nachhallzeit Grosser Musikstudios. *Acustica*, *4*(2), 618.

Vear, T. (2003). *Selection and Operation of Wireless Microphone Systems*. Shure, Inc Evanston, IL.,222 Hartrey Avenue, 60202.

Woolley, S. (2000). Echo Cancellation Explained. *Sound & Communications*, (January).

译者后记

　　传声器，是录音师手中的五彩画笔，是整个音频系统中个性最突出的设备。我们常常能看到为某种场合、音乐类型甚至某种乐器专门设计的传声器，但是鲜有其他的音频设备是专用的，传声器的个性化可见一斑。尤其是在今天数字化音频的时代，音频系统中模拟部分的链路大大缩短。但无论如何缩短，传声器作为声转电工具的属性，决定了它无法被取代，而且对声音个性化的贡献较往日更甚。这种个性化的可能，使得传声器的家族格外复杂与庞大。

　　传声器发展的历史，是技术、审美、商业等多条线索复杂交错的共同结果。本书的作者在音频行业的丰富经历，使得他可以从不同的角度去审视并阐述。从历史到现今、从设计到制造、从基本原理到使用技巧，几乎传声器涉及的所有问题在本书中都有论述，达到了相当的深度与广度，这也使得本书几乎成为了全球范围内传声器领域专著的集大成者。

　　作为一名工作在第一线的录音师和教师，传声器是我每天都要使用的生产工具，时常对某些问题感到困惑，深感有关传声器方面的知识体系的粗浅与不完整。非常有幸能成为本书的中文译者，在初译及数次修改与校稿的过程中，经历了一次次的自我提升的过程，收获良多。

　　此书包含的信息量极大，虽然所有章节都在围绕着传声器这一核心进行讨论，但所涉及的知识触及专业音频领域的方方面面。在很多章节中，比较复杂的概念和案例只用了寥寥数字，一带而过，读者难免会觉得困惑。好在作者标注了大量的参考文献供深度阅读，读者如有困惑之处不妨查阅资料，或搜索文中的关键词，以获得更为详细的信息。

　　因本人水平有限，虽已尽己所能翻译，但因中西方思维方式不同带来的一些不够顺畅的语句和段落，还是可能存在。鉴于本书的插图较多，较为重要的概念与案例都有图表说明，我建议读者在阅读纯文字有理解困难时，不妨移步至插图。

　　翻译过程中，我也发现了一些原著的错误，这些错误有些是确凿的笔误，有些问题是在学界都存在争议的，还有些可能是因英文版印刷和排版带来的问题，情况不尽相同。本着尊重原著的原则，确凿的错误和可能的排版印刷错误，中文版中加入了译者注；而存在争议的问题则忠实于原著。

　　本书的翻译可谓历经波折、旷日持久，时至今日终于完成了最终的校对。一直以来，中文的音频专业书籍中，缺少了一部关于传声器的专门著作，望本书的出版能填补这一空缺，令我国读者有所收获。

　　首先要感谢我的导师李伟教授，经他的推荐我接手了此书的翻译工作。感谢人民邮电出版社宁茜编辑，她是本书的责任编辑，本书得以出版与她长久以来的理解与支持密不可分。

　　感谢我的爱妻陈苇婧，她帮助我完成了部分章节的初译及全书的初审，她的专业与坚持提升了译稿的完成质量。这本书的翻译过程见证了我们相爱相恋、共同走入婚姻殿堂的岁月。

　　感谢我的学生汪梦然、我的朋友王伊莎对本书翻译工作贡献的智慧与辛劳。所有在这本书的翻译过程中给予我支持与鼓励的良师益友们，也在此一并感谢！

张一龙

2018 年 10 月于中国传媒大学

译者简介

　　张一龙，录音 / 混音师，听觉艺术博士。中国传媒大学录音系音乐录音专业课程主讲，硕士生导师。中央音乐学院特聘主科讲师。北京现代音乐学院、首都师范大学客座讲师。中国录音师协会音乐专业委员会副秘书长。

　　曾任中央人民广播电台、乐家轩录音棚录音 / 混音师。曾与国内外数十个乐团、数千位音乐家有过成功合作，主持过数百场音乐会、演唱会、歌剧、音乐剧、电视节目现场及静场录音，制作唱片及各类音乐节目成品超过 1000 小时。

　　常任中国国家交响乐团、中国广播民族乐团、国家大剧院合作录音师，中国民族音乐节、北京胡琴音乐节首席录音师，北京国际电子音乐节音响总监。

　　作品多次获得国内外重量级奖项，包括中宣部"五个一工程奖"（5 次）、中国文化艺术政府奖 - 文华大奖、中国金唱片奖、华表奖、圣塞巴斯蒂安国际电影节"金贝壳"奖、国家新闻出版广电总局广播节目技术质量奖 - 金鹿奖、中国电影电视技术学会"声音制作优秀作品奖"、中国录音师协会"录音节目质量评比奖"、DTS 优秀环绕声作品奖、中国歌剧节"优秀剧目奖""优秀音乐作品奖"等。

　　曾作为主创参与的重大活动包括北京奥运会、APEC 北京峰会、中央电视台春节联欢晚会、元旦晚会、中秋晚会、解放军全军文艺汇演等。